非线性动力学丛书 26

旋转流体动力学
——混沌、仿真与控制

王贺元 著

科学出版社
北京

内 容 简 介

本书系统介绍了同心球间及同轴圆筒间旋转流动的动力学行为及其数值仿真问题，包含了著者近二十年在这一领域所取得的代表性研究成果，包括如下四方面内容：Navier-Stokes 方程分歧点的谱 Galerkin 逼近；同心球间旋转流动对称破缺分歧及 TB 点的谱 Galerkin 逼近；同轴旋转圆筒间的 Couette-Taylor 流的数值模拟；两种旋转流动动力学行为的低模分析以及混沌控制与同步及其数值仿真.

本书可供理工科院校的数学、流体力学、航空航天、地球物理等相关专业的教师、研究生和高年级本科生以及流体机械等工程实践领域科技工作者开展相关研究与应用时使用，也可供航空航天、大气物理等相关部门参考.

图书在版编目(CIP)数据

旋转流体动力学：混沌、仿真与控制/王贺元著. —北京：科学出版社，2018.6
(非线性动力学丛书；26)
ISBN 978-7-03-058058-0

Ⅰ. ①旋…　Ⅱ. ①王…　Ⅲ.①流体动力学-研究　Ⅳ.①O351.2

中国版本图书馆 CIP 数据核字 (2018) 第 132903 号

责任编辑：王丽平／责任校对：邹慧卿
责任印制：张　伟／封面设计：陈　敬

科学出版社出版
北京东黄城根北街 16 号
邮政编码：100717
http://www.sciencep.com
北京凌奇印刷有限责任公司印刷
科学出版社发行　各地新华书店经销
*
2018 年 6 月第　一　版　开本：720×1000　B5
2019 年11月第三次印刷　印张：15
字数：300 000
POD定价：98.00元
(如有印装质量问题，我社负责调换)

“非线性动力学丛书”序

真实的动力系统几乎都含有各种各样的非线性因素，诸如机械系统中的间隙、干摩擦，结构系统中的材料弹塑性、构件大变形，控制系统中的元器件饱和特性、变结构控制策略等。实践中，人们经常试图用线性模型来替代实际的非线性系统，以方便地获得其动力学行为的某种逼近。然而，被忽略的非线性因素常常会在分析和计算中引起无法接受的误差，使得线性逼近成为一场徒劳。特别对于系统的长时间历程动力学问题，有时即使略去很微弱的非线性因素，也会在分析和计算中出现本质性的错误。

因此，人们很早就开始关注非线性系统的动力学问题。早期研究可追溯到 1673 年 Huygens 对单摆大幅摆动非等时性的观察。从 19 世纪末起，Poincaré，Lyapunov，Birkhoff，Andronov，Arnold 和 Smale 等数学家和力学家相继对非线性动力系统的理论进行了奠基性研究，Duffing，van der Pol，Lorenz，Ueda 等物理学家和工程师则在实验和数值模拟中获得了许多启示性发现。他们的杰出贡献相辅相成，形成了分岔、混沌、分形的理论框架，使非线性动力学在 20 世纪 70 年代成为一门重要的前沿学科，并促进了非线性科学的形成和发展。

近 20 年来，非线性动力学在理论和应用两个方面均取得了很大进展。这促使越来越多的学者基于非线性动力学观点来思考问题，采用非线性动力学理论和方法对工程科学、生命科学、社会科学等领域中的非线性系统建立数学模型，预测其长期的动力学行为，揭示内在的规律性，提出改善系统品质的控制策略。一系列成功的实践使人们认识到：许多过去无法解决的难题源于系统的非线性，而解决难题的关键在于对问题所呈现的分岔、混沌、分形、孤立子等复杂的非线性动力学现象具有正确的认识和理解。

近年来，非线性动力学理论和方法正从低维向高维乃至无穷维发展。伴随着计算机代数、数值模拟和图形技术的进步，非线性动力学所处理的问题规模和难度不断提高，已逐步接近一些实际系统。在工程科学界，以往研究人员对于非线性问题绕道而行的现象正在发生变化。人们不仅力求深入分析非线性对系统动力学的影响，使系统和产品的动态设计、加工、运行与控制满足日益提高的运行速度和精度需求，而且开始探索利用分岔、混沌等非线性现象造福人类。

在这样的背景下，有必要组织在工程科学、生命科学、社会科学等领域中从事非线性动力学研究的学者撰写一套“非线性动力学丛书”，着重介绍近几年来非线性动力学理论和方法在上述领域的一些研究进展，特别是我国学者的研究成果，为从事非线性动力学理论及应用研究的人员，包括硕士研究生和博士研究生等，提供最新的理论、方法及应用范例。在科学出版社的大力支持下，我们组织了这套“非线性动力学丛书”。

本套丛书在选题和内容上有别于郝柏林先生主编的“非线性科学丛书”(上海教育出版社出版)，它更加侧重于对工程科学、生命科学、社会科学等领域中的非线性动力学问题进行建模、理论分析、计算和实验。与国外的同类丛书相比，它更具有整体的出版思想，每分册阐述一个主题，互不重复。丛书的选题主要来自我国学者在国家自然科学基金等资助下取得的研究成果，有些研究成果已被国内外学者广泛引用或应用于工程和社会实践，还有一些选题取自作者多年的教学成果。

希望作者、读者、丛书编委会和科学出版社共同努力，使这套丛书取得成功。

胡海岩

2001 年 8 月

前　　言

混沌被认为是继相对论、量子力学之后的又一重大科学发现,混沌现象普遍存在于自然界和人类社会中的这一事实已被广泛接受,目前人们对混沌运动的规律及其在各个科学领域的表现已经有了丰富的认识,如何应用混沌研究的成果为人类服务已成为非线性科学的重要课题之一. 流动的稳定性和流体的分岔与混沌问题密切相关,是应用数学和计算数学领域的重大课题之一,也是重大难题. 稳定性发生变化,流动的形态就会发生突变. 有人曾提出,逐次分岔会导致其行为向混沌过渡,与此有关的数学理论可用来说明湍流生成的机理. 无论在理论上还是计算上,Navier-Stokes 方程都是物理和工程科学中的重大难题. 在美国 Clay 数学研究所发布的千禧年七大数学难题中,Navier-Stokes 方程解的正则性就是其中之一,而计算上的困难也一直困扰着科学家们. 同心球间及同轴圆筒间旋转流动是两种典型的旋转流体流动问题,在轴承润滑理论、流体机械、航空航天、地球物理等工程实践领域有着广泛的应用,随雷诺数的增大,这两种旋转流动在从稳态层流发展到湍流的过程中,表现出丰富的、典型的非线性动力学行为,它们所对应的无穷维非线性动力系统解的长时间行为及其数值逼近问题是非线性科学的一项重大课题,其中的系统稳定性,随参数变化系统的分岔行为以及从分岔到混沌过渡方式等问题在理论和应用上都是极其重要的.

本书将围绕这些相关问题展开讨论,系统总结了同心球间及同轴圆筒间旋转流体的动力学行为及其数值仿真问题,包含了作者近二十年在这一领域所取得的代表性研究成果,包括如下四方面内容: Navier-Stokes 方程简单分歧点的谱 Galerkin 逼近;同心球间旋转流动的对称破缺分歧及 TB 点的谱 Galerkin 逼近;同轴旋转圆筒间的 Couette-Taylor 流的数值模拟;同心球间及同轴圆筒间旋转流动的类 Lorenz 系统的定常分岔问题和动力学行为分析以及混沌控制与同步及其数值仿真.

第 1 章是绪论,简要介绍了本书的研究内容和研究背景.

第 2 章研究了 Navier-Stokes 方程分歧点的谱 Galerkin 逼近,构造了定常的 Navier-Stokes 方程非退化简单分歧点的扩充系统及其谱 Galerkin 逼近系统,证明了非退化简单分歧点的谱 Galerkin 逼近的存在性、唯一性和收敛性,运用 Stokes 算子的特征值负指数幂,给出谱 Galerkin 逼近的 H^1 范数下的误差估计. 运用分块迭代技巧求解扩充系统的正则解,从而为 Navier-Stokes 方程非退化简单分歧点的数值逼近提供了有效的算法.

第 3 章研究了同心球间旋转流动对称破缺分歧及球 Couette 流的谱 Galerkin

逼近问题, 首先构造了同心球间旋转流动 Navier-Stokes 方程对称破缺分歧点及 TB 点扩充系统的谱 Galerkin 逼近系统, 证明了谱 Galerkin 逼近的存在性、唯一性和收敛性, 通过 Stokes 算子的特征值给出谱逼近的误差估计; 其次根据所构造的扩充系统导数的具体形式, 采用分块分裂迭代等技巧计算了对称破缺分歧点及 TB 点, 不仅减少了计算量, 而且获得了高阶收敛性. 最后给出了同心球间旋转流动 Navier-Stokes 方程的流函数-涡度形式, 推导了球间隙区域 Stokes 算子特征函数的解析表达式, 证明了其正交性, 并对特征值进行了估计; 利用所求出的 Stokes 算子的特征函数作为逼近子空间的基函数, 给出了球 Couette 流的谱 Galerkin 逼近方程, 证明了其非奇异解的谱 Galerkin 逼近的存在性、唯一性和收敛性, 并给出谱 Galerkin 逼近的误差估计和数值计算结果.

第 4 章利用谱方法对轴对称的旋转圆筒间的 Couette-Taylor 流进行数值模拟, 首先推导了 Navier-Stokes 方程在柱坐标下的流函数形式; 其次给出了 Stokes 算子特征函数的解析表达式, 证明其正交性, 并对特征值进行估计; 最后利用所求出的 Stokes 算子的特征函数作为逼近子空间的基函数, 给出了 Couette-Taylor 流的谱 Galerkin 逼近方程, 证明了其非奇异解的谱 Galerkin 逼近的存在性、唯一性和收敛性, 并给出谱 Galerkin 逼近的误差估计和数值计算结果.

第 5 章讨论同心球间旋转流动的低模分析问题及数值仿真问题, 对同心球间旋转流动的 Navier-Stokes 方程谱展开后进行模态截断, 讨论所得到的类 Lorenz 方程组在定常情形下的分歧问题. 寻找其静态奇异点, 确定奇异点的类型, 并计算出解分支. 讨论了球 Couette 流低模态类 Lorenz 型方程组的动力学行为, 包括平衡态的稳定性、极限环的出现、吸引子的存在性及其数值仿真等相关问题.

第 6 章讨论同轴圆筒间旋转流动的低模分析问题及混沌控制与同步及其数值仿真问题, 对同轴圆筒间旋转流动的 Navier-Stokes 方程谱展开后进行模态截断, 讨论所得到的类 Lorenz 方程组在定常情形下的分歧问题. 寻找其静态奇异点, 确定奇异点的类型. 探讨了同轴圆筒间旋转流动的 Couette-Taylor 流的部分动力学行为及仿真问题. 讨论了 Couette-Taylor 流三模态类 Lorenz 型方程组的动力学行为, 包括定态的失稳、极限环的出现、吸引子的存在性及其 Hausdorff 维数上界的估计、分岔与混沌的演变和全局稳定性分析等, 通过线性稳定性分析和数值模拟等方法给出了此三维模型分岔与混沌等动力学行为及其演化历程, 并借此解释了 Couette-Taylor 流实验中观察到的部分涡流的演化过程. 基于系统的分岔图、Lyapunov 指数谱、功率谱、庞加莱 (Poincaré) 截面和返回映射等指标揭示了系统混沌行为的普适特征. 讨论了旋转流动的低模系统的混沌控制与同步及其数值仿真问题.

本书的特色是数值仿真结合低模分析方法. 无穷维动力系统复杂的动力学行为通常源于简单的起源, 要解释和预测无穷维动力系统的混沌现象, 通常采用有限模态的简化系统来进行低模分析, 这种低模分析 (维数约化) 方法, 其理论基础和依据是惯性流形和近似惯性流形理论 (它们被认为是一种包含全局吸引子, 且指数吸引所有轨道的低维光滑流形), 有限维的演化方程必须能反映无穷维动力系统的动力学行为, 即保持无穷维动力系统的结构 (保辛), 然后利用数学中的分岔理论、突变论等分析演化方程的不稳定性、分歧混沌等动力学行为. 有限维演化方程中的状态变量通常称为序参量, 如果序参量中的一个或几个役使和支配其他的序参量, 这时演化系统 (方程) 通常是协调稳定的, 如果序参量不能相互役使和支配, 那么序参量间相互抗争而随机地起支配作用, 演化系统 (方程) 通常进入混沌状态, 这就是哈肯协同学的思想. 哈肯的协同学从广义上讲, 是将无穷维动力系统通过绝热消去法和寻找序参量使之约化为有限维动力系统, 并且认为有限维动力系统的性质可以代表无限维动力系统的性质. 我们并不知道它们在时间演化和空间模式两方面的差异究竟有多大, 不过, R. Temam 和 C. Foias 等引入的惯性流形的概念, 从理论上证明了上述的时间演化性质是一致的, 这对协同学无疑是一个重大贡献. 在讨论无穷维动力系统问题中引入惯性流形概念, 从理论上证实了一些无穷维动力系统可用有限维来代替, 并且给出了寻找有限维维数的一些方法. 由于惯性流形存在, 有限维动力系统的长时间演化结果就能代表无穷维动力系统的长时间演化结果. 普里高京和哈肯提出了研究复杂系统的新思想, 但并没有从理论上加以严格证明, 中心流形定理提供了在特殊情况下约化思想成立的理论依据, 现在无穷维动力系统的惯性流形理论又一次证明了约化思想的正确性, 而且更为重要的惯性流形说明在非中心流形情况下这种用不变流形约化系统的想法仍然成立. 由此我们可以猜想这种约化思想在更为普遍的情况下也是成立的. 这种简化模态的低模分析方法不但可以克服无穷维动力系统性质不好把握的困难, 而且所得到的简化模型方程组将包含非常丰富而有意义的内容, 这对探讨动力系统的分岔、混沌等非线性现象是十分有意义的. 虽然简化的方程组的性态与原来无穷维动力系统的不尽相同, 但它可以把要模拟的自由度数减到最少, 同时又能抓住问题的某些本质特征, 这种用简单模型去反映复杂问题某些特性的低模分析方法是一种有价值的尝试.

在本书完成之际, 我对所有对本书做出贡献的人们表示衷心感谢.

本书的撰写和出版工作得到了国家自然科学基金项目 —— 同轴圆筒间旋转流动的吸引子及混沌仿真与控制 (编号 11572146)、辽宁省教育厅科学基金项目 —— 旋流式反应系统的混沌仿真及其控制与同步研究 (编号 L2013248) 和锦州市科技专项基金项目 —— 化学反应系统的混沌仿真及控制与同步研究 (编号 13A1D32) 的资助, 在此表示衷心的感谢.

作 者

2017 年 11 月 18 日

目　　录

符　号　表

R	实数集
N	自然数集
$\in$	属于
$\notin$	不属于
$\subset$	包含于
$\oplus$	直和
$\overline{A}$	集合 A 的闭包
V'	空间 V 的对偶空间
$A\backslash B$	$\{x \in A : x \notin B\}$
$A\|_M$	算子 A 在 M 上的限制
A^{-1}	算子 A 的逆算子
A^*	算子 A 的共轭算子
$\ker(A)$	算子 A 的核空间
$\mathrm{Range}(A)$	算子 A 的像空间
$\mathrm{span}(A)$	由线性空间的子集 A 生成的线性子空间
$f'(x), \dfrac{\mathrm{d}f(x)}{\mathrm{d}x}$	一元函数 f 对变元 x 的导数
$\dfrac{\partial f}{\partial x}$	多元函数 f 对变元 x 的偏导数
$\displaystyle\int_\Omega f(x)\mathrm{d}x$	函数 f 在区域 Ω 上的积分
$D_uA(u,v)$	算子 A 的 Fréchet 偏导数
DA	算子 A 的 Fréchet 全导数
D^nA	算子 A 的 n 阶 Fréchet 全导数
Δ, ∇^2	Laplace 算子
$U \times V$	空间 U 与空间 V 的乘积空间
V^d	空间 V 的 d 次乘积空间

$L^p(\Omega)(p \geqslant 1)$	Ω 上的 p 次可积函数全体
$H^1(\Omega)$	Ω 上的 L^2 可积且一阶弱导数 L^2 可积的函数的全体
$\lvert M\rvert$	矩阵 M 的行列式
$C(\Omega)$	Ω 上连续函数全体
$\sup_B f$	函数 f 在集合 B 上的上确界
$\inf_B f$	函数 f 在集合 B 上的下确界
$\max\{a,b\}$	数 a 和数 b 的最大值
$\min\{a,b\}$	数 a 和数 b 的最小值

第 1 章 绪　　论

本书共包含如下四部分内容: Navier-Stokes 方程简单分歧点的谱 Galerkin 逼近; 同心球间旋转流动的对称破缺分歧及 Takens-Bogdanov 点 (TB 点) 的谱 Galerkin 逼近; 同轴旋转圆筒间 Couette-Taylor 流的数值模拟; 同心球间及同轴圆筒间旋转流动的 Navier-Stokes 方程谱展开后进行模态截断所得到的类 Lorenz 型方程组的定常分歧问题和动力学行为分析及混沌控制与同步及其数值仿真. 下面叙述这几部分内容的研究历史和现状, 我们的研究动机及主要结论.

流动现象是自然界和人类生产生活中最为常见的物理现象, Navier-Stokes 方程是流动现象应普遍遵循的偏微分方程, 这种典型的非线性方程刻画了流体的运动规律, 如大气运动、海洋流动、轴承润滑、透平机械内部流动等, 研究它对人们认识和控制湍流至关重要. 由于人们对非线性现象的本质认识有限, 因而数值模拟就成为一种十分有效的重要手段. 同心球间图 1.1(a) 及同轴圆筒间图 1.1(b) 两种旋转流动问题 (图 1.1) 的数值模拟均需要求解无穷维动力系统, 因而探讨有效的数值算法是至关重要的问题.

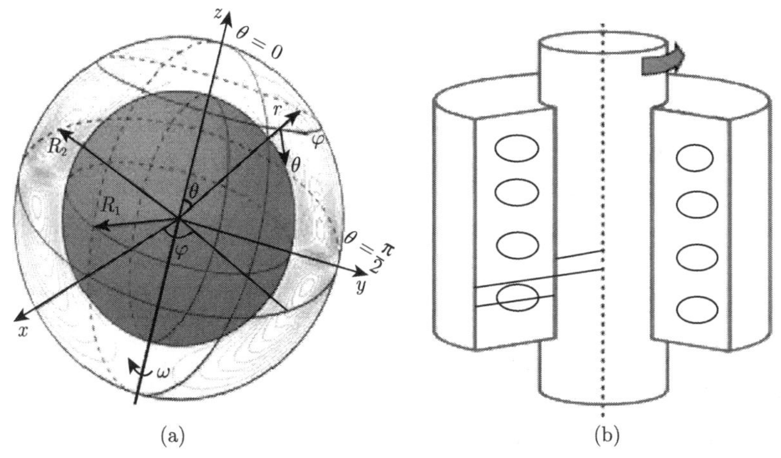

图 1.1　两种旋转流动装置示意图

当雷诺数较小时, Navier-Stokes 方程的解是存在并且唯一的, 这时, 有许多较为有效的算法求解 Navier-Stokes 方程, 如谱方法、有限元法等. 当雷诺数较大时, Navier-Stokes 方程的解可能不唯一, 这时, 要求解 Navier-Stokes 方程, 就必须将奇异解和非奇异解分开讨论.

对于 Navier-Stokes 方程的非奇异解的有限元逼近, V. Girault 和 P. A. Raviart 在他们的专著[1] 中进行了详细讨论. F. Brezzi 等在文献 [2] 中研究了一般非线性方程的非奇异解分支的有限维逼近. 在文献 [3] 和 [4] 中, F. Brezzi 等对一般非线性问题的极限点和简单分歧点做了详细研究. 也有人利用扩充系统等方法研究了一般非线性问题的奇异解算法, 如雷晋干等[5], 王立周, 李开泰[6,7]. 但是, Navier-Stokes 方程的奇异解的有效算法方面的文献还较为少见.

对于 Navier-Stokes 方程的一般奇异解的有限维逼近, 情况复杂而困难, 这是因为, 牛顿法等经典算法在奇异点处已不适用. 而且一般情况下逼近方程不能保持原方程的奇点类型, 而是它的一个扰动. 由于 Navier-Stokes 方程的奇异解是和流体流动的分歧、湍流等现象紧密相连的, 因此有效地计算 Navier-Stokes 方程的奇异解又是非常重要的.

为简单起见, 用 $F(u,\lambda)=0$ 表示 Navier-Stokes 方程, 用 $F_m(u,\lambda)=0(m=1,2,\cdots)$ 表示 Navier-Stokes 方程的谱 Galerkin 逼近方程. 这里参数 $\lambda=1/\nu$, ν 为运动黏性系数, 问题的维数为 2 或 3. 众所周知, 当 λ 充分小时, Navier-Stokes 方程存在唯一解 u_c, 谱 Galerkin 逼近方程也存在唯一解 u_m, 且 u_m 收敛到 u_c, 并有如下误差估计 (参见文献 [8]):

$$|u_m-u_c|\leqslant c\lambda_{m+1}^{-1}, \tag{1.1}$$

$$\|u_m-u_c\|\leqslant c'\lambda_{m+1}^{-\frac{1}{2}}, \tag{1.2}$$

其中, $|\cdot|$ 表示 L^2 范数; $\|\cdot\|$ 表示 H^1 范数; $\lambda_i, i=1,2,\cdots$ 为 Stokes 算子的特征值; c,c' 为和 m 无关的正常数. 事实上, 当 λ 较小时, Navier-Stokes 方程的唯一解是它的非奇异解 (参见文献 [1] 和 [2]), 之所以能得到上述的逼近结果, 其本质在于解的非奇异性. 当 λ 比较大时, Navier-Stokes 方程的解是奇异的, 因此, 要给出一般情形下谱逼近的误差估计, 就应将非奇异解和奇异解分开考虑.

对于 Navier-Stokes 方程的非奇异解的谱 Galerkin 逼近, 文献 [7] 证明了如下结论: 设 u_c 是 Navier-Stokes 方程的非奇异解, 则存在 $m_0\in N$, $a>0$, 使当 $m>m_0$ 时, 存在唯一的 u_c^m 满足:

i) $\|u_c^m-u_c\|\leqslant a$,

ii) $F_m(u_c^m,\lambda)=0$,

且 u_c^m 也是 $F_m(u,\lambda)=0$ 的非奇异解, 并有类似于式 (1.1) 和 (1.2) 的误差估计:

$$|u_m-u_c|\leqslant c\lambda_{m+1}^{-1}, \tag{1.3}$$

$$\|u_c^m-u_c\|\leqslant c'\lambda_{m+1}^{-\frac{1}{2}}. \tag{1.4}$$

一般来说, 逼近方程不能保持原方程的奇点类型, 而是它的一个扰动. 比如在文献 [4] 中, Raviart 等研究了简单分歧点的情形. 奇点扰动后可能出现的奇点类型的多少取决于奇点的余维数 (参见文献 [9]). 余维数越高, 扰动后出现的奇点类型也越多, 情况就越复杂. 对余维数为 0 的非退化转向点, 情况比较简单. 非退化转向点的扰动一定是非退化转向点.

在文献 [3] 中, Brezzi 等利用分歧方法, 详细研究了一般非线性方程的非退化转向点的有限维逼近, 并给出逼近的误差估计. 文献 [6] 用扩充系统的方法研究了 Navier-Stokes 方程最简单的奇异解 —— 非退化简单转向点的谱 Galerkin 逼近问题, 构造了 Navier-Stokes 方程的非退化简单转向点的扩充系统及其谱 Galerkin 逼近系统, 将求解 Navier-Stokes 方程的简单非退化转向点转化为求解这个扩充系统的非奇异解. 第 2 章将进一步研究 Navier-Stokes 方程的另一类奇异解 —— 非退化简单分歧点的谱 Galerkin 逼近问题, 我们拟采用谱方法, 构造扩充系统去研究 Navier-Stokes 方程简单分歧点的有限维逼近.

文献 [6] 证明了如下结论:

设 (u_c, λ_c) 是 $F(u,\lambda)=0$ 的非退化转向点,

$$\phi_c \in \ker[D_u F(u_c,\lambda_c)], \quad \|\phi_c\|=1,$$

则存在 $m_0 \in N, a>0$, 使当 $m>m_0$ 时, 存在唯一的 $(u_c^m, \lambda_c^m, \phi_c^m)$, 满足:

i) $|\lambda_c^m-\lambda_c|+\|u_c^m-u_c\|+\|\phi_c^m-\phi_c\| \leqslant a$,

ii) (u_c^m, λ_c^m) 是 $F_m(u,\lambda)=0$ 的非退化转向点,

$$\phi_c^m \in \ker[D_u F_m(\lambda_c^m, u_c^m)], \quad \|\phi_c^m\|=1,$$

且有误差估计

$$|\lambda_c^m-\lambda_c|+|u_c^m-u_c|+|\phi_c^m-\phi_c| \leqslant c\lambda_{m+1}^{-1}, \tag{1.5}$$

$$|\lambda_c^m-\lambda_c|+\|u_c^m-u_c\|+|\phi_c^m-\phi_c| \leqslant c'\lambda_{m+1}^{-\frac{1}{2}}. \tag{1.6}$$

用类似的方法, 本书第 2 章研究了 Navier-Stokes 方程简单分歧点的谱 Galerkin 逼近问题, 通过把 Navier-Stokes 方程 $F(u,\lambda)=0$ 嵌入扩充系统 $T(u,\lambda,u_1,u_2,u_3)=0$ 中, 构造其逼近系统 $T_m(u,\lambda,u_1,u_2,u_3)=0$, 得到如下结论:

若 (u_0,λ_0) 是 Navier-Stokes 方程的非退化简单分歧点, 设 $\|DT(x_0)^{-1}\| \leqslant M$, 则存在 $m_0 \in N, a>0$, 使当 $m>m_0$ 时, 存在唯一的谱 Galerkin 逼近 $x_0^m = (u_0^m, \lambda_0^m, \phi_0^m, \phi_0^{*m}, v_0^m)$, 满足:

$$T_m(u_0^m, \lambda_0^m, \phi_0^m, \phi_0^{*m}, v_0^m)=0,$$

并有如下误差估计:

$$||u_0-u_0^m||+||\phi_0-\phi_0^m||+||\phi_0^*-\phi_0^{*m}||+||v_0-v_0^m||+|\lambda_0-\lambda_0^m| \leqslant c\lambda_{m+1}^{-\frac{1}{2}}, \tag{1.7}$$

用扩充系统方法来研究这个问题的好处在于不仅给出了非退化简单分歧点 (u_0, λ_0) 的谱 Galerkin 逼近及其误差估计, 而且给出了导算子 D_uF_0 核空间的基等参数 ϕ_0, ϕ_0^*, v_0 的逼近误差估计以及 $u_0 - u_0^m$ 的 L^2 范数误差估计.

由于奇点类型的不同, 我们所建立的扩充系统比文献 [6] 的规模大且复杂, 为克服求扩充系统 $T(x) = 0$ 正则解的计算量大的困难, 引入一个拟牛顿法来分裂矩阵, 进行分块迭代, 这不但减少了计算量, 而且是二次收敛的.

第 3 章研究了同心球间旋转流动分岔及球 Couette 流的谱 Galerkin 逼近问题, 同心球间旋转流动 (以下简称球 Couette 流) 是一种典型的旋转流动问题, 它有较强的实际背景, 在天体物理、地球物理和工程实践中有广泛的应用. 这种流动随雷诺数的增大, 在从稳态层流发展到湍流的过程中, 表现了一些典型的非线性动力学行为, 因此对它的研究具有重要的理论意义.

对球 Couette 流的研究, 起初主要是理论分析 (参见文献 [10] 和 [11]), 实验研究则是从 Khlebutin,Yavorskaya, Munson, Menguturk, Nakabayashi 等的工作开始的 (参见文献 [12]~[17]). 近年来, 随着计算技术的发展, 人们开始对这种流动进行数值模拟, 以验证实验结果并发现新的现象 (参见文献 [18]~[30]).

在低雷诺数的情况下, 基本球 Couette 流是唯一的, 关于赤道对称, 三个速度分量均不为 0. 这个基本流可以用分析的方法近似计算出来 (参见文献 [10] 和 [11]). 当雷诺数增大, 超过某个临界值时, 球 Couette 流在赤道附近发生扰动, 产生 Taylor 涡. 在文献 [28] 和 [29] 中, Wimmer 通过实验及分析给出了在中间隙的情况下, 超临界时的旋转对称模式有三种: 0- 涡模式, 1- 涡模式和 2- 涡模式. 文献 [31] 和 [32] 用谱 Galerkin 方法对这种情形进行了数值模拟.

对称性是指在某个群作用下不变的性质, 具有对称性的分岔问题在参数通过分岔值时, 其解的个数、稳定性及对称性都可能发生变化. 由于这种变化所揭示的现象带有普遍性, 因此对称性分岔理论在固体力学、流体力学、物理学、化学、生物学及一些工程领域中都有重要应用, 并已成为许多数学及应用科学工作者关注的课题, 具体可参见文献 [19]~[21]、[33] 等. 分岔问题的对称破缺是指分岔使得解的对称性程度减少, 诸多理论分析及实验结果均表明同心球间旋转流动存在对称破缺分岔[19-21,34,35], 文献 [34] 给出了同心球间旋转流动对称破缺分歧点的扩充系统, 我们对其做谱逼近得到如下结论:

若 (u_0, λ_0) 是 Navier-Stokes 方程的对称破缺分歧点, 则存在 $m_0 \in N$, 使当 $m > m_0$ 时, 存在 $x_0 = (u_0, \lambda_0, \phi, \psi, v_\lambda)$ 的唯一谱 Galerkin 逼近 $x_0^m = (u_0^m, \lambda_0^m, \phi^m, \psi^m, v_\lambda^m)$, 并且有如下误差估计:

$$||u_0 - u_0^m|| + |\lambda_0 - \lambda_0^m| \leqslant c_3 \lambda_{m+1}^{-\frac{1}{2}}, \tag{1.8}$$

$$|u_0 - u_0^m| + |\lambda_0 - \lambda_0^m| \leqslant c_4 \lambda_{m+1}^{-1}, \tag{1.9}$$

其中, $c_i(i=3,4)$ 是与 m 无关的常数; ϕ,ψ,v_λ 为导算子核空间的基等相关的参数.

对 Hopf 点分歧现象的分析, 是分歧理论对动力系统研究的最大贡献之一, Hopf 点是动力系统 $\dfrac{\mathrm{d}u}{\mathrm{d}t}=G(u,\lambda,\varepsilon)$的一个定常解, 在那里导算子 D_uG_0 有一对纯虚特征值, 从这里有一族周期解分岔出来, 所以, Hopf 点是由局部的静力学世界通向整体的动力学世界的一个门槛. TB(Takens-Bogdanov) 点是 Hopf 分支与转向点分支的交点, 即 TB 点是转向点分支上退化的 Hopf 分歧点, 并且存在从 TB 点分叉出的 Hopf 分支, 因此 TB 点的信息对计算 Hopf 分支是非常重要的, 具体可参见文献 [36], [37] 等. 通常 TB 点是未知的并且是奇异点, 牛顿法等经典算法在这里无法运用, 所以对 TB 点的计算人们也常采用扩充系统的方法. 文献 [20] 和 [35] 等表明球 Couette 流存在 Hopf 分岔, 数值模拟球 Couette 流 Hopf 分岔的前提是构造 TB 点的有效算法, 在 3.4 节, 构造了计算同心球间旋转流动的 Navier-Stokes 方程 TB 点的扩充系统, 讨论了 Navier-Stokes 方程 TB 点谱 Galerkin 逼近, 并给出了类似于式 (1.8) 和 (1.9) 的误差估计及求解扩充系统正则解的分块迭代方法.

3.6 节给出了同心球间旋转流动 Navier-Stokes 方程的流函数-涡度形式, 3.7 节推导了球间隙区域 Stokes 算子特征函数的解析表达式, 证明了其正交性, 并对特征值进行了估计; 3.8 节利用所求出的 Stokes 算子的特征函数作为逼近子空间的基函数, 给出球 Couette 流的谱 Galerkin 逼近方程, 证明了其非奇异解的谱 Galerkin 逼近的存在性、唯一性和收敛性, 并给出谱 Galerkin 逼近的误差估计和数值计算结果.

第 4 章对旋转圆筒间 Couette-Taylor 流进行数值模拟, 推导了柱坐标下 Navier-Stokes 方程的流函数形式, 并利用 Couette 流将边界条件齐次化, 给出了柱间隙区域上 Stokes 算子特征函数的解析表达式, 证明了其正交性, 并给出了特征值及特征函数的一些计算结果, 讨论了特征值的增长性估计, 证明了柱 Couette 流的谱 Galerkin 逼近的存在性、唯一性和收敛性, 给出了谱 Galerkin 逼近的误差估计.

关于同轴圆筒间旋转流动的 Couette-Taylor 流问题, 19 世纪初就引起了人们的极大兴趣, 也已发表了大量文献, 获得了较为深刻的结果, 具体可见文献 [38]~[51] 等. 这种流动也是一种典型的旋转流动问题, 在润滑理论和工程实践中有广泛的应用. 随雷诺数的增大, 在从稳态层流发展到湍流的过程中, 呈现出复杂的动力学行为, 存在着多种过渡到湍流的方式, 因此对它的研究具有重要的理论意义. 这个问题是和两个同心球之间的流动问题紧密相连的, 比如, 球 Couette 流在赤道附近的流态很接近于同轴柱之间的流动. 但球不像圆柱那样受端口的影响, 因此研究起来更加单纯, 两种流动的详细比较见文献 [30].

如果内圆筒旋转, 外圆筒静止, 在低雷诺数的情况下, 基本 Couette 流是唯一的, 即如果旋转角速度 ω_1 很小, 则流体绕圆筒的轴线做水平圆周运动, 这种流动称为 Couette 流动. 当 ω_1 达到某个临界值 ω_c^1 时, Couette 流动开始失去稳定性, 并出现新的定常流动[38-41], 这种流动是轴对称的, 沿着轴线方向规则地分布着旋涡, 相邻的旋涡是反向的, 称为 Taylor 涡流[38-41], 即在通过轴的子午面内, 沿 z 轴方向出现周期性旋涡, 并且关于 $z=0$ 呈镜面反射对称.Taylor 旋涡是环形涡, 仍然是定常流动, 它是稳定的. 如果 ω_1 继续增大, 越过第二临界值 ω_c^2 时, Taylor 旋涡变得不稳定, 形成 Taylor 行进波, 是一种沿旋转轴均匀运动的波动. 它破坏了对时间和旋转轴的不变性, 但仍是一种周期性运动, 并且在一个适当的旋转标架里, 流动看来还是定常的, 这样的周期运动称为旋转波. 当 ω_1 继续增大时, 第三次转变发生, 流动变成拟周期, 它的次频率作为调制旋转波, 见图 1.2, 再经过若干阶段, 进入湍流, 具体见文献 [38]~[41]、[52] 及 [53].

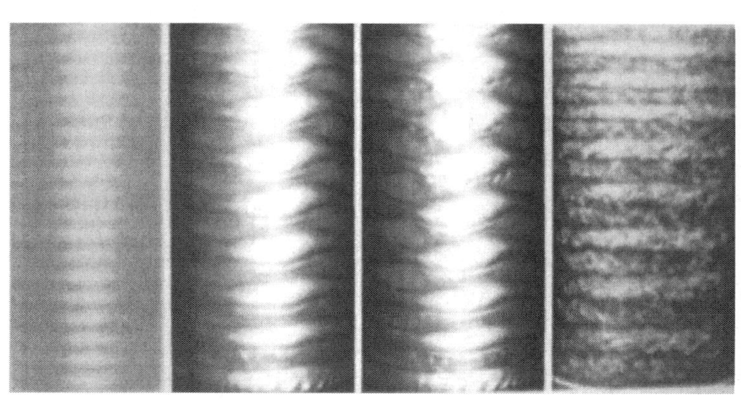

图 1.2　Couette-Taylor 流

从数学角度讲, 如果把 Couette 流动作为基本流动, 则 Couette 流变为 Taylor 涡流是超临界的定态分岔, 从 Taylor 涡流变为波状涡流是超临界的时间周期分岔 (Hopf 分岔). 这方面的研究正方兴未艾, 许多问题还有待于进一步深入探讨.

Stokes 算子的特征值和特征函数的求出对 Navier-Stokes 方程的研究, 尤其是对数值计算会有很大的作用, 这是因为 Stokes 算子的特征函数和 Navier-Stokes 方程的解有较好的近似, 如果用 Stokes 算子的特征函数对 Navier-Stokes 方程进行谱逼近, 会有比较好的结果. 一般区域上 Stokes 算子的特征函数是无法求出解析表达式的. 但对于同轴旋转圆筒间隙区域, 利用特殊函数可以给出 Stokes 算子特征函数的解析形式. 第 4 章我们将给出无限长柱间隙区域 $\Omega=\{(r,\phi,z);1\leqslant r\leqslant\eta,0\leqslant\phi\leqslant 2\pi,-\infty\leqslant z\leqslant\infty\}$ 上的 Stokes 算子的特征值和特征函数的解析形式, 证明特征函数的正交性, 并给出了一些特征值和特征函数的计算结果和图形. 利用所求出的 Stokes 算子的特征值和特征函数, 运用谱方法数值模拟了同轴圆筒间旋转流动的 Couette-Taylor 流, 推导出了柱坐标下 Navier-Stokes 方程谱 Galerkin 逼近方程的表达式, 证明了逼近方程中的系数大部分为零, 证明了非奇异解的谱 Galerkin 逼近的存在性、唯一性和收敛性, 给出了谱 Galerkin 逼近的误差估计, 并展示了数值计算结果. 谱 Galerkin 方法的优点在于它具有一定的物理意义: 每一个基函数 (Stokes 算子的特征函数) 都可以看成是一种基本的流动模式, 实际的流动则可以看成是这些基本流动模式的叠加.

第 5 章讨论了两球间旋转流动的低模分析问题及数值仿真, 讨论了两球间旋转流动类 Lorenz 型方程组的定常分歧问题和动力学行为分析及数值仿真等相关问题. 美国气象学家 E. Lorenz 在研究大气对流 (Bénard 流) 问题时, 从 Navier-Stokes 方程与热传导方程的耦合方程出发, 经过无量纲化并做傅里叶展开, 截取前一、二项, 得到傅里叶系数满足的一组常微分方程组, 称为 Lorenz 方程组 (见文献 [54]). 作为较早发现的混沌模型, Lorenz 方程组只包含三个模态, 因此不能期望获得这一问题的一切细节. 但是它的形式之简单、内容之丰富, 不仅开辟了数学上一些振奋人心的新领域, 而且还与湍流现象密切相关. 这种用有限模态来研究无穷维动力系统的方法就是所谓的低模分析方法, 其源于哈肯的协同学中用绝热消去法寻找序参量的方法, 其理论基础和依据是近年来发展起来的惯性流形和近似惯性流形理论[94], 惯性流形被认为是一种包含全局吸引子, 且指数吸引所有轨道的低维光滑流形, 由于旋转流动的全局吸引子是结构非常复杂和难于计算的, 而且湍流的发生通常表现为少数模态的失稳, 所以采用简化模态的低模分析方法进行数值仿真.

对两球间及两柱间的旋转流动, 也存在类似于 Lorenz 方程组的典型方程组, 即在谱方法中, 取少数几个模式 (基函数), 得到一个类 Lorenz 型方程组, 进而讨论其平衡点的稳定性、吸引子的存在性、分岔、混沌等非线性现象. 文献 [55] 和 [56] 将 Lorenz 截断法用于球 Couette 流的研究, 讨论了类 Lorenz 型方程组平衡点的稳定性、吸引子的存在性等. 本章介绍了 Navier-Stokes 方程的球坐标形式及其谱展开的模态截断方法, 讨论了同心球间旋转流动的类 Lorenz 型方程组的静态分歧问题及其低模系统的动力学行为及其数值仿真问题.

第 6 章探讨同轴圆筒间旋转流动的低模分析和混沌控制与同步及其数值仿真问题. 文献 [57] 将 Lorenz 截断法用于圆筒间 Couette-Taylor 流问题, 得到了一些令人振奋的结果, 但模态过于简单而任意, 文献 [58] 用 Stokes 算子的特征函数进行模态截断, 不但使得截断的任意性降低, 结论更加精细, 而且克服了文献 [57] 将窄间隙和宽间隙分开讨论的不足, 讨论起来比较精炼. 本章介绍了 Navier-Stokes 方程的柱坐标形式及其谱展开的模态截断方法, 讨论了同轴圆筒间旋转流动的低模分析及控制同步和数值仿真等问题, 并解释了同轴圆筒间旋转流动的 Couette-Taylor 流的一些动力学行为, 讨论了 Couette-Taylor 流三模态类 Lorenz 型方程组的动力学行为, 包括定态的失稳、极限环的出现、吸引子的存在性及其 Hausdorff 维数上界的估计、分岔与混沌的演变和全局稳定性分析等, 通过线性稳定性分析和数值模拟等方法给出了此三维模型分岔与混沌等动力学行为及其演化历程, 并借此解释了 Couette-Taylor 流实验中观察到的部分涡流的演化过程. 基于系统的分岔图、Lyapunov 指数谱、功率谱、Poincaré 截面和返回映射等揭示了系统混沌行为的普适特征.

过去人们对混沌的研究主要是通过实验来量化其混沌行为的. 由于混沌的奇异特性, 特别是对初始条件的高度敏感性和不稳定性, 长期以来人们总认为混沌是不可控的, 也是不可靠的行为, 致使人们在工程应用等领域中总是想着如何回避和抵制它. 因此, 如何控制和消除混沌是混沌应用的关键. 最早认为混沌可控的是现代电子计算机之父冯 • 诺依曼 (ven Neumumn J), 他在 1950 年曾设想利用小微扰实现对大气湍流的控制. 虽然他对控制天气的预言在应用上存在问题, 但他利用了混沌运动对初值的敏感性这一思想, 说明了控制混沌是可能的. 直到 1987 年, 控制混沌的思想才由胡伯勒 (Hubler) 和 Lscher 引入. 1989 年胡伯勒还发表了控制混沌的第一篇论文. 20 世纪 90 年代以来, 国际上关于混沌控制和混沌同步的研究有了突破性的进展. 1990 年, 美国马里兰大学的三位物理学家奥特 (E. Ott)、格里波基 (Grebogi) 和约克 (Yorke) 共同发表了*Controlling chaos*的论文[99], 首先提出了一种利用混沌内在特性的控制方法 (简称 OGY 方法), 使人们改变了以往认为混沌是不可控的保守看法. 同时, 美国海军实验者卡罗尔 (T. L. Carroll) 和佩卡拉 (L. M. Pecora) 等首次提出了混沌系统中的同步现象[100]. 1991 年, Pecora 和 Carroll 又提出了利用混沌信号驱动稳定系统的思想, 他们指出混沌驱动系统具有一定的结构稳定性, 对参数在小范围内的变化不具有敏感性. 1992 年, 陈关荣等在总结前人结论的基础上, 分析了渐近稳定性和混沌同步的密切关系, 提出了另一种判定子系统渐近稳定性的方法 —— Lyapunov 函数法, 并且指出利用 Lyapunov 函数可以合成高维混沌同步系统. 这种同步方案叫做驱动 —— 响应同步, 是最早的一类同步方法[101]. 目前, 混沌同步理论及应用的研究显得十分活跃, 在保密通信领域中, 混沌以其独具的魅力显示了其潜在的应用前景. 大量的研究结果表明, 生理学系统内存在着混沌信号, 一些理论工作者正在运用各种方法从不同角度来证明脑神经的活动具有混沌动力学特征. 如果能用混沌同步去模拟大脑处理信息的过程, 那么无疑将为许多要求智能化的领域提供崭新的技术工具. 由此可见, 混沌同步在实际应用中蕴含了巨大潜力. 迄今已提出了许多混沌控制与混沌同步的方法, 大大推动了各方面的应用研究. 目前, 控制和利用混沌已在生物、医学、化工、机械、海洋工程和保密通信等领域中取得了初步的成功. 近年来, 超混沌控制与同步, 分数阶与时滞混沌系统的控制与同步是人们普遍关注的焦点. 6.5 节将探讨旋转流动低模系统的混沌控制与同步及其数值仿真问题.

本书要用到一些泛函分析的基本知识 (如不动点定理、隐函数定理等), 关于这些知识, 请参见文献 [59]~[61], 关于 Navier-Stokes 方程, 分歧的基本理论及有限维逼近理论请参阅文献 [5] 及 [62]~[71].

第 2 章　Navier-Stokes 方程分歧点的谱 Galerkin 逼近

在这一章, 我们讨论 Navier-Stokes 方程简单分歧点的谱 Galerkin 逼近问题. 本章安排如下: 2.1 节, 介绍 Navier-Stokes 方程和一些预备知识. 2.2 节, 构造 Navier-Stokes 方程的简单分歧点的扩充系统, 把 Navier-Stokes 方程的非退化简单分歧点转化为扩充系统的正则点. 2.3 节, 讨论 Navier-Stokes 方程非退化简单分歧点的谱 Galerkin 逼近问题, 构造定常的 Navier-Stokes 方程非退化简单分歧点的谱 Galerkin 逼近扩充系统, 证明非退化简单分歧点的谱 Galerkin 逼近的存在性、唯一性和收敛性. 2.4 节, 运用 Stokes 算子的特征值负指数幂, 给出谱 Galerkin 逼近的误差估计. 2.5 节, 讨论求解扩充系统正则解的分块迭代方法.

2.1　预 备 知 识

考察齐次边界条件定常的 Navier-Stokes 方程:

$$\begin{cases} -\nu\Delta u+(u\cdot\nabla)u+\nabla p=f, & x\in\Omega,\\ \mathrm{div}u=0, & x\in\Omega,\\ u|_{\partial\Omega}=0, \end{cases} \tag{2.1.1}$$

其中, Ω 为二维或三维有界光滑区域; $f\in[L^2(\Omega)]^d$, $d=2$ 或 3; ν 为动力黏性系数.

众所周知, 当雷诺数 $\lambda=Re=1/\nu$ 充分小时, Navier-Stokes 方程的解存在且唯一, 但当 λ 比较大时, Navier-Stokes 方程将出现分歧和多解等现象[62-64], 由于 Navier-Stokes 方程的分歧点是其奇异解, 牛顿法等经典算法在分歧点处已经失效. 此时探讨 Navier-Stokes 方程奇异解有效的数值逼近算法是非常必要的.

引入函数空间

$$V=\{u\in[H_0^1(\Omega)]^d;\mathrm{div}u=0\},$$

$$H=\{u\in[L^2(\Omega)]^d;\mathrm{div}u=0,u\cdot\vec{n}|_{\partial\Omega}=0\}.$$

其中, $\vec{n}$ 为 $\partial\Omega$ 的外法线方向. 以 $(\cdot),|\cdot|$ 记 H 中的内积和范数. 在 V 中引入内积

$$((u,v))=(\nabla u,\nabla v),\quad \forall u,v\in V,$$

相应的范数记为 $\|\cdot\|$. 用 $\|\cdot\|_s$ 表示 $[H^s(\Omega)]^d$ 中的范数. 下面的 c_0, c', c'' 等表示仅与区域 Ω 有关的常数.

由 Poincaré不等式[63,64] : $\forall u \in [H_0^1(\Omega)]^d$,

$$|u| \leqslant c'\|u\| \tag{2.1.2}$$

知, 在 $[H_0^1(\Omega)]^d$ 中 $\|\cdot\|$ 是 $\|\cdot\|_1$ 的等价范数.

Navier-Stokes 方程可写成如下的变分形式[63,64]:

$$a(u,v) + \lambda[b(u,u,v) - (f,v)] = 0, \quad \forall v \in V, \tag{2.1.3}$$

其中, $\lambda = 1/\nu$, ν 为动力黏性系数; $f \in [L^2(\Omega)]^d$. 双线性形式 $a(\cdot,\cdot)$ 及三线性形式 $b(\cdot,\cdot,\cdot)$ 定义如下:

$$a(u,v) = (\nabla u, \nabla v), \quad \forall u, v \in V,$$
$$b(u,v,w) = \int_\Omega (u\cdot\nabla)v\cdot w\mathrm{d}x, \quad \forall u,v,w \in V.$$

三线性形式 $b(\cdot,\cdot,\cdot)$ 具有如下性质[63,64]:

$$b(u,v,w) = -b(u,w,v), \quad \forall u,v,w \in V, \tag{2.1.4}$$

$$b(u,v,w) \leqslant c_0\|u\|_{s_1}\cdot\|v\|_{s_2+1}\cdot\|w\|_{s_3}, \tag{2.1.5}$$

其中, $s_1, s_2, s_3 \geqslant 0, s_1+s_2+s_3 \geqslant \dfrac{d}{2}$; $(s_1,s_2,s_3) \neq \left(\dfrac{d}{2},0,0\right), \left(0,\dfrac{d}{2},0\right), \left(0,0,\dfrac{d}{2}\right)$.

在对三线性形式 $b(\cdot,\cdot,\cdot)$ 进行估计时, 还经常用到如下的插值不等式[63,64]:

$$\|v\|_\alpha \leqslant c''|v|^{1-\alpha}\cdot\|v\|^\alpha, \tag{2.1.6}$$

其中, $0 \leqslant \alpha < 1$.

如果令 P 为 $[L^2(\Omega)]^d \to H$ 的 Leray 投影, 那么有

$$\mathcal{A} = -P\Delta, \quad \langle\mathcal{A}u, v\rangle = a(u,v), \quad \forall u,v \in V,$$

$$B(u,v) = P(u\nabla)v, \quad \langle B(u,v), w\rangle = b(u,v,w), \quad u,v,w \in V.$$

可以连续延拓 $\mathcal{A}$ 为 $D(\mathcal{A}) \subset H \to H$ 的映照, $B(\cdot,\cdot)$ 为 $V\times V \to V'$ 的映照. 其中, $\langle\cdot,\cdot\rangle$ 表示 $V'\times V$ 上的对偶积.

$\mathcal{A}$ 称为抽象 Stokes 算子, $D(\mathcal{A}) = [H^2(\Omega)]^d \cap V, \mathcal{A}$ 有下列性质:

(1) 对称性 $(\mathcal{A}u, v) = (u, \mathcal{A}v)$, $\forall u, v \in D(\mathcal{A})$.

(2) $\mathcal{A}$ 是自共轭的.

(3) 逆算子 $\mathcal{A}^{-1}$ 存在, $\mathcal{A}^{-1}$ 是 $H \to H$ 的自共轭紧算子, 存在无穷多个特征值

$$0 < \lambda_1 < \lambda_2 < \cdots < \lambda_i \cdots, \quad \lambda_i \to +\infty,$$

以及特征函数 $w_1, w_2, \cdots, \{w_i\}$ 在 H 及 V 中均是完备的和正交的.

记 $V_m = \text{span}\{w_1, w_2, \cdots, w_m\}$, 则 Navier-Stokes 方程变分形式 (2.1.3) 的谱 Galerkin 逼近[6]为求 $u_m \in V_m$, 使

$$a(u_m, v) + \lambda[b(u_m, u_m, v) - (f, v)] = 0, \quad \forall v \in V_m. \tag{2.1.7}$$

记 P_m 为 V 到 V_m 上的投影算子, $Q_m = I - P_m$, 则有[64]

$$\lim_{m\to\infty} \|Q_m u\| = 0, \quad \forall u \in V.$$

如果 $u \in V \cap [H^2(\Omega)]^d$, 则有如下估计[63,64]

$$\|Q_m u\| \leqslant \lambda_{m+1}^{-\frac{1}{2}} |\mathcal{A}u|, \tag{2.1.8}$$

$$|Q_m u| \leqslant \lambda_{m+1}^{-1} |\mathcal{A}u|. \tag{2.1.9}$$

设 $G(u) = \mathcal{A}^{-1}[B(u,u) - f]$, 则 Navier-Stokes 方程可写成如下的算子形式

$$F(u, \lambda) = u + \lambda G(u) = 0, \tag{2.1.10}$$

其谱 Galerkin 逼近方程为

$$F_m(u_m, \lambda) = u_m + \lambda P_m G(u_m) = 0. \tag{2.1.11}$$

以下为方便起见, 定义 $F_m(u, \lambda)$ 在整个空间 $V \times R$ 上, 而它的解仍在 $V_m \times R$ 上, 否则可令 $F_m(u, \lambda) = F_m(P_m u, \lambda)$ 来满足此要求. 下面引入几个基本引理.

引理 2.1.1 设 $\mathcal{B}$ 为 $V \times R$ 中的有界集, 则

$$\lim_{m\to\infty} \sup_{(u,\lambda)\in\mathcal{B}} \|D^j[F_m(u,\lambda) - F(u,\lambda)]\| = 0, \quad j = 0, 1, 2, \cdots,$$

其中, D^j 表示空间 $V \times R$ 上的 j 阶全导数.

证明 由于 $D^j[F_m(u,\lambda) - F(u,\lambda)] = D^j(\lambda P_m G(u) - \lambda G(u)) = 0$, $j = 3, 4, \cdots$, 只需证明 $\lim\limits_{m\to\infty} \sup\limits_{(u,\lambda)\in\mathcal{B}} \|(P_m - I)D^j[\lambda G(u)]\| = 0$, $j = 0, 1, 2$ 即可.

当 $j = 0$ 时,

$$\|F(u,\lambda) - F_m(u,\lambda)\| = \|(I - P_m)[\lambda G(u)]\| = \|Q_m[\lambda G(u)]\| \leqslant \|Q_m\|_{\mathcal{L}(V,V)} \|\lambda G(u)\|,$$

由于

$$\|G(u)\| = \|\mathcal{A}^{-1}[B(u,u)-f]\| \leqslant \lambda\|[B(u,u)-f]\|_{V'}$$
$$\leqslant \lambda(\|B(u,u)\|_{V'} + \|f\|_{V'}) \leqslant \lambda(e\|u\|_V + \|f\|_{V'}),$$

所以

$$\|[F(u,\lambda) - F_m(u,\lambda)]\| \leqslant M'\|Q_m\|_{\mathcal{L}(V,V)},$$

其中, M' 是与 m 无关的正常数, 故有

$$\lim_{m\to\infty}\|[F(u,\lambda) - F_m(u,\lambda)]\| = 0.$$

当 $j=1$ 时,

$$\|D[F(u,\lambda) - F_m(u,\lambda)]\| = \|D(I-P_m)[\lambda G(u)]\| = \|D[Q_m(\lambda G(u))]\|$$
$$= \|Q_m\|_{\mathcal{L}(V,V)}\|\lambda D_u G\| + \|Q_m\|_{\mathcal{L}(V,V)}\|G(u)\|.$$

当 $j=2$ 时,

$$\|D^2[F(u,\lambda) - F_m(u,\lambda)]\| = \|D^2(I-P_m)[\lambda G(u)]\| = \|D^2 Q_m[\lambda G(u)]\|$$
$$=\|D[D(Q_m(\lambda G(u)))]\| = |\lambda|\|Q_m\|_{\mathcal{L}(V,V)}\|D_{uu}G\| + 2\|Q_m\|_{\mathcal{L}(V,V)}\|D_u G\|,$$

由于

$$\langle D_u G(u)v, w\rangle = b(u,v,w) + b(v,u,w),$$
$$\langle D_{uu} G(u)v\gamma, w\rangle = b(\gamma,v,w) + b(v,\gamma,w).$$

所以 $\|D_uG\|$,$\|D_{uu}G\|$ 均为有界量, 因此有

$$\lim_{m\to\infty}\sup_{(u,\lambda)\in\mathcal{B}}\|D^j[F_m(u,\lambda) - F(u,\lambda)]\| = 0, \quad j=0,1,2,\cdots.$$

证毕.

引理 2.1.2 设 $\mathcal{F},\mathcal{G}$ 是 Banach 空间 $\mathcal{V}$ 上的有界线性算子, $\mathcal{F}$ 有界可逆, 且 $\|\mathcal{F}^{-1}\| \leqslant M$. 如果 $\|\mathcal{F}-\mathcal{G}\| \leqslant \delta < 1/M$, 则 $\mathcal{G}$ 可逆, 且 $\|\mathcal{G}^{-1}\| \leqslant \dfrac{M}{1-M\delta}$.

证明 由于 $\mathcal{G} = \mathcal{F}[I - \mathcal{F}^{-1}(\mathcal{F}-\mathcal{G})]$, 如果 $\|\mathcal{F}-\mathcal{G}\| \leqslant \delta < 1/M$, 则 $\|\mathcal{F}^{-1}(\mathcal{F}-\mathcal{G})\| < 1$, $I - \mathcal{F}^{-1}(\mathcal{F}-\mathcal{G})$ 可逆. 故 $\mathcal{G}$ 可逆, 且

$$\mathcal{G}^{-1} = [I - \mathcal{F}^{-1}(\mathcal{F}-\mathcal{G})]^{-1}\mathcal{F}^{-1}.$$

由于 $\|[I-\mathcal{F}^{-1}(\mathcal{F}-\mathcal{G})]^{-1}\| \leqslant \dfrac{1}{1-M\delta}$, 故有

$$\|\mathcal{G}^{-1}\| \leqslant \|[I-\mathcal{F}^{-1}(\mathcal{F}-\mathcal{G})]^{-1}\| \cdot \|\mathcal{F}^{-1}\| \leqslant \frac{M}{1-M\delta}.$$

证毕.

下面给出一个关于一般非线性方程的非奇异解的逼近结果. 这个结果包含文献 [2] 关于非线性方程的非奇异解分支逼近的结论中. 为了完整起见, 我们给出一个简单证明, 而且我们的证明要求的条件较弱, 即不要求高阶可导.

引理 2.1.3　设 g 为 Banach 空间 $\mathcal{V}$ 上的非线性算子, $x_0 \in \mathcal{V}$ 为 $g(x)=0$ 的非奇异解, $\|Dg(x_0)^{-1}\| \leqslant M$. 设 $g_m: \mathcal{V} \to \mathcal{V}$ 为 g 的逼近算子, 即存在 x_0 的某个邻域 U, g, g_m 在 U 上连续可微, 且

$$\lim_{m\to\infty} \sup_{x\in U} \|D^j g(x) - D^j g_m(x)\| = 0, \quad j=0,1, \tag{2.1.12}$$

则存在 $m_0 \in N, \delta_0 > 0$, 使当 $m > m_0$ 时, $g_m(x)=0$ 在 $B_{\delta_0}(x_0)$ 中存在唯一的非奇异解 x_m, 且有误差估计

$$\|x_m - x_0\| \leqslant \frac{5M}{2}\|g_m(x_0)\|. \tag{2.1.13}$$

其中, $B_{\delta_0}(x_0) = \{x \in \mathcal{V}; \|x-x_0\| \leqslant \delta_0\}$.

证明　取 $\delta_0 > 0$, 使 $B_{\delta_0}(x_0) \subset U$, 且

$$\|Dg(x) - Dg(x_0)\| \leqslant \frac{1}{10M}, \quad \forall x \in B_{\delta_0}(x_0).$$

取 $m_0 > 0$, 使当 $m > m_0$ 时,

$$\|g_m(x) - g(x)\| \leqslant \frac{\delta_0}{5M}, \quad \forall x \in B_{\delta_0}(x_0),$$

$$\|Dg_m(x) - Dg(x)\| \leqslant \frac{1}{10M}, \quad \forall x \in B_{\delta_0}(x_0).$$

则由引理 2.1.2 可知, $\forall x \in B_{\delta_0}(x_0), m > m_0, Dg_m(x)$ 可逆, 且 $\|Dg_m(x)^{-1}\| \leqslant 2M$. 定义算子 $A_m: B_{\delta_0}(x_0) \to \mathcal{V}$,

$$A_m(x) = x - [Dg_m(x_0)]^{-1} g_m(x), \quad \forall x \in B_{\delta_0}(x_0).$$

下面证明 A_m 是 $B_{\delta_0}(x_0)$ 到 $B_{\delta_0}(x_0)$ 内的严格压缩映象. 由于

$$A_m(x) - x_0 = [Dg_m(x_0)]^{-1}[Dg_m(x_0)(x-x_0) - (g_m(x) - g_m(x_0)) - (g_m(x_0) - g(x_0))]$$

$$= [Dg_m(x_0)]^{-1}\left\{\int_0^1 [Dg_m(x_0) - Dg_m(tx+(1-t)x_0)](x-x_0)\mathrm{d}t - [g_m(x_0) - g(x_0)]\right\},$$

因此

$$\|A_m(x)-x_0\|\leqslant 2M\left(\frac{3}{10M}\|x-x_0\|+\frac{\delta_0}{5M}\right)\leqslant\delta_0.$$

又

$$\begin{aligned}A_m(x)-A_m(y)&=[Dg_m(x_0)]^{-1}[Dg_m(x_0)(x-y)-(g_m(x)-g_m(y))]\\&=[Dg_m(x_0)]^{-1}\int_0^1[Dg_m(x_0)-Dg_m(tx+(1-t)y)](x-y)\mathrm{d}t,\end{aligned}$$

故

$$\|A_m(x)-A_m(y)\|\leqslant 2M\cdot\frac{3}{10M}\|x-y\|=\frac{3}{5}\|x-y\|.$$

因此 A_m 为 $B_{\delta_0}(x_0)$ 到 $B_{\delta_0}(x_0)$ 内的严格压缩映象. 由压缩映象原理[61] 知 $g_m(x)=0$ 在 $B_{\delta_0}(x_0)$ 内存在唯一解 x_m.

下面进行误差估计. 由于

$$\begin{aligned}x_m-x_0&=[Dg_m(x_0)]^{-1}[Dg_m(x_0)(x_m-x_0)-(g_m(x_m)-g_m(x_0))-g_m(x_0)]\\&=[Dg_m(x_0)]^{-1}\left\{\int_0^1[Dg_m(x_0)-Dg_m(tx_m+(1-t)x_0)](x_m-x_0)\mathrm{d}t-g_m(x_0)\right\},\end{aligned}$$

故

$$\|x_m-x_0\|\leqslant 2M\left(\frac{3}{10M}\|x_m-x_0\|+\|g_m(x_0)\|\right),$$

因此

$$\|x_m-x_0\|\leqslant\frac{5M}{2}\|g_m(x_0)\|.$$

这样就证明了引理的结论. 证毕.

2.2 Navier-Stokes 方程的分歧点及其扩充系统

分歧现象在非线性物理系统、远离平衡的化学动力系统和生命科学等领域普遍存在, 因此分歧理论及其数值分析方面的研究不但在理论上有价值, 而且在实践中也有直接意义. Navier-Stokes 方程描述了流体流动的基本规律, 其解的分歧理论是流体流动稳定性的理论基础, Navier-Stokes 方程分歧解的研究是目前最吸引人的热点问题. 本节采用扩充系统的方法研究 Navier-Stokes 方程分歧解的有效算法.

首先给出 Navier-Stokes 方程非退化简单分歧点的定义, 引入 DG_0, D^2G_0 等符号表示 DG, D^2G 等在 u_0 点的值, D^2F_0, DF_0, D_uF_0 等符号表示 D^2F, DF, D_uF 等在 (u_0,λ_0) 点的值, 则 $D_uF_0=I+\lambda_0DG_0$ 是指标为 0 的 Fredholm 算子[34,64].

如果 (u_0,λ_0) 满足下列条件:

H_1) $F(u_0,\lambda_0)=0$;

H_2) 0 是 D_uF_0 的简单特征值, 由文献 [5], [67], [70] 知, 存在 ϕ_0, $\phi_0^*\in V$, 使得

$$\ker(D_uF_0)=\mathrm{span}\{\phi_0\},\quad \|\phi_0\|=1,$$

$$\ker(D_uF_0^*)=\mathrm{span}\{\phi_0^*\},\quad \|\phi_0^*\|=1,$$

$$((\phi_0,\phi_0^*))=1,$$

$$\mathrm{Range}(D_uF_0)=\{u\in V,((\phi_0^*,u))=0\},$$

$$\mathrm{Range}(D_uF_0^*)=\{u\in V,((\phi_0,u))=0\},$$

$$V=\ker(D_uF_0)\oplus\mathrm{Range}(D_uF_0^*)=\ker(D_uF_0^*)\oplus\mathrm{Range}(D_uF_0);$$

H_3) $D_\lambda F_0=G(u_0)\in\mathrm{Range}(D_uF_0)$, 从而存在唯一 $v_0\in\mathrm{Range}(D_uF_0^*)$, 使得

$$D_uF_0v_0+G(u_0)=0.$$

其对应的弱形式为

$$a(v_0,v)+\lambda_0[b(u_0,v_0,v)+b(v_0,u_0,v)]-\frac{1}{\lambda_0}a(u_0,v)=0,\quad \forall v\in V.$$

则称 (u_0,λ_0) 为 Navier-Stokes 方程 (2.1.10) 的简单分歧点. 进而令

$$\alpha=((D_{uu}F_0\phi_0^2,\phi_0^*))=\lambda_0((D^2G_0\phi_0^2,\phi_0^*))=2\lambda_0b(\phi_0,\phi_0,\phi_0^*),$$

$$\begin{aligned}\beta&=((D_uDF_0(v_0,1)\phi_0,\phi_0^*))=((\lambda_0D^2G_0v_0\phi_0+DG_0\phi_0,\phi_0^*))\\&=\lambda_0[b(v_0,\phi_0,\phi_0^*)+b(\phi_0,v_0,\phi_0^*)]-\frac{1}{\lambda_0}a(\phi_0,\phi_0^*),\end{aligned}$$

$$\begin{aligned}\gamma&=((D^2F_0(v_0,1)^2,\phi_0^*))=((\lambda_0D^2G_0v_0^2+2DG_0v_0,\phi_0^*))\\&=2\lambda_0b(v_0,v_0,\phi_0^*)+2b(u_0,v_0,\phi_0^*)+2b(v_0,u_0,\phi_0^*).\end{aligned}$$

如果 $d=\beta^2-\alpha\gamma>0$, 则称 (u_0,λ_0) 为 Navier-Stokes 方程 (2.1.10) 的非退化简单分歧点. 进一步, 如果 $\alpha\neq0$, 称 (u_0,λ_0) 为跨临界分歧点; 如果 $\alpha=0,\beta\neq0$, 称 (u_0,λ_0) 为音叉式分歧点.

下面构造求解 Navier-Stokes 方程非退化简单分歧点的扩充系统, 即把 Navier-Stokes 方程嵌入到扩大的系统中, 使其分歧点转化为扩充系统的正则解. 计算一般算子方程简单分歧点的扩充系统已有很多讨论, 具体可参见文献 [5], [69], [70], 这里针对 Navier-Stokes 方程 (2.1.10) 的非退化简单分歧点给出一种更具体的形式. 我们以跨临界分歧点为例进行讨论, 对音叉式分歧点可以进行同样的讨论.

定义空间 $X = V \times R \times V^3$ 及其逼近空间 $X_m = V_m \times R \times V_m^3$, 范数

$$\begin{aligned}
&||x||_X = ||u|| + |\lambda| + ||u_1|| + ||u_2|| + ||u_3||, \quad \forall x = (u, \lambda, u_1, u_2, u_3) \in X;\\
&|x|_X = |u| + |\lambda| + |u_1| + |u_2| + |u_3|, \quad \forall x = (u, \lambda, u_1, u_2, u_3) \in X.
\end{aligned}$$

构造 Navier-Stokes 方程 (2.1.10) 在 X 上的扩充系统如下:

$$T(x) = \begin{pmatrix} F(u,\lambda) + ((u_2, D_u F u_1))u_2 \\ ((u_2, D_u F u_3 + D_\lambda F)) \\ D_u F u_1 + \dfrac{1}{2}[((u_1, u_1)) - 1]u_2 \\ D_u F^* u_2 + \dfrac{1}{2}[((u_2, u_2)) - 1]u_1 \\ D_u F u_3 + D_\lambda F + ((u_1, u_3))u_2 \end{pmatrix} = 0, \quad \forall x = (u, \lambda, u_1, u_2, u_3) \in X. \tag{2.2.1}$$

上述扩充系统的变分形式如下

$$\begin{cases}
a(u,v) + \lambda[b(u,u,v) - (f,v)] \\
\qquad +[a(u_1,u_2) + \lambda(b(u,u_1,u_2) + b(u_1,u,u_2))]a(u_2,v) = 0, & \forall v \in V, \\
\mu[a(u_3,u_2) + \lambda(b(u,u_3,u_2) + b(u_3,u,u_2)) + b(u,u,u_2) - (f,u_2)] = 0, & \forall \mu \in R, \\
a(u_1,v_1) + \lambda[b(u,u_1,v_1) + b(u_1,u,v_1)] + \dfrac{1}{2}[a(u_1,u_1) - 1]a(u_2,v_1) = 0, & \forall v_1 \in V, \\
a(u_2,v_2) + \lambda[b(v_2,u,u_2) + b(u,v_2,u_2)] + \dfrac{1}{2}[a(u_2,u_2) - 1]a(u_1,v_2) = 0, & \forall v_2 \in V, \\
a(u_3,v_3) + \lambda[b(u,u_3,v_3) + b(u_3,u,v_3)] + b(u,u,v_3) - (f,v_3) \\
\qquad +a(u_1,u_3)a(u_2,v_3) = 0, & \forall v_3 \in V.
\end{cases} \tag{2.2.2}$$

通过扩大原方程 (2.1.10) 的规模, 可以把其分歧点 (u_0, λ_0) 转化为扩充系统 (2.2.1) 的正则点 $(u_0, \lambda_0, \phi_0, \phi_0^*, v_0)$.

定理 2.2.1 若 (u_0, λ_0) 是方程 (2.1.10) 的非退化简单分歧点, 则 $x_0 = (u_0, \lambda_0, \phi_0, \phi_0^*, v_0)$ 是扩充系统 (2.2.1) 的正则点 (非奇异点).

证明 由文献 [68] 可知, 条件 $\beta^2 - \alpha\gamma > 0$ 与 ϕ_0, ϕ_0^*, v_0 的选择无关, 且从 H_2) 可知, $((\phi_0, v_0)) = 0$, 结合假设 H_1)、H_2)、H_3) 得 $T(x_0) = 0$, 说明 x_0 为方程 (2.2.1)

的解, 下面证明 $DT(x_0)$ 是可逆的, 经计算得

$$DT(x)=\begin{pmatrix} A(x) & E(x) & H(x) & L(x) \\ B(x) & M(x) & \frac{1}{2}[((u_1,u_1))-1] & 0 \\ C(x) & \frac{1}{2}[((u_2,u_2))-1] & N(x) & 0 \\ D(x) & ((\cdot,u_3))u_2 & ((u_1,u_3)) & M(x) \end{pmatrix} \tag{2.2.3}$$

其中

$$A(x)=\begin{pmatrix} I+\lambda DG\cdot+((u_2,\lambda D^2Gu_1\cdot))u_2 & G(u)+((u_2,DGu_1))u_2 \\ ((u_2,\lambda D^2Gu_3\cdot+DG\cdot)) & ((u_2,DGu_3)) \end{pmatrix},$$

$$B(x)=\left(\lambda D^2Gu_1\cdot,\ DGu_1\right),\quad C(x)=(\lambda D(DG^*)u_2\cdot,\ DG^*u_2),$$

$$D(x)=\left(\lambda D^2Gu_3\cdot+DG,\ DGu_3\right),\quad E(x)=\begin{pmatrix} ((u_2,I+\lambda DG\cdot))u_2 \\ 0 \end{pmatrix},$$

$$H(x)=\begin{pmatrix} ((\cdot,u_1+\lambda DGu_1))u_2+((u_2,u_1+\lambda DGu_1)) \\ ((\cdot,u_3+\lambda DGu_3+G(u))) \end{pmatrix},\quad L(x)=\begin{pmatrix} 0 \\ ((u_2,I+\lambda DG\cdot)) \end{pmatrix},$$

$$M(x)=I+\lambda DG\cdot+((u_1,\cdot))u_2,\quad N(x)=I+\lambda DG^*\cdot+((u_2,\cdot))u_1.$$

故

$$A(x_0)=\begin{pmatrix} I+\lambda_0DG_0\cdot+((\phi_0^*,\lambda_0D^2G_0\phi_0\cdot))\phi_0^* & G(u_0)+((\phi_0^*,DG_0\phi_0))\phi_0^* \\ ((\phi_0^*,\lambda_0D^2G_0v_0\cdot+DG_0\cdot)) & ((\phi_0^*,DG_0v_0)) \end{pmatrix},$$

$$M(x_0)=I+\lambda_0DG_0\cdot+((\phi_0,\cdot))\phi_0^*,\quad N(x_0)=I+\lambda_0DG_0^*\cdot+((\phi_0^*,\cdot))\phi_0,$$

$$DT(x_0)=\begin{pmatrix} A(x_0) & 0 & 0 & 0 \\ B(x_0) & M(x_0) & 0 & 0 \\ C(x_0) & 0 & N(x_0) & 0 \\ D(x_0) & ((\cdot,v_0))\phi_0^* & 0 & M(x_0) \end{pmatrix}. \tag{2.2.4}$$

首先, 证明算子 $M(x_0)=I+\lambda_0DG_0\cdot+((\phi_0,\cdot))\phi_0^*$, $N(x_0)=I+\lambda_0DG_0^*\cdot+((\phi_0^*,\cdot))\phi_0$ 是有界可逆的.

任给 $w\in V$, 考虑方程

$$(I+\lambda_0DG_0\cdot+((\phi_0,\cdot))\phi_0^*)v=w, \tag{2.2.5}$$

因为 $v \in V$, 由 H_2) 得 $v = x\phi_0 + \tilde{v}$, $\quad x \in R$, $\quad \tilde{v} \in \mathrm{Range}(I + \lambda_0 DG_0^* \cdot)$, 从而有 $x\phi_0 + \tilde{v} + \lambda_0 DG_0(x\phi_0 + \tilde{v}) + ((\phi_0, x\phi_0 + \tilde{v}))\phi_0^* = w$, 所以 $x(I + \lambda_0 DG_0)\phi_0 + (I + \lambda_0 DG_0)\tilde{v} + x\phi_0^* = w$, 即

$$(I + \lambda_0 DG_0)\tilde{v} + x\phi_0^* = w,$$

用 ϕ_0^* 两边做内积得 $x = ((\phi_0^*, w))$, 即 x 可由 w 唯一确定, 则式 (2.2.5) 化为只对 $\tilde{v}$ 的方程

$$(I + \lambda_0 DG_0)\tilde{v} = w - ((\phi_0^*, w))\phi_0^*,$$

由 H_2) 可知, 在 $\mathrm{Range}(I + \lambda_0 DG_0^*)$ 上 $\tilde{v}$ 是唯一可解的, 故 v 可由 w 唯一确定, 从而 $I + \lambda_0 DG_0 \cdot + ((\phi_0, \cdot))\phi_0^*$ 是 V 到 V 上的有界可逆算子; 同理可证 $I + \lambda_0 DG_0^* \cdot + ((\phi_0^*, \cdot))\phi_0$ 是 V 到 V 上的有界可逆算子 (或利用 $N(x_0)$ 是 $M(x_0)$ 的共轭算子证明).

其次, 证明 $A(x_0)$ 是有界可逆算子, 任给 $(w, \delta) \in V \times R$, 考虑

$$A(x_0)\begin{pmatrix} u \\ \lambda \end{pmatrix} = \begin{pmatrix} w \\ \delta \end{pmatrix}, \tag{2.2.6}$$

即

$$u + \lambda_0 DG_0 u + ((\phi_0^*, \lambda_0 D^2 G_0 \phi_0 u))\phi_0^* + \lambda G(u_0) + \lambda((\phi_0^*, DG_0\phi_0))\phi_0^* = w, \tag{2.2.7}$$

$$((\phi_0^*, \lambda_0 D^2 G_0 v_0 u + DG_0 u)) + \lambda((\phi_0^*, DG_0 v_0)) = \delta. \tag{2.2.8}$$

(2.2.7) 和 (2.2.8) 对应的变分形式分别为

$$\begin{aligned} &a(u, v) + \lambda_0[b(u_0, u, v) + b(u, u_0, v)] + \lambda_0[b(\phi_0, u, \phi_0^*) + b(u, \phi_0, \phi_0^*)]a(\phi_0^*, v) \\ &+\lambda[b(u_0, u_0, v) - (f, v)] + \lambda[b(\phi_0, u, \phi_0^*) + b(u, \phi_0, \phi_0^*)]a(\phi_0^*, v) = a(w, v), \quad \forall v \in V, \end{aligned}$$

$$\lambda_0[b(v_0, u, \phi_0^*) + b(u, v_0, \phi_0^*)] + b(u_0, u, \phi_0^*) + b(u, u_0, \phi_0^*) + \lambda[b(v_0, u_0, \phi_0^*) + b(u_0, v_0, \phi_0^*)] = \delta.$$

由 H_3) 得 $-(I + \lambda_0 DG_0)v_0 = G(u_0)$, 而 w 有唯一分解式 $w = ((\phi_0^*, w))\phi_0^* + \hat{w}, \hat{w} \in \mathrm{Range}(I + \lambda_0 DG_0)$ 由 w 唯一确定, 从而式 (2.2.7) 等价于

$$(I + \lambda_0 DG_0)(u - \lambda v_0) = \hat{w}, \tag{2.2.9}$$

$$((\phi_0^*, \lambda_0 D^2 G_0 \phi_0 u + \lambda DG_0 \phi_0)) = ((\phi_0^*, w)). \tag{2.2.10}$$

(2.2.9) 和 (2.2.10) 对应的变分形式分别为

$$\begin{aligned} &a(u, v) + \lambda_0[b(u_0, u, v) + b(u, u_0, v)] + \lambda[a(v_0, v) + \lambda_0(b(u_0, v_0, v) + b(v_0, u_0, v))] \\ &= a(\hat{w}, v), \quad \forall v \in V, \end{aligned}$$

$$\lambda_0[b(v_0,u,\phi_0^*)+b(u,v_0,\phi_0^*)]+\lambda[b(u_0,\phi_0,\phi_0^*)+b(\phi_0,u_0,\phi_0^*)]=a(\phi_0^*,w).$$

从 H_2) 得

$$u=\lambda v_0+\mu\phi_0+\tilde{u},\quad \forall\lambda,\mu\in R, \tag{2.2.11}$$

并且 $\tilde{u}\in \mathrm{Range}(I+\lambda_0 DG_0^*)$ 由 $(I+\lambda_0 DG_0)\tilde{u}=\hat{w}$ 唯一确定, 从而 $\tilde{u}$ 由 w 唯一确定, 把式 (2.2.11) 代入式 (2.2.8) 得

$$((\phi_0^*,(\lambda_0 D^2G_0v_0+DG_0)(\lambda v_0+\mu\phi_0+\tilde{u})))+\lambda((\phi_0^*,DG_0v_0))=\delta,$$

即

$$\beta\mu+\gamma\lambda=\delta-((\phi_0^*,\lambda_0 D^2G_0v_0\tilde{u}+DG_0\tilde{u})), \tag{2.2.12}$$

把式 (2.2.11) 代入式 (2.2.10) 得

$$((\phi_0^*,\lambda_0 D^2G_0\phi_0(\lambda v_0+\mu\phi_0+\tilde{u})+\lambda DG_0\phi_0))=((\phi_0^*,w)),$$

即

$$\alpha\mu+\beta\lambda=((\phi_0^*,w))-((\phi_0^*,\lambda_0 D^2G_0\phi_0\tilde{u})), \tag{2.2.13}$$

由条件 $\beta^2-\alpha\gamma>0$ 知, 方程组 (2.2.12) 和 (2.2.13) 中的 λ,μ 可唯一确定. 因此任给 $(w,\delta)\in V\times R$, 对方程 (2.2.6) 而言, 存在唯一解 $(u,\lambda)\in V\times R$, 所以 $A(x_0)$ 可逆, 由于 $DT(x_0)$ 为分块下三角矩阵, 且对角块均可逆, 故 $DT(x_0)$ 可逆, 所以 x_0 为 (2.2.1) 的非奇异解 (正则解). 证毕.

同样构造音叉式分歧点的扩充系统如下:

$$T(u,\lambda,u_1,u_2,u_3)=\begin{pmatrix} F+((u_2,D_uFu_3+D_\lambda F))u_1\\ ((u_2,D_uFu_1))\\ D_uFu_1+\dfrac{1}{2}[((u_1,u_1))-1]u_1\\ D_uF^*u_2+[((u_1,u_2))-1]u_1\\ D_uFu_3+D_\lambda F+((u_1,u_3))u_1 \end{pmatrix}=0. \tag{2.2.14}$$

其正则性可以同样讨论.

下面的引理 2.2.1 给出了 $A(x_0)^{-1}$ 的求法.

引理 2.2.1　如果 $\alpha\neq 0$, 则 $M:=D_uF_0+\phi_0^*((\phi_0^*,D_{uu}F_0\phi_0\cdot))$ 是非奇异的, 并且

$$M^{-1}=[I-\alpha^{-1}\phi_0(((\phi_0^*,D_{uu}F_0\phi_0\cdot))-((\phi_0,\cdot)))]M(x_0)^{-1}, \tag{2.2.15}$$

其中, $M(x_0)$ 由 (2.2.4) 给出.

证明 考虑齐次方程组 $Mu=0$, 即

$$D_uF_0u+\phi_0^*((\phi_0^*,D_{uu}F_0\phi_0u))=0, \tag{2.2.16}$$

两边用 ϕ_0^* 做内积得

$$((\phi_0^*,D_{uu}F_0\phi_0u))=0. \tag{2.2.17}$$

把它代入 (2.2.16), 可得 $D_uF_0u=0$, 即 $u=c\phi_0$, 结合 (2.2.17) 式以及 $\alpha\neq 0$, 则有 $c=0$, 因此 $u=0$ 是 (2.2.16) 的唯一解, 所以 M 是非奇异的.

定义函数 $V\to R,\quad \theta:=((\phi_0^*,D_{uu}F_0\phi_0\cdot))-((\phi_0,\cdot))$. 利用 $M(x_0)$ 及假设 H_2), 容易证明 $M(x_0)\phi_0=\phi_0^*$, 即 $M(x_0)^{-1}\phi_0^*=\phi_0$, 因此

$$\theta M(x_0)^{-1}\phi_0^*=\theta\phi_0=((\phi_0^*,D_{uu}F_0\phi_0^2))-((\phi_0,\phi_0))=\alpha-1\neq -1,$$

即 $\theta M(x_0)^{-1}\phi_0^*+1=\alpha$, 经简单计算得

$$\begin{aligned}&\left(I-\frac{M(x_0)^{-1}\phi_0^*\theta}{1+\theta M(x_0)^{-1}\phi_0^*}\right)M(x_0)^{-1}(M(x_0)+\phi_0^*\theta)\\=&(M(x_0)+\phi_0^*\theta)\left(I-\frac{M(x_0)^{-1}\phi_0^*\theta}{1+\theta M(x_0)^{-1}\phi_0^*}\right)M(x_0)^{-1}=I,\end{aligned}$$

则有

$$(M(x_0)+\phi_0^*\theta)^{-1}=\left(I-\frac{M(x_0)^{-1}\phi_0^*\theta}{1+\theta M(x_0)^{-1}\phi_0^*}\right)M(x_0)^{-1}.$$

这就推出

$$M^{-1}=[I-\alpha^{-1}\phi_0(((\phi_0^*,D_{uu}F_0\phi_0\cdot))-((\phi_0,\cdot)))]M(x_0)^{-1}.\text{ 证毕.}$$

现在回到 (2.2.4) 定义的 $A(x_0)$, 令它的逆为

$$A(x_0)^{-1}=\begin{pmatrix}\tilde a_{11} & \tilde a_{12}\\ \tilde a_{21} & \tilde a_{22}\end{pmatrix}$$

由 $A(x_0)A(x_0)^{-1}:=\begin{pmatrix}I & 0\\ 0 & I\end{pmatrix}$ 得

$$\begin{cases}[D_uF_0+((\phi_0^*,D_{uu}F_0\phi_0\cdot))\phi_0^*]\tilde a_{11}+[D_\lambda F_0+((\phi_0^*,D_{u\lambda}F_0\phi_0))\phi_0^*]\tilde a_{21}=I,\\ [D_uF_0+((\phi_0^*,D_{uu}F_0\phi_0\cdot))\phi_0^*]\tilde a_{12}+[D_\lambda F_0+((\phi_0^*,D_{u\lambda}F_0\phi_0))\phi_0^*]\tilde a_{22}=0,\\ ((\phi_0^*,D_uDF_0(v_0,1)\cdot))\tilde a_{11}+((\phi_0^*,D_\lambda DF_0(v_0,1)))\tilde a_{21}=0,\\ ((\phi_0^*,D_uDF_0(v_0,1)\cdot))\tilde a_{12}+((\phi_0^*,D_\lambda DF_0(v_0,1)))\tilde a_{22}=1.\end{cases}$$

经过复杂的计算, 并利用 α,β,γ 和 d 的定义可得

$$
\begin{aligned}
\tilde{a}_{11} =&[I-d^{-1}(\beta\phi_0-\alpha v_0)((\phi_0^*,D_uDF_0(v_0,1)\cdot))]\\
&\times[I-\alpha^{-1}\phi_0(((\phi_0^*,D_{uu}F_0\phi_0\cdot))-((\phi_0,\cdot)))]M(x_0)^{-1},\\
\tilde{a}_{12} =&-\alpha d^{-1}(v_0-\beta[I-\alpha^{-1}\phi_0(((\phi_0^*,D_{uu}F_0\phi_0\cdot))-((\phi_0,\cdot)))]M(x_0)^{-1}\phi_0^*),\\
\tilde{a}_{21} =&\alpha d^{-1}((\phi_0^*,D_uDF_0(v_0,1)\cdot))[I-\alpha^{-1}\phi_0(((\phi_0^*,D_{uu}F_0\phi_0\cdot))-((\phi_0,\cdot)))]M(x_0)^{-1},\\
\tilde{a}_{22} =&-\alpha d^{-1},
\end{aligned}
\tag{2.2.18}
$$

其中, $M(x_0)=I+\lambda_0DG_0\cdot+((\phi_0,\cdot))\phi_0^*$. 其逆可通过求解下列系统得到

$$
M(x_0)u=u+\lambda_0DG_0u+((\phi_0,u))\phi_0^*=w. \tag{2.2.19}
$$

(2.2.19) 的两边对 v 做 $H_0^1(\omega)$ 内积: $((M(x_0)u,v))=a(w,v)$ 得

$$
a(u,v)+\lambda_0[b(u_0,u,v)+b(u,u_0,v)]+a(\phi_0,u)a(\phi_0^*,v)=a(w,v),\quad \forall v\in V. \tag{2.2.20}
$$

2.3 Navier-Stokes 方程非退化简单分歧点的谱 Galerkin 逼近

下面构造求解 Navier-Stokes 方程非退化简单分歧点扩充系统 (2.2.1) 的谱 Galerkin 逼近扩充系统, 进而求得 Navier-Stokes 方程非退化简单分歧点的谱 Galerkin 逼近. 构造方程 (2.2.1) 的逼近系统如下:

$$
T_m(x)=\begin{pmatrix}
F_m(u,\lambda)+((u_2,D_uF_mu_1))u_2\\
((u_2,D_uF_mu_3+D_\lambda F_m))\\
D_uF_mu_1+\dfrac{1}{2}[((u_1,u_1))-1]u_2\\
D_uF_m^*u_2+\dfrac{1}{2}[((u_2,u_2))-1]u_1\\
D_uF_mu_3+D_\lambda F_m+((u_1,u_3))u_2
\end{pmatrix}=0,\quad \forall x=(u,\lambda,u_1,u_2,u_3)\in X.
\tag{2.3.1}
$$

$T_m(x)$ 应定义在逼近空间 X_m 上, 但为方便起见, 定义逼近方程 $T_m(x)=0$ 在整个空间 X 上, 而假设它的解仍在 X_m 上, 否则可用

$$
T_m(P_mx)=T_m(P_mu,\lambda,P_mu_1,P_mu_2,P_mu_3)
$$

代替 $T_m(x)$ 来达到这种要求.

上述扩充系统对应如下变分形式:

$$\begin{cases} a(u,v)+\lambda[b(u,u,v)-(f,v)] \\ \qquad +[a(u_1,u_2)+\lambda(b(u,u_1,u_2)+b(u_1,u,u_2))]a(u_2,v)=0, & \forall v\in V_m; \\ \mu[a(u_3,u_2)+\lambda(b(u,u_3,u_2)+b(u_3,u,u_2))+b(u,u,u_2)-(f,u_2)]=0, & \forall \mu\in R; \\ a(u_1,v_1)+\lambda[b(u,u_1,v_1)+b(u_1,u,v_1)]+\dfrac{1}{2}[a(u_1,u_1)-1]a(u_2,v_1)=0, & \forall v_1\in V_m; \\ a(u_2,v_2)+\lambda[b(v_2,u,u_2)+b(u,v_2,u_2)]+\dfrac{1}{2}[a(u_2,u_2)-1]a(u_1,v_2)=0, & \forall v_2\in V_m; \\ a(u_3,v_3)+\lambda[b(u,u_3,v_3)+b(u_3,u,v_3)]+b(u,u,v_3)-(f,v_3) \\ \qquad +a(u_1,u_3)a(u_2,v_3)=0, & \forall v_3\in V_m. \end{cases} \tag{2.3.2}$$

定理 2.3.1 算子 $T(x)$ 及 $T_m(x)$ 是连续可微的, 并且存在 x_0 的某个邻域 U, 使得

$$\lim_{m\to\infty}\sup_{x\in U}\|D^j[T_m(x)-T(x)]\|=0,\quad j=0,1.$$

证明 当 $j=0$ 时,

$$\begin{aligned}\|T(x)-T_m(x)\|_X\leqslant&\|\lambda[G(u)-P_mG(u)]\| \\ &+\|((u_2,\lambda[DG-P_mDG]u_1))u_2\| \\ &+\|((u_2,\lambda[DG-P_mDG]u_3+[G(u)-P_mG(u)]))\| \\ &+\|\lambda[DG-P_mDG]u_1\|+\|\lambda(DG^*-P_mDG^*)u_2\| \\ &+\|\lambda(DG-P_mDG)u_3\|+\|[G(u)-P_mG(u)]\|,\end{aligned}$$

选取 x_0 的某个邻域 U, 使得 $(u,\lambda)\in\mathcal{B}$, 利用 Hölder 不等式及引理 2.1.1 可得

$$\lim_{m\to\infty}\sup_{x\in U}\|[T_m(x)-T(x)]\|_X=0.$$

如同计算 $DT(X)$ 一样, 可以计算 $DT_m(X)$, 同理可证 $j=1$ 的情形. 证毕.

下面的定理说明做谱 Galerkin 逼近时, 无论 Navier-Stokes 方程 (2.1.10) 的奇点类型是否改变, 均可以用逼近系统 (2.3.1) 来逼近系统 (2.2.1), 从而可获得 Navier-Stokes 方程 (2.1.10) 的谱 Galerkin 逼近.

定理 2.3.2　若 (u_0,λ_0) 是 Navier-Stokes 方程 (2.1.10) 的非退化简单分歧点, 设 $\|DT(x_0)^{-1}\| \leqslant M$, 则存在 $m_0 \in N, a > 0$, 使当 $m > m_0$ 时, 存在唯一的 $x_0^m = (u_0^m, \lambda_0^m, \phi_0^m, \phi_0^{*m}, v_0^m) \in X$, 满足:

1) $T_m(u_0^m, \lambda_0^m, \phi_0^m, \phi_0^{*m}, v_0^m) = 0$,

2) $||(u_0^m, \lambda_0^m, \phi_0^m, \phi_0^{*m}, v_0^m) - (u_0, \lambda_0, \phi_0, \phi_0^*, v_0)||_X < a$,

并有如下误差估计:

$$||u_0 - u_0^m|| + |\lambda_0 - \lambda_0^m| + ||\phi_0 - \phi_0^m|| + ||\phi_0^* - \phi_0^{*m}|| + ||v_0 - v_0^m|| \leqslant c\lambda_{m+1}^{-\frac{1}{2}}. \quad (2.3.3)$$

证明　由定理 2.2.1 得, $x_0 = (u_0, \lambda_0, \phi_0, \phi_0^*, v_0)$ 是扩充系统 (2.2.1) 的非奇异解, 由定理 2.3.1 知, 满足引理 2.1.3 的条件 (2.1.12), 所以由引理 2.1.3, x_0^m 的存在性得证.

由 $u_0 + \lambda_0 G(u_0) = 0$, 可得 $P_m u_0 + \lambda_0 P_m G(u_0) = 0$, 所以有

$$u_0 + \lambda_0 P_m G(u_0) = u_0 - P_m u_0 = Q_m u_0.$$

同理有

$$\phi_0 + \lambda_0 P_m DG_0 \phi_0 = Q_m \phi_0,$$

$$\phi_0^* + \lambda_0 P_m DG_0^* \phi_0^* = Q_m \phi_0^*,$$

$$\lambda_0 P_m DF_0 v_0 + P_m G(u_0) = Q_m v_0.$$

故

$$\begin{aligned} ||T_m(x_0)||_X \leqslant & ||u_0 + \lambda_0 P_m G(u_0)|| + ||\phi_0^*||^2 ||\phi_0 + \lambda_0 P_m DG_0 \phi_0|| \\ & + ||\phi_0^*|| ||v_0 + \lambda_0 P_m DG_0 v_0 + P_m G(u_0)|| + ||\phi_0 + \lambda_0 P_m DG_0 \phi_0|| \\ & + ||\phi_0^* + \lambda_0 P_m DG_0^* \phi_0^*|| + ||v_0 + \lambda_0 P_m DG_0 v_0 + P_m G(u_0)|| \\ \leqslant & ||Q_m u_0|| + (||\phi_0^*||^2 + 1)||Q_m \phi_0|| + ||Q_m \phi_0^*|| + (||\phi_0^*|| + 1)||Q_m v_0||. \end{aligned}$$

所以由引理 2.1.3 的估计式 (2.1.13) 及 (2.1.8) 可得估计式 (2.3.3). 证毕.

从而我们不但获得 Navier-Stokes 方程 (2.1.10) 非退化简单分歧点 (u_0, λ_0) 的谱 Galerkin 逼近 (u_0^m, λ_0^m), 而且给出了相应的逼近误差估计.

2.4　误 差 估 计

下面利用扩充系统的变分形式 (2.2.2) 和 (2.3.2), 对 Navier-Stokes 方程的谱 Galerkin 逼近进行误差估计, 我们将推导谱 Galerkin 逼近有如下误差估计.

定理 2.4.1 若定理 2.3.2 的假设成立, 并设 $u_0, \phi_0, \phi_0^*, v_0 \in V \cap [H^2(\Omega)]^d$, 则存在 $m^* \in N$, 使当 $m > m^*$ 时, 有如下估计式成立:

$$||u_0 - u_0^m|| + ||\phi_0 - \phi_0^m|| + ||\phi_0^* - \phi_0^{*m}|| + ||v_0 - v_0^m|| + |\lambda_0 - \lambda_0^m| \leqslant c\lambda_{m+1}^{-\frac{1}{2}},$$

或

$$|u_0 - u_0^m| + |\phi_0 - \phi_0^m| + |\phi_0^* - \phi_0^{*m}| + |v_0 - v_0^m| + |\lambda_0 - \lambda_0^m| \leqslant c\lambda_{m+1}^{-1}.$$

首先引入 $V \times R \times V^3$ 上的双线性形式 $\mathcal{L}$:

$$\begin{aligned}
&\mathcal{L}((u, \lambda, u_1, u_2, u_3), (v, \mu, v_1, v_2, v_3)) \\
&= (DT(u_0, \lambda_0, \phi_0, \phi_0^*, v_0)(u, \lambda, u_1, u_2, u_3), (v, \mu, v_1, v_2, v_3)) \\
&= a(u, v) + \lambda_0[b(u, u_0, v) + b(u_0, u, v)] + \lambda_0[b(\phi_0, u, \phi_0^*) + b(u, \phi_0, \phi_0^*)]a(\phi_0^*, v) \\
&\quad + \lambda[b(u_0, u_0, v) - (f, v)] + \lambda[b(u_0, \phi_0, \phi_0^*) + b(\phi_0, u_0, \phi_0^*)]a(\phi_0^*, v) \\
&\quad + \mu[\lambda_0 b(v_0, u, \phi_0^*) + \lambda_0 b(u, v_0, \phi_0^*) + b(u_0, u, \phi_0^*) + b(u, u_0, \phi_0^*) + \lambda b(v_0, u_0, \phi_0^*) \\
&\quad + \lambda b(u_0, v_0, \phi_0^*)] + \lambda_0 b(\phi_0, u, v_1) + \lambda_0 b(u, \phi_0, v_1) + \lambda b(u_0, \phi_0, v_1) + \lambda b(\phi_0, u_0, v_1) \\
&\quad + a(u_1, v_1) + \lambda_0 b(u_0, u_1, v_1) + \lambda_0 b(u_1, u_0, v_1) + a(\phi_0, u_1)a(\phi_0^*, v_1) \\
&\quad + \lambda_0 b(u, v_2, \phi_0^*) + \lambda_0 b(v_2, u, \phi_0^*) + \lambda b(u_0, v_2, \phi_0^*) + \lambda b(v_2, u_0, \phi_0^*) + a(u_2, v_2) \\
&\quad + \lambda_0 b(u_0, v_2, u_2) + \lambda_0 b(v_2, u_0, u_2) + a(\phi_0^*, u_2)a(\phi_0, v_2) \\
&\quad + \lambda_0 b(u, v_0, v_3) + \lambda_0 b(v_0, u, v_3) + b(u, u_0, v_3) + b(u_0, u, v_3) + \lambda b(u_0, v_0, v_3) \\
&\quad + \lambda b(v_0, u_0, v_3) + a(u_1, v_0)a(\phi_0^*, v_3) + a(u_3, v_3) + \lambda_0 b(u_0, u_3, v_3) + \lambda_0 b(u_3, u_0, v_3) \\
&\quad + a(\phi_0, u_3)a(\phi_0^*, v_3).
\end{aligned} \tag{2.4.1}$$

由于 $DT(x_0)$ 可逆, 所以有如下的 inf-sup 条件成立

$$\inf_{\substack{(u,\lambda,u_1),u_2,u_3) \in X \\ \|u\|+|\lambda|+\sum_{i=1}^3 \|u_i\| \leqslant 1}} \sup_{\substack{(v,\mu,v_1,v_2,v_3) \in X \\ \|v\|+|\mu|+\sum_{i=1}^3 \|v_i\| \leqslant 1}} \mathcal{L}((u, \lambda, u_1, u_2, u_3), (v, \mu, v_1, v_2, v_3)) \geqslant \frac{1}{M}. \tag{2.4.2}$$

引理 2.4.1 存在 $\widetilde{m_0} \in N$, 使得当 $m > \widetilde{m_0}$ 时, 有如下的 inf-sup 条件成立

$$\inf_{\substack{(u,\lambda,u_1),u_2,u_3) \in X_m \\ \|u\|+|\lambda|+\sum_{i=1}^3 \|u_i\| \leqslant 1}} \sup_{\substack{(v,\mu,v_1,v_2,v_3) \in X_m \\ \|v\|+|\mu|+\sum_{i=1}^3 \|v_i\| \leqslant 1}} \mathcal{L}((u, \lambda, u_1, u_2, u_3), (v, \mu, v_1, v_2, v_3)) \geqslant \frac{1}{2M}, \tag{2.4.3}$$

即 $x=(u,\lambda,u_1,u_2,u_3)\in X_m$, $y=(v,\mu,v_1,v_2,v_3)\in X_m$,

$$\inf_{\substack{x\in X_m\\ \|x\|\leqslant 1}}\sup_{\substack{y\in X_m\\ \|y\|\leqslant 1}}\mathcal{L}(x,y)\geqslant\frac{1}{2M}.$$

证明　由于

$$\begin{aligned}\mathcal{L}(x,y)=&\mathcal{L}((u,\lambda,u_1,u_2,u_3),(P_mv,\mu,P_mv_1,P_mv_2,P_mv_3))\\&+\mathcal{L}((u,\lambda,u_1,u_2,u_3),(Q_mv,0,Q_mv_1,Q_mv_2,Q_mv_3)),\end{aligned}$$

故

$$\begin{aligned}\sup_{\substack{y\in X\\ \|y\|\leqslant 1}}\mathcal{L}(x,y)\leqslant&\sup_{\substack{y\in X\\ \|y\|\leqslant 1}}\mathcal{L}(x,(P_mv,\mu,P_mv_1,P_mv_2,P_mv_3))\\&+\sup_{\substack{y\in X\\ \|y\|\leqslant 1}}\mathcal{L}(x,(Q_mv,0,Q_mv_1,Q_mv_2,Q_mv_3)),\quad\forall x=(u,\lambda,u_1,u_2,u_3)\in X.\end{aligned}$$

由于 $\|P_mv\|\leqslant\|v\|,\|P_mv_i\|\leqslant\|v_i\|(i=1,2,3)$, 故

$$\begin{aligned}\sup_{\substack{y\in X\\ \|y\|\leqslant 1}}\mathcal{L}(x,y)\leqslant&\sup_{\substack{y\in X_m\\ \|y\|\leqslant 1}}\mathcal{L}(x,(v,\mu,v_1,v_2,v_3))\\&+\sup_{\substack{y\in X\\ \|y\|\leqslant 1}}\mathcal{L}(x,(Q_mv,0,Q_mv_1,Q_mv_2,Q_mv_3)),\quad\forall x=(u,\lambda,u_1,u_2,u_3)\in X.\end{aligned}$$

因此

$$\begin{aligned}&\sup_{\substack{(v,\mu,v_1,v_2,v_3)\in X_m\\ \|v\|+|\mu|+\sum_{i=1}^3\|v_i\|\leqslant 1}}\mathcal{L}((u,\lambda,u_1,u_2,u_3),(v,\mu,v_1,v_2,v_3))\\ \geqslant&\sup_{\substack{(v,\mu,v_1,v_2,v_3)\in X_m\\ \|v\|+|\mu|+\sum_{i=1}^3\|v_i\|\leqslant 1}}\mathcal{L}((u,\lambda,u_1,u_2,u_3),(v,\mu,v_1,v_2,v_3))\\ \geqslant&-\sup_{\substack{(v,\mu,v_1,v_2,v_3)\in X_m\\ \|v\|+|\mu|+\sum_{i=1}^3\|v_i\|\leqslant 1}}\mathcal{L}((u,\lambda,u_1,u_2,u_3),(Q_mv,0,Q_mv_1,Q_mv_2,Q_mv_3))\\ =&J_1-J_2,\quad\forall x=(u,\lambda,u_1,u_2,u_3)\in X_m,\quad\|u\|+|\lambda|+\|u_1\|+\|u_2\|+\|u_3\|\leqslant 1.\end{aligned}$$

下面估计上式右端第二项, 由于 $a(p,q)=0,\ \forall p\in V_m,q\in V-V_m$, 故有

$$J_2=\mathcal{L}((u,\lambda,u_1,u_2,u_3),(Q_mv,0,Q_mv_1,Q_mv_2,Q_mv_3))$$

$$
\begin{aligned}
&= \lambda_0[b(u,u_0,Q_mv)+b(u_0,u,Q_mv)] \\
&\quad +\lambda[b(u_0,u_0,Q_mv)-(f,Q_mv)]+\lambda_0 b(\phi_0,u,Q_mv_1)+\lambda_0 b(u,\phi_0,Q_mv_1) \\
&\quad +\lambda b(u_0,\phi_0,Q_mv_1)+\lambda b(\phi_0,u_0,Q_mv_1)+\lambda_0 b(u_0,u_1,Q_mv_1)+\lambda_0 b(u_1,u_0,Q_mv_1) \\
&\quad +\lambda_0 b(u,Q_mv_2,\phi_0^*)+\lambda_0 b(Q_mv_2,u,\phi_0^*)+\lambda b(u_0,Q_mv_2,\phi_0^*) \\
&\quad +\lambda b(Q_mv_2,u_0,\phi_0^*)+\lambda_0 b(u_0,Q_mv_2,u_2)+\lambda_0 b(Q_mv_2,u_0,u_2) \\
&\quad +\lambda_0 b(u,v_0,Q_mv_3)+\lambda_0 b(v_0,u,Q_mv_3)+b(u,u_0,Q_mv_3)+b(u_0,u,Q_mv_3) \\
&\quad +\lambda b(u_0,v_0,Q_mv_3)+\lambda b(v_0,u_0,Q_mv_3)+\lambda_0 b(u_0,u_3,Q_mv_3)+\lambda_0 b(u_3,u_0,Q_mv_3),
\end{aligned}
$$

$\forall x=(u,\lambda,u_1,u_2,u_3)\in X_m,\quad \|u\|+|\lambda|+\|u_1\|+\|u_2\|+\|u_3\|\leqslant 1.$

因为 $|b(u,v,w)|\leqslant c_0||u||||v||||w||$ 及 $\|u\|,|\lambda|,\|u_i\|,\|v\|,\|v_i\|$ 均小于 1，所以

$$
\begin{aligned}
&|\lambda_0[b(u,u_0,Q_mv)+b(u_0,u,Q_mv)]+\lambda[b(u_0,u_0,Q_mv)-(f,Q_mv)]| \\
\leqslant&[2c_0|\lambda_0|||u_0||+c_0||u_0||^2+||f||]||Q_mv||.
\end{aligned}
$$

由 $\lim\limits_{m\to\infty}||Q_mv||=0$ 可知, 存在 $\widetilde{m_1}\in N$, 使当 $m>\widetilde{m_1}$ 时, 有

$$
||Q_mv||\leqslant\frac{1}{8M}[2c_0|\lambda|||u_0||+c_0||u_0||^2+||f||]^{-1},
$$

所以当 $m>\widetilde{m_1}$ 时, 有

$$
|\lambda_0[b(u,u_0,Q_mv)+b(u_0,u,Q_mv)]+\lambda[b(u_0,u_0,Q_mv)-(f,Q_mv)]|\leqslant\frac{1}{8M}.
$$

同样, 由 $\lim\limits_{m\to\infty}||Q_mv_1||=0$ 可知, 存在 $\widetilde{m_2}\in N$, 使当 $m>\widetilde{m_2}$ 时, 有

$$
||Q_mv_1||\leqslant\frac{1}{8M}[2c_0|\lambda_0|||\phi_0||+2c_0||u_0||||\phi_0||+2c_0|\lambda_0|||u_0||]^{-1},
$$

所以当 $m>\widetilde{m_2}$ 时, 有

$$
\begin{aligned}
&|\lambda_0[b(\phi_0,u,Q_mv_1)+b(u,\phi_0,Q_mv_1)]+\lambda[b(u_0,\phi_0,Q_mv_1)+b(\phi_0,u_0,Q_mv_1)] \\
&+\lambda_0[b(u_0,u_1,Q_mv_1)+b(u_1,u_0,Q_mv_1)]|\leqslant\frac{1}{8M}.
\end{aligned}
$$

由 $\lim\limits_{m\to\infty}||Q_mv_2||=0$ 可知, 存在 $\widetilde{m_3}\in N$, 使当 $m>\widetilde{m_3}$ 时, 有

$$
||Q_mv_2||\leqslant\frac{1}{8M}[2c_0|\lambda_0|||\phi_0^*||+2c_0||u_0||||\phi_0^*||+2c_0|\lambda_0|||u_0||]^{-1},
$$

所以当 $m > \widetilde{m_3}$ 时, 有

$$|\lambda_0 b(u, Q_m v_2, \phi_0^*) + \lambda_0 b(Q_m v_2, u, \phi_0^*) + \lambda b(u_0, Q_m v_2, \phi_0^*) + \lambda b(Q_m v_2, u_0, \phi_0^*)$$
$$+\lambda_0 b(u_0, Q_m v_2, u_2) + \lambda_0 b(Q_m v_2, u_0, u_2)| \leqslant \frac{1}{8M}.$$

由 $\lim\limits_{m\to\infty} ||Q_m v_3|| = 0$ 可知, 存在 $\widetilde{m_4} \in N$, 使当 $m > \widetilde{m_4}$ 时, 有

$$||Q_m v_3|| \leqslant \frac{1}{8M}[2c_0|\lambda_0|||v_0|| + 2c_0||u_0|| + 2c_0||u_0||||v_0|| + 2c_0|\lambda_0|||u_0||]^{-1},$$

所以当 $m > \widetilde{m_4}$ 时, 有

$$|\lambda_0 b(u, v_0, Q_m v_3) + \lambda_0 b(v_0, u, Q_m v_3) + b(u, u_0, Q_m v_3) + b(u_0, u, Q_m v_3)$$
$$+\lambda b(u_0, v_0, Q_m v_3) + \lambda b(v_0, u_0, Q_m v_3) + \lambda_0 b(u_0, u_3, Q_m v_3) + \lambda_0 b(u_3, u_0, Q_m v_3)| \leqslant \frac{1}{8M}.$$

取 $\widetilde{m_0} = \max\{\widetilde{m_1}, \widetilde{m_2}, \widetilde{m_3}, \widetilde{m_4}\}$, 当 $m > \widetilde{m}$ 时, 有

$$\begin{aligned}
&\sup_{\substack{(v,\mu,v_1,v_2,v_3)\in X_m\\ \|v\|+|\mu|+\sum_{i=1}^3\|v_i\|\leqslant 1}} \mathcal{L}((u,\lambda,u_1,u_2,u_3),(Q_m v, 0, Q_m v_1, Q_m v_2, Q_m v_3))\\
\leqslant &\sup_{\substack{(v,\mu,v_1,v_2,v_3)\in X_m\\ \|v\|+|\mu|+\sum_{i=1}^3\|v_i\|\leqslant 1}} |\mathcal{L}((u,\lambda,u_1,u_2,u_3),(Q_m v, 0, Q_m v_1, Q_m v_2, Q_m v_3))|\\
\leqslant &\frac{1}{2M}, \quad \forall x = (u,\lambda,u_1,u_2,u_3) \in X_m, \quad \|u\| + |\lambda| + \sum_{i=1}^{3}\|u_i\| \leqslant 1,
\end{aligned} \tag{2.4.4}$$

由 (2.4.2) 和 (2.4.4) 得证 inf-sup 条件 (2.4.3), 证毕.

设 $x_0 = (u_0, \lambda_0, \phi_0, \phi_0^*, v_0)$, $x_0^m = (u_0^m, \lambda_0^m, \phi_0^m, \phi_0^{*m}, v_0^m)$ 分别为 (2.2.2) 和 (2.3.2) 的解, 把它们代入 (2.2.2) 和 (2.3.2) 中, 对应相减得如下五个式子:

$$\begin{aligned}
&a(u_0 - u_0^m, v) + \lambda_0[b(u_0, u_0, v) - (f, v)] - \lambda_0^m[b(u_0^m, u_0^m, v) - (f, v)]\\
&+ [a(\phi_0, \phi_0^*) + \lambda_0(b(u_0, \phi_0, \phi_0^*) + b(\phi_0, u_0, \phi_0^*))]a(\phi_0^*, v) - [a(\phi_0^m, \phi_0^{*m})\\
&+ \lambda_0^m(b(u_0^m, \phi_0^m, \phi_0^{*m}) + b(\phi_0^m, u_0^m, \phi_0^{*m})]a(\phi_0^{*m}, v) = 0, \quad \forall v \in V_m,
\end{aligned} \tag{2.4.5}$$

$$\begin{aligned}
&\mu\{a(\phi_0^*, v_0) - a(\phi_0^{*m}, v_0^m) + \lambda_0[b(u_0, v_0, \phi_0^*) + b(v_0, u_0, \phi_0^*)]\\
&- \lambda_0^m[b(u_0^m, v_0^m, \phi_0^{*m}) + b(v_0^m, u_0^m, \phi_0^{*m})]\\
&+ b(u_0, u_0, \phi_0^*) - b(u_0^m, u_0^m, \phi_0^{*m}) - (f, \phi_0^* - \phi_0^{*m})\} = 0, \quad \forall \mu \in R,
\end{aligned} \tag{2.4.6}$$

$$
\begin{aligned}
&a(\phi_0-\phi_0^m,v_1)+\lambda_0[b(u_0,\phi_0,v_1)+b(\phi_0,u_0,v_1)]\\
&-\lambda_0^m[b(u_0^m,\phi_0^m,v_1)+b(\phi_0^m,u_0^m,v_1)]+\frac{1}{2}[a(\phi_0,\phi_0)-1]a(\phi_0^*,v_1)\\
&-\frac{1}{2}[a(\phi_0^m,\phi_0^m)-1]a(\phi_0^{*m},v_1)=0,\quad \forall v_1\in V_m,
\end{aligned}\tag{2.4.7}
$$

$$
\begin{aligned}
&a(\phi_0^*-\phi_0^{*m},v_2)+\lambda_0[b(v_2,u_0,\phi_0^*)+b(u_0,v_2,\phi_0^*)]\\
&-\lambda_0^m[b(v_2,u_0^m,\phi_0^{*m})+b(u_0^m,v_2,\phi_0^{*m})]+\frac{1}{2}[a(\phi_0^*,\phi_0^*)-1]a(\phi_0,v_2)\\
&-\frac{1}{2}[a(\phi_0^{*m},\phi_0^{*m})-1]a(\phi_0^m,v_2)=0,\quad \forall v_2\in V_m,
\end{aligned}\tag{2.4.8}
$$

$$
\begin{aligned}
&a(v_0-v_0^m,v_3)+\lambda_0[b(u_0,v_0,v_3)+b(v_0,u_0,v_3)]\\
&-\lambda_0^m[b(u_0^m,v_0^m,v_3)+b(v_0^m,u_0^m,v_3)]+b(u_0,u_0,v_3)-b(u_0^m,u_0^m,v_3)\\
&+a(\phi_0,v_0)a(\phi_0^*,v_3)-a(\phi_0^m,v_0^m)a(\phi_0^{*m},v_3)=0,\quad \forall v_3\in V_m.
\end{aligned}\tag{2.4.9}
$$

设 $p_1=P_mu_0$, $q_1=u_0-p_1$, $p_2=P_m\phi_0$, $q_2=\phi_0-p_2$, $p_3=P_m\phi_0^*$, $q_3=\phi_0^*-p_3$, $p_4=P_mv_0$, $q_4=v_0-p_4$.

由于 $a(p,q)=0$, $\forall p\in V_m$, $q\in V-V_m$, 由 (2.4.5) 式, 可推得

$$
\begin{aligned}
&a(p_1-u_0^m,v)+\lambda_0[b(u_0,p_1-u_0^m,v)+b(p_1-u_0^m,u_0,v)]\\
&+\lambda_0[b(\phi_0,p_1-u_0^m,\phi_0^*)+b(p_1-u_0^m,\phi_0,\phi_0^*)]a(\phi_0^*,v)\\
&+(\lambda_0-\lambda_0^m)[b(u_0,u_0,v)-(f,v)]\\
&+(\lambda_0-\lambda_0^m)[b(u_0,\phi_0,\phi_0^*)+b(\phi_0,u_0,\phi_0^*)]a(\phi_0^*,v)\\
=&-\lambda_0^m[b(u_0,u_0,v)-b(u_0^m,u_0^m,v)]\\
&-\lambda_0^m[b(u_0,\phi_0,\phi_0^*)a(\phi_0^*,v)-b(u_0^m,\phi_0^m,\phi_0^{*m})a(\phi_0^{*m},v)]\\
&-\lambda_0^m[b(\phi_0,u_0,\phi_0^*)a(\phi_0^*,v)-b(\phi_0^m,u_0^m,\phi_0^{*m})a(\phi_0^{*m},v)]\\
&+\lambda_0[b(u_0,u_0-u_0^m,v)+b(u_0-u_0^m,u_0,v)]\\
&+\lambda_0[b(\phi_0,u_0-u_0^m,\phi_0^*)+b(u_0-u_0^m,\phi_0,\phi_0^*)]a(\phi_0^*,v)\\
&-\lambda_0[b(q_1,u_0,v)+b(u_0,q_1,v)]-\lambda_0[b(\phi_0,q_1,\phi_0^*)+b(q_1,\phi_0,\phi_0^*)]a(\phi_0^*,v)
\end{aligned}
$$

$$
- a(\phi_0,\phi_0^*)a(\phi_0^*,v) + a(\phi_0^m,\phi_0^{*m})a(\phi_0^{*m},v). \tag{2.4.10}
$$

由 (2.4.6) 式可推得

$$
\begin{aligned}
&\lambda_0\mu[b(v_0,p_1-u_0^m,\phi_0^*)+b(p_1-u_0^m,v_0,\phi_0^*)]+\mu[b(u_0,p_1-u_0^m,\phi_0^*)\\
&+b(p_1-u_0^m,u_0,\phi_0^*)]+(\lambda_0-\lambda_0^m)\mu[b(u_0,v_0,\phi_0^*)+b(v_0,u_0,\phi_0^*)]\\
=&-\lambda_0^m\mu[b(u_0,v_0,\phi_0^*)-b(u_0^m,v_0^m,\phi_0^{*m})]-\lambda_0^m\mu[b(v_0,u_0,\phi_0^*)-b(v_0^m,u_0^m,\phi_0^{*m})]\\
&-\mu[a(\phi_0^*,v_0)-a(\phi_0^{*m},v_0^m)]-\mu[b(u_0,u_0,\phi_0^*)-b(u_0^m,u_0^m,\phi_0^{*m})]\\
&+\mu(f,\phi_0^*-\phi_0^{*m})+\lambda_0\mu[b(v_0,u_0-u_0^m,\phi_0^*)+b(u_0-u_0^m,v_0,\phi_0^*)]\\
&+\mu[b(u_0-u_0^m,u_0,\phi_0^*)+b(u_0,u_0-u_0^m,\phi_0^*)]\\
&-\lambda_0\mu[b(q_1,v_0,\phi_0^*)+b(v_0,q_1,\phi_0^*)]-\mu[b(u_0,q_1,\phi_0^*)+b(q_1,u_0,\phi_0^*)].
\end{aligned} \tag{2.4.11}
$$

由 (2.4.7) 式可推得

$$
\begin{aligned}
&\lambda_0[b(\phi_0,p_1-u_0^m,v_1)+b(p_1-u_0^m,\phi_0,v_1)\\
&+b(u_0,p_2-\phi_0^m,v_1)+b(p_2-\phi_0^m,u_0,v_1)]\\
&+(\lambda_0-\lambda_0^m)[b(u_0,\phi_0,v_1)+b(\phi_0,u_0,v_1)]\\
&+a(p_2-\phi_0^m,v_1)+a(\phi_0,p_2-\phi_0^m)a(\phi_0^*,v_1)\\
=&-\lambda_0^m[b(u_0,\phi_0,v_1)+b(\phi_0,u_0,v_1)-b(u_0^m,\phi_0^m,v_1)-b(\phi_0^m,u_0^m,v_1)]\\
&+\lambda_0[b(u_0,\phi_0-\phi_0^m,v_1)+b(\phi_0-\phi_0^m,u_0,v_1)\\
&+b(\phi_0,u_0-u_0^m,v_1)+b(u_0-u_0^m,\phi_0,v_1)]\\
&-\lambda_0[b(q_1,\phi_0,v_1)+b(\phi_0,q_1,v_1)+b(u_0,q_2,v_1)+b(q_2,u_0,v_1)]\\
&-\frac{1}{2}[a(\phi_0,\phi_0)-1]a(\phi_0^*,v_1)-\frac{1}{2}[a(\phi_0^m,\phi_0^m)-1]a(\phi_0^{*m},v_1)\\
&+a(\phi_0,\phi_0-\phi_0^m)a(\phi_0^*,v_1)-a(\phi_0,q_2)a(\phi_0^*,v_1).
\end{aligned} \tag{2.4.12}
$$

由 (2.4.8) 式可推得

$$
\begin{aligned}
&\lambda_0[b(v_2,p_1-u_0^m,\phi_0^*)+b(p_1-u_0^m,v_2,\phi_0^*)\\
&+b(u_0,v_2,p_3-\phi_0^{*m})+b(v_2,u_0,p_3-\phi_0^{*m})]
\end{aligned}
$$

$$
\begin{aligned}
&+(\lambda_0-\lambda_0^m)[b(u_0,v_2,\phi_0^*)+b(v_2,u_0,\phi_0^*)]\\
&+a(p_3-\phi_0^{*m},v_2)+a(\phi_0^*,p_3-\phi_0^{*m})a(\phi_0,v_2)\\
=&-\lambda_0^m[b(u_0,v_2,\phi_0^*)+b(v_2,u_0,\phi_0^*)-b(u_0^m,v_2,\phi_0^{*m})-b(v_2,u_0^m,\phi_0^{*m})]\\
&-\lambda_0[b(q_1,v_2,\phi_0^*)+b(v_2,q_1,\phi_0^*)+b(v_2,u_0,q_3)+b(u_0,v_2,q_3)]\\
&+\lambda_0[b(u_0-u_0^m,v_2,\phi_0^*)+b(v_2,u_0-u_0^m,\phi^*)\\
&+b(u_0,v_2,\phi_0^*-\phi_0^{*m})+b(v_2,u_0,\phi_0^*-\phi_0^{*m})]\\
&-\frac{1}{2}[a(\phi_0^*,\phi_0^*)-1]a(\phi_0,v_2)-\frac{1}{2}[a(\phi_0^{*m},\phi_0^{*m})-1]a(\phi_0^m,v_2)\\
&-a(\phi_0^*,q_3)a(\phi_0,v_2)+a(\phi_0^*,\phi_0^*-\phi_0^{*m})a(\phi_0,v_2),
\end{aligned}
\tag{2.4.13}
$$

由 (2.4.9) 式可推得

$$
\begin{aligned}
&\lambda_0[b(v_0,p_1-u_0^m,v_3)+b(p_1-u_0^m,v_0,v_3)]\\
&+b(u_0,p_1-u_0^m,v_3)+b(p_1-u_0^m,u_0,v_3)\\
&+(\lambda_0-\lambda_0^m)[b(u_0,v_0,v_3)+b(v_0,u_0,v_3)]\\
&+a(p_2-\phi_0^m,v_0)a(\phi_0^*,v_3)+a(p_4-v_0^m,v_3)\\
&+\lambda_0[b(u_0,p_4-v_0^m,v_3)+b(p_4-v_0^m,u_0,v_3)]+a(\phi_0,p_4-v_0^m)a(\phi_0^*,v_3)\\
=&-\lambda_0^m[b(u_0,v_0,v_3)+b(v_0,u_0,v_3)-b(u_0^m,v_0^m,v_3)-b(v_0^m,u_0^m,v_3)]\\
&-\lambda_0[b(q_1,v_0,v_3)+b(v_0,q_1,v_3)]-b(q_1,u_0,v_3)-b(u_0,q_1,v_3)\\
&-\lambda_0[b(q_4,u_0,v_3)+b(u_0,q_4,v_3)]\\
&-a(q_2,v_0)a(\phi_0^*,v_3)-a(\phi_0,q_4)a(\phi_0^*,v_3)\\
&+\lambda_0[b(v_0,u_0-u_0^m,v_3)+b(u_0-u_0^m,v_0,v_3)]\\
&+\lambda_0[b(u_0,v_0-v_0^m,v_3)+b(v_0-v_0^m,u_0,v_3)]\\
&+a(\phi_0-\phi_0^m,v_0)a(\phi_0^*,v_3)+a(\phi_0,v_0-v_0^m)a(\phi_0^*,v_3)\\
&+b(u_0,u_0-u_0^m,v_3)+b(u_0-u_0^m,u_0,v_3)\\
&-a(\phi_0,v_0)a(\phi_0^*,v_3)+a(\phi_0^m,v_0^m)a(\phi_0^{*m},v_3).
\end{aligned}
\tag{2.4.14}
$$

把 (2.4.10)~(2.4.14) 式相加得

$$
\begin{aligned}
& a(p_1-u_0^m,v)+\lambda_0[b(u_0,p_1-u_0^m,v)+b(p_1-u_0^m,u_0,v)] \\
& +\lambda_0[b(\phi_0,p_1-u_0^m,\phi_0^*)+b(p_1-u_0^m,\phi_0,\phi_0^*)]a(\phi_0^*,v) \\
& +(\lambda_0-\lambda_0^m)[b(u_0,u_0,v)-(f,v)]+(\lambda_0-\lambda_0^m)[b(u_0,\phi_0,\phi_0^*)+b(\phi_0,u_0,\phi_0^*)]a(\phi_0^*,v) \\
& +\lambda_0\mu[b(v_0,p_1-u_0^m,\phi_0^*)+b(p_1-u_0^m,v_0,\phi_0^*)]+\mu[b(u_0,p_1-u_0^m,\phi_0^*)+b(p_1-u_0^m,u_0,\phi_0^*)] \\
& +(\lambda_0-\lambda_0^m)\mu[b(u_0,v_0,\phi_0^*)+b(v_0,u_0,\phi_0^*)]+\lambda_0[b(\phi_0,p_1-u_0^m,v_1)+b(p_1-u_0^m,\phi_0,v_1) \\
& +b(u_0,p_2-\phi_0^m,v_1)+b(p_2-\phi_0^m,u_0,v_1)]+(\lambda_0-\lambda_0^m)[b(u_0,\phi_0,v_1)+b(\phi_0,u_0,v_1)] \\
& +a(p_2-\phi_0^m,v_1)+a(\phi_0,p_2-\phi_0^m)a(\phi_0^*,v_1) \\
& +\lambda_0[b(v_2,p_1-u_0^m,\phi_0^*)+b(p_1-u_0^m,v_2,\phi_0^*)+b(u_0,v_2,p_3-\phi_0^{*m}) \\
& +b(v_2,u_0,p_3-\phi_0^{*m})]+(\lambda_0-\lambda_0^m)[b(u_0,v_2,\phi_0^*)+b(v_2,u_0,\phi_0^*)] \\
& +a(p_3-\phi_0^{*m},v_2)+a(\phi_0^*,p_3-\phi_0^{*m})a(\phi_0,v_2) \\
& +\lambda_0[b(v_0,p_1-u_0^m,v_3)+b(p_1-u_0^m,v_0,v_3)]+b(u_0,p_1-u_0^m,v_3)+b(p_1-u_0^m,u_0,v_3) \\
& +(\lambda_0-\lambda_0^m)[b(u_0,v_0,v_3)+b(v_0,u_0,v_3)]+a(p_2-\phi_0^m,v_0)a(\phi_0^*,v_3)+a(p_4-v_0^m,v_3) \\
& +\lambda_0[b(u_0,p_4-v_0^m,v_3)+b(p_4-v_0^m,u_0,v_3)]+a(\phi_0,p_4-v_0^m)a(\phi_0^*,v_3) \\
= & -\lambda_0^m[b(u_0,u_0,v)-b(u_0^m,u_0^m,v)]+\lambda_0[b(u_0,u_0-u_0^m,v)+b(u_0-u_0^m,u_0,v)] \\
& +\lambda_0[b(\phi_0,u_0-u_0^m,\phi_0^*)+b(u_0-u_0^m,\phi_0,\phi_0^*)]a(\phi_0^*,v) \\
& -\lambda_0^m[b(u_0,\phi_0,\phi_0^*)a(\phi_0^*,v)-b(u_0^m,\phi_0^m,\phi_0^{*m})a(\phi_0^{*m},v)] \\
& -\lambda_0^m[b(\phi_0,u_0,\phi_0^*)a(\phi_0^*,v)-b(\phi_0^m,u_0^m,\phi_0^{*m})a(\phi_0^{*m},v)] \\
& -\lambda_0[b(q_1,u_0,v)+b(u_0,q_1,v)]-\lambda_0[b(\phi_0,q_1,\phi_0^*)+b(q_1,\phi_0,\phi_0^*)]a(\phi_0^*,v) \\
& -a(\phi_0,\phi_0^*)a(\phi_0^*,v)+a(\phi_0^m,\phi_0^{*m})a(\phi_0^{*m},v) \\
& -\lambda_0^m\mu[b(u_0,v_0,\phi_0^*)-b(u_0^m,v_0^m,\phi_0^{*m})]-\lambda_0^m\mu[b(v_0,u_0,\phi_0^*)-b(v_0^m,u_0^m,\phi_0^{*m})] \\
& -\mu[a(\phi_0^*,v_0)-a(\phi_0^{*m},v_0^m)]-\mu[b(u_0,u_0,\phi_0^*)-b(u_0^m,u_0^m,\phi_0^{*m})] \\
& +\mu(f,\phi_0^*-\phi_0^{*m})+\lambda_0\mu[b(v_0,u_0-u_0^m,\phi_0^*)+b(u_0-u_0^m,v_0,\phi_0^*)]
\end{aligned}
$$

$$
\begin{aligned}
&+\mu[b(u_0-u_0^m,u_0,\phi_0^*)+b(u_0,u_0-u_0^m,\phi_0^*)]\\
&-\lambda_0\mu[b(q_1,v_0,\phi_0^*)+b(v_0,q_1,\phi_0^*)]-\mu[b(u_0,q_1,\phi_0^*)+b(q_1,u_0,\phi_0^*)]\\
&-\lambda_0^m[b(u_0,\phi_0,v_1)+b(\phi_0,u_0,v_1)-b(u_0^m,\phi_0^m,v_1)-b(\phi_0^m,u_0^m,v_1)]\\
&+\lambda_0[b(u_0,\phi_0-\phi_0^m,v_1)+b(\phi_0-\phi_0^m,u_0,v_1)+b(\phi_0,u_0-u_0^m,v_1)+b(u_0-u_0^m,\phi_0,v_1)]\\
&-\lambda_0[b(q_1,\phi_0,v_1)+b(\phi_0,q_1,v_1)+b(u_0,q_2,v_1)+b(q_2,u_0,v_1)]\\
&-\frac{1}{2}[a(\phi_0,\phi_0)-1]a(\phi_0^*,v_1)-\frac{1}{2}[a(\phi_0^m,\phi_0^m)-1]a(\phi_0^{*m},v_1)\\
&+a(\phi_0,\phi_0-\phi_0^m)a(\phi_0^*,v_1)-a(\phi_0,q_2)a(\phi_0^*,v_1)\\
&-\lambda_0^m[b(u_0,v_2,\phi_0^*)+b(v_2,u_0,\phi_0^*)-b(u_0^m,v_2,\phi_0^{*m})-b(v_2,u_0^m,\phi_0^{*m})]\\
&-\lambda_0[b(q_1,v_2,\phi_0^*)+b(v_2,q_1,\phi_0^*)+b(v_2,u_0,q_3)+b(u_0,v_2,q_3)]\\
&+\lambda_0[b(u_0-u_0^m,v_2,\phi_0^*)+b(v_2,u_0-u_0^m,\phi^*)+b(u_0,v_2,\phi_0^*-\phi_0^{*m})+b(v_2,u_0,\phi_0^*-\phi_0^{*m})]\\
&-\frac{1}{2}[a(\phi_0^*,\phi_0^*)-1]a(\phi_0,v_2)-\frac{1}{2}[a(\phi_0^{*m},\phi_0^{*m})-1]a(\phi_0^m,v_2)\\
&-a(\phi_0^*,q_3)a(\phi_0,v_2)+a(\phi_0^*,\phi_0^*-\phi_0^{*m})a(\phi_0,v_2)\\
&-\lambda_0^m[b(u_0,v_0,v_3)+b(v_0,u_0,v_3)-b(u_0^m,v_0^m,v_3)-b(v_0^m,u_0^m,v_3)]\\
&-\lambda_0[b(q_1,v_0,v_3)+b(v_0,q_1,v_3)]-b(q_1,u_0,v_3)-b(u_0,q_1,v_3)\\
&-\lambda_0[b(q_4,u_0,v_3)+b(u_0,q_4,v_3)]-a(q_2,v_0)a(\phi_0^*,v_3)-a(\phi_0,q_4)a(\phi_0^*,v_3)\\
&+\lambda_0[b(v_0,u_0-u_0^m,v_3)+b(u_0-u_0^m,v_0,v_3)]\\
&+\lambda_0[b(u_0,v_0-v_0^m,v_3)+b(v_0-v_0^m,u_0,v_3)]\\
&+a(\phi_0-\phi_0^m,v_0)a(\phi_0^*,v_3)+a(\phi_0,v_0-v_0^m)a(\phi_0^*,v_3)\\
&+[b(u_0,u_0-u_0^m,v_3)+b(u_0-u_0^m,u_0,v_3)]\\
&-a(\phi_0,v_0)a(\phi_0^*,v_3)+a(\phi_0^m,v_0^m)a(\phi_0^{*m},v_3). \qquad (2.4.15)
\end{aligned}
$$

注意到 (2.4.15) 式左端为

$$
\mathcal{L}((p_1-u_0^m,\lambda_0-\lambda_0^m,p_2-\phi_0^m,p_3-\phi_0^{*m},p_4-v_0^m),(v,\mu,v_1,v_2,v_3)),
$$

所以 (2.4.15) 式即为

$$\begin{aligned}&\mathcal{L}((p_1-u_0^m,\lambda_0-\lambda_0^m,p_2-\phi_0^m,p_3-\phi_0^{*m},p_4-v_0^m),(v,\mu,v_1,v_2,v_3))\\=&I_1+I_2+I_3+I_4,\end{aligned}\tag{2.4.16}$$

其中

$$\begin{aligned}I_1=&-\lambda_0^m[b(u_0,u_0,v)-b(u_0^m,u_0^m,v)]-\lambda_0^m[b(u_0,\phi_0,\phi_0^*)a(\phi_0^*,v)\\&-b(u_0^m,\phi_0^m,\phi_0^{*m})a(\phi_0^{*m},v)]-\lambda_0^m[b(\phi_0,u_0,\phi_0^*)a(\phi_0^*,v)-b(\phi_0^m,u_0^m,\phi_0^{*m})a(\phi_0^{*m},v)]\\&-\lambda_0^m\mu[b(u_0,v_0,\phi_0^*)+b(v_0,u_0,\phi_0^*)-b(u_0^m,v_0^m,\phi_0^{*m})-b(v_0^m,u_0^m,\phi_0^{*m})]\\&-\mu[b(u_0,u_0,\phi_0^*)-b(u_0^m,u_0^m,\phi_0^{*m})]\\&-\lambda_0^m[b(u_0,\phi_0,v_1)+b(\phi_0,u_0,v_1)-b(u_0^m,\phi_0^m,v_1)-b(\phi_0^m,u_0^m,v_1)]\\&-\lambda_0^m[b(u_0,v_2,\phi_0^*)+b(v_2,u_0,\phi_0^*)-b(u_0^m,v_2,\phi_0^{*m})-b(v_2,u_0^m,\phi_0^{*m})]\\&-\lambda_0^m[b(u_0,v_0,v_3)+b(v_0,u_0,v_3)-b(u_0^m,v_0^m,v_3)-b(v_0^m,u_0^m,v_3)],\end{aligned}$$

$$\begin{aligned}I_2=&\lambda_0[b(u_0,u_0-u_0^m,v)+b(u_0-u_0^m,u_0,v)]\\&+\lambda_0[b(\phi_0,u_0-u_0^m,\phi_0^*)+b(u_0-u_0^m,\phi_0,\phi_0^*)]a(\phi_0^*,v)\\&+\lambda_0\mu[b(v_0,u_0-u_0^m,\phi_0^*)+b(u_0-u_0^m,v_0,\phi_0^*)]\\&+\mu[b(u_0-u_0^m,u_0,\phi_0^*)+b(u_0,u_0-u_0^m,\phi_0^*)]\\&+\lambda_0[b(u_0,\phi_0-\phi_0^m,v_1)+b(\phi_0-\phi_0^m,u_0,v_1)\\&+b(\phi_0,u_0-u_0^m,v_1)+b(u_0-u_0^m,\phi_0,v_1)]\\&+\lambda_0[b(u_0-u_0^m,v_2,\phi_0^*)+b(v_2,u_0-u_0^m,\phi^*)\\&+b(u_0,v_2,\phi_0^*-\phi_0^{*m})+b(v_2,u_0,\phi_0^*-\phi_0^{*m})]\\&+\mu(f,\phi_0^*-\phi_0^{*m})+a(\phi_0^*,\phi_0^*-\phi_0^{*m})a(\phi_0,v_2)\\&+\lambda_0[b(v_0,u_0-u_0^m,v_3)+b(u_0-u_0^m,v_0,v_3)]\\&+\lambda_0[b(u_0,v_0-v_0^m,v_3)+b(v_0-v_0^m,u_0,v_3)]\end{aligned}$$

$$+ a(\phi_0 - \phi_0^m, v_0)a(\phi_0^*, v_3) + a(\phi_0, \phi_0 - \phi_0^m)a(\phi_0^*, v_1)$$

$$+ a(\phi_0, v_0 - v_0^m)a(\phi_0^*, v_3) + [b(u_0, u_0 - u_0^m, v_3) + b(u_0 - u_0^m, u_0, v_3)],$$

$$\begin{aligned} I_3 = & - a(\phi_0, \phi_0^*)a(\phi_0^*, v) + a(\phi_0^m, \phi_0^{*m})a(\phi_0^{*m}, v) - \mu[a(\phi_0^*, v_0) - a(\phi_0^{*m}, v_0^m)] \\ & - \frac{1}{2}[a(\phi_0, \phi_0) - 1]a(\phi_0^*, v_1) - \frac{1}{2}[a(\phi_0^m, \phi_0^m) - 1]a(\phi_0^{*m}, v_1) - \frac{1}{2}[a(\phi_0^*, \phi_0^*) - 1]a(\phi_0, v_2) \\ & - \frac{1}{2}[a(\phi_0^{*m}, \phi_0^{*m}) - 1]a(\phi_0^m, v_2) - a(\phi_0, v_0)a(\phi_0^*, v_3) + a(\phi_0^m, v_0^m)a(\phi_0^{*m}, v_3), \end{aligned}$$

$$\begin{aligned} I_4 = & - \lambda_0[b(q_1, u_0, v) + b(u_0, q_1, v)] - \lambda_0[b(\phi_0, q_1, \phi_0^*) + b(q_1, \phi_0, \phi_0^*)]a(\phi_0^*, v) \\ & - \lambda_0\mu[b(q_1, v_0, \phi_0^*) + b(v_0, q_1, \phi_0^*)] - \mu[b(u_0, q_1, \phi_0^*) + b(q_1, u_0, \phi_0^*)] \\ & - \lambda_0[b(q_1, \phi_0, v_1) + b(\phi_0, q_1, v_1) + b(u_0, q_2, v_1) + b(q_2, u_0, v_1)] - a(\phi_0^*, q_3)a(\phi_0, v_2) \\ & - \lambda_0[b(q_1, v_2, \phi_0^*) + b(v_2, q_1, \phi_0^*) + b(v_2, u_0, q_3) + b(u_0, v_2, q_3)] - a(\phi_0, q_2)a(\phi_0^*, v_1) \\ & - \lambda_0[b(q_1, v_0, v_3) + b(v_0, q_1, v_3)] - b(q_1, u_0, v_3) - b(u_0, q_1, v_3) \\ & - \lambda_0[b(q_4, u_0, v_3) + b(u_0, q_4, v_3)] - a(q_2, v_0)a(\phi_0^*, v_3) - a(\phi_0, q_4)a(\phi_0^*, v_3). \end{aligned}$$

下面证明定理 2.4.1.

证明　估计 (2.4.16) 式右端, 将得到

$$|I_i| \leqslant c_i\lambda_{m+1}^{-\frac{1}{2}}, \quad i = 1, 2, 3, 4.$$

首先估计 I_1, 由三线性估计式[63,64]

$$|b(w_1, w_2, w_3)| \leqslant c_0\|w_1\|\|w_2\|\|w_3\|, \tag{2.4.17}$$

可得

$$\begin{aligned} & |b(u_0, u_0, v) - b(u_0^m, u_0^m, v)| = |b(u_0, u_0 - u_0^m, v) + b(u_0 - u_0^m, u_0^m, v)| \\ \leqslant & c_0||u_0||||u_0 - u_0^m||||v|| + c_0||u_0 - u_0^m||||u_0^m||||v|| \\ \leqslant & c_0\left[\left(2 + \frac{5}{2}M\right)||u_0|| + \frac{5}{2}M(||\phi_0|| + ||\phi_0^*|| + ||v_0||)\right]||u_0 - u_0^m||||v||. \end{aligned}$$

故有

$$|-\lambda_0^m[b(u_0, u_0, v) - b(u_0^m, u_0^m, v)]|$$

$$\begin{aligned}&\leqslant c_0|-\lambda_0^m|\left[\left(2+\frac{5}{2}M\right)||u_0||\right.\\&\left.+\frac{5}{2}M(||\phi_0||+||\phi_0^*||+||v_0||)\right]||u_0-u_0^m||||v||,\end{aligned}\tag{2.4.18}$$

由于

$$\begin{aligned}&b(u_0,\phi_0,\phi_0^*)a(\phi_0^*,v)-b(u_0^m,\phi_0^m,\phi_0^{*m})a(\phi_0^{*m},v)\\=&\ b(u_0,\phi_0,\phi_0^*)a(\phi_0^*-\phi_0^{*m},v)+[b(u_0,\phi_0,\phi_0^*)-b(u_0^m,\phi_0^m,\phi_0^{*m})]a(\phi_0^{*m},v),\end{aligned}$$

而且

$$\begin{aligned}&b(u_0,\phi_0,\phi_0^*)-b(u_0^m,\phi_0^m,\phi_0^{*m})\\=&\ b(u_0-u_0^m,\phi_0,\phi_0^{*m})+b(u_0^m,\phi_0-\phi_0^{*m},\phi_0^{*m})+b(u_0,\phi_0,\phi_0^*-\phi_0^{*m}),\end{aligned}$$

利用 Hölder 不等式[63], 可得

$$\begin{aligned}&|-\lambda_0^m[b(u_0,\phi_0,\phi_0^*)a(\phi_0^*,v)-b(u_0^m,\phi_0^m,\phi_0^{*m})a(\phi_0^{*m},v)]|\\\leqslant&\left\{c_0||u_0||||\phi_0||||\phi_0^*||||\phi_0^*-\phi_0^{*m}||||v||\right.\\&+c_0||\phi_0||\left[\frac{5}{2}M(||u_0||+||\phi_0||+||v_0||)+\left(1+\frac{5}{2}M\right)||\phi_0^*||\right]||u_0-u_0^m||\\&+c_0\left[\left(1+\frac{5}{2}M\right)||u_0||+\frac{5}{2}M(||\phi_0||+||\phi_0^*||+||v_0||)\right]\\&\times\left[\frac{5}{2}M(||u_0||+||\phi_0||+||v_0||)+\left(1+\frac{5}{2}M\right)||\phi_0^*||\right]||\phi_0-\phi_0^m||\\&\left.+c_0||u_0||||\phi_0||||\phi_0^*-\phi_0^{*m}||\right\}|\lambda_0^m|.\end{aligned}\tag{2.4.19}$$

同理有

$$\begin{aligned}&|-\lambda_0^m[b(\phi_0,u_0,\phi_0^*)a(\phi_0^*,v)-b(\phi_0^m,u_0^m,\phi_0^{*m})a(\phi_0^{*m},v)]|\\\leqslant&\left\{c_0||u_0||||\phi_0||||\phi_0^*||||\phi_0^*-\phi_0^{*m}||+c_0||u_0||||\phi_0||||\phi_0^*-\phi_0^{*m}||\right.\\&+c_0||u_0||\left[\frac{5}{2}M(||u_0||+||\phi_0^*||+||v_0||)\right.\\&\left.+\left(1+\frac{5}{2}M\right)||\phi_0^*||\right]||\phi_0-\phi_0^m||+c_0\left[\left(1+\frac{5}{2}M\right)||\phi_0||+\frac{5}{2}M(||u_0||+||\phi_0^*||+||v_0||)\right]\end{aligned}$$

$$\times \left[\frac{5}{2}M(||u_0||+||\phi_0||+||v_0||)\right.$$
$$\left.+\left(1+\frac{5}{2}M\right)||\phi_0^*||\right]||u_0-u_0^m||\Big\}||v|||\lambda_0^m|. \tag{2.4.20}$$

由于

$$\begin{aligned}b(u_0,v_0,\phi_0^*)-b(u_0^m,v_0^m,\phi_0^{*m})&=b(u_0-u_0^m,v_0,\phi_0^{*m})\\&\quad+b(u_0^m,v_0-v_0^m,\phi_0^{*m})+b(u_0,v_0,\phi_0^*-\phi_0^{*m}),\\b(v_0,u_0,\phi_0^*)-b(v_0^m,u_0^m,\phi_0^{*m})&=b(v_0^m,u_0-u_0^m,\phi_0^{*m})\\&\quad+b(v_0-v_0^m,u_0,\phi_0^{*m})+b(v_0,u_0,\phi_0^*-\phi_0^{*m}),\end{aligned}$$

同理有

$$\begin{aligned}&|-\lambda_0^m\mu[b(u_0,v_0,\phi_0^*)-b(u_0^m,v_0^m,\phi_0^{*m})+b(v_0,u_0,\phi_0^*)-b(v_0^m,u_0^m,\phi_0^{*m})]|\\&\leqslant c_0|\lambda_0^m||\mu|[||v_0||||\phi_0^{*m}||||u_0-u_0^m||+||u_0^m||||\phi_0^{*m}||||v_0-v_0^m||\\&\quad+2||u_0||||v_0||||\phi_0^*-\phi_0^{*m}||+||u_0||||\phi_0^{*m}||||v_0-v_0^m||\\&\quad+||v_0^m||||\phi_0^{*m}||||u_0-u_0^m||].\end{aligned} \tag{2.4.21}$$

由

$$b(u_0^m,u_0^m,\phi_0^{*m})-b(u_0,u_0,\phi_0^*)=b(u_0^m,u_0^m,\phi_0^{*m}-\phi_0^*)+b(u_0^m,u_0^m,\phi_0^*)-b(u_0,u_0,\phi_0^*)$$
$$=b(u_0^m,u_0^m,\phi_0^{*m}-\phi_0^*)+b(u_0,u_0^m-u_0,\phi_0^*)+b(u_0^m-u_0,u_0^m,\phi_0^*),$$

得

$$\begin{aligned}&|\mu[b(u_0^m,u_0^m,\phi_0^{*m})-b(u_0,u_0,\phi_0^*)]|\\&\leqslant c_0|\mu|[||u_0^m||^2||\phi_0^*-\phi_0^{*m}||+||u_0||||\phi_0^*||||u_0-u_0^m||\\&\quad+||u_0^m||||\phi_0^*||||u_0-u_0^m||].\end{aligned} \tag{2.4.22}$$

由下列两个不等式

$$|b(u_0,\phi_0,v_1)-b(u_0^m,\phi_0^m,v_1)|=|b(u_0-u_0^m,\phi_0,v_1)-b(u_0^m,\phi_0-\phi_0^m,v_1)|$$
$$\leqslant c_0||\phi_0||||u_0-u_0^m||||v_1||+c_0\left[\left(1+\frac{5}{2}M\right)||u_0||+\frac{5}{2}M(||\phi_0||+||\phi_0^*||+||v_0||)\right]$$

$$||v_1||||\phi_0 - \phi_0^m||,$$

$$|b(\phi_0, u_0, v_1) - b(\phi_0^m, u_0^m, v_1)| = |b(\phi_0 - \phi_0^m, u_0, v_1) - b(\phi_0^m, u_0 - u_0^m, v_1)|$$

$$\leqslant c_0||u_0||||\phi_0 - \phi_0^m||||v_1|| + c_0\left[\left(1+\frac{5}{2}M\right)||\phi_0||\right.$$

$$\left.+\frac{5}{2}M(||u_0|| + ||\phi_0^*|| + ||v_0||)\right]||v_1||||u_0 - u_0^m||,$$

可得

$$|-\lambda_0^m[b(u_0, \phi_0, v_1) + b(\phi_0, u_0, v_1) - b(u_0^m, \phi_0^m, v_1) - b(\phi_0^m, u_0^m, v_1)|$$

$$\leqslant c_0|\lambda_0^m|||v_1||\left\{\left[\frac{5}{2}M(||u_0|| + ||\phi_0^*|| + ||v_0||) + \left(2+\frac{5}{2}M\right)||\phi_0||\right]||u_0 - u_0^m||\right.$$

$$\left.+\left[\left(2+\frac{5}{2}M\right)||u_0|| + \frac{5}{2}M(||\phi_0|| + ||\phi_0^*|| + ||v_0||)\right]||\phi_0 - \phi_0^m||\right\}. \tag{2.4.23}$$

由下列两个不等式

$$|b(u_0, v_2, \phi_0^*) - b(u_0^m, v_2, \phi_0^{*m})| = |b(u_0 - u_0^m, v_2, \phi_0^*) - b(u_0^m, v_2, \phi_0^* - \phi_0^{*m})|$$

$$\leqslant c_0||\phi_0^*||||v_2||||u_0 - u_0^m|| + c_0\left[\left(1+\frac{5}{2}M\right)||u_0|| + \frac{5}{2}M(||\phi_0|| + ||\phi_0^*|| + ||v_0||)\right]$$

$$||v_2||||\phi_0^* - \phi_0^{*m}||,$$

$$|b(v_2, u_0, \phi_0^*) - b(v_2, u_0^m, \phi_0^{*m})| = |b(v_2, u_0 - u_0^m, \phi_0^*) - b(v_2, u_0^m, \phi_0^* - \phi_0^{*m})|$$

$$\leqslant c_0||\phi_0^*||||v_2||||u_0 - u_0^m|| + c_0\left[\left(1+\frac{5}{2}M\right)||u_0|| + \frac{5}{2}M(||\phi_0|| + ||\phi_0^*|| + ||v_0||)\right]$$

$$||v_2||||\phi_0^* - \phi_0^{*m}||,$$

可得

$$|-\lambda_0^m[b(u_0, v_2, \phi_0^*) + b(v_2, u_0, \phi_0^*) - b(u_0^m, v_2, \phi_0^{*m}) - b(v_2, u_0^m, \phi_0^{*m})|$$

$$\leqslant 2c_0|\lambda_0^m|\{||\phi_0^*||||v_2||||u_0 - u_0^m|| + \left[\left(1+\frac{5}{2}M\right)||u_0||\right.$$

$$\left.+\frac{5}{2}M(||\phi_0|| + ||\phi_0^*|| + ||v_0||)\right]||v_2||||\phi_0^* - \phi_0^{*m}||\}. \tag{2.4.24}$$

由下列两个不等式

$$|b(u_0,v_0,v_3)-b(u_0^m,v_0^m,v_3)|=|b(u_0-u_0^m,v_0,v_3)+b(u_0^m,v_0-v_0^m,v_3)|$$
$$\leqslant c_0||v_0||||v_3||||u_0-u_0^m||+c_0||v_3||\left[\left(1+\frac{5}{2}M\right)||u_0||+\frac{5}{2}M(||\phi_0||+||\phi_0^*||+||v_0||)\right]$$
$$||v_0-v_0^m||,$$

$$|b(v_0,u_0,v_3)-b(v_0^m,u_0^m,v_3)|=|b(v_0-v_0^m,u_0,v_3)+b(v_0^m,u_0-u_0^m,v_3)|$$
$$\leqslant c_0||u_0||||v_3||||v_0-v_0^m||+c_0||v_3||\left[\left(1+\frac{5}{2}M\right)||v_0||+\frac{5}{2}M(||u_0||+||\phi_0||+||\phi_0^*||)\right]$$
$$u_0-u_0^m||,$$

可得

$$|-\lambda_0^m[b(u_0,v_0,v_3)+b(v_0,u_0,v_3)-b(u_0^m,v_0^m,v_3)-b(v_0^m,u_0^m,v_3)]|$$
$$\leqslant c_0|-\lambda_0^m|||v_3||\left\{\left[\left(2+\frac{5}{2}M\right)||v_0||+\frac{5}{2}M(||u_0||+||\phi_0||+||\phi_0^*||)\right]||u_0-u_0^m||\right.$$
$$\left.+\left[\left(2+\frac{5}{2}M\right)||u_0||+\frac{5}{2}M(||\phi_0||+||\phi_0^*||+||v_0||)\right]||v_0-v_0^m||\right\}. \tag{2.4.25}$$

由误差估计式 (2.3.3) 可推得下列不等式

$$|\lambda_0^m|\leqslant|\lambda_0-\lambda_0^m|+|\lambda_0|$$
$$\leqslant\frac{5}{2}M(||Q_mu_0||+||Q_m\phi_0||+||Q_m\phi_0^*||+||Q_mv_0||)+|\lambda_0|$$
$$\leqslant\frac{5}{2}M(||u_0||+||\phi_0||+||\phi_0^*||+||v_0||)+|\lambda_0|, \tag{2.4.26}$$

$$||u_0^m||\leqslant||u_0-u_0^m||+||u_0||$$
$$\leqslant\frac{5}{2}M(||Q_mu_0||+||Q_m\phi_0||+||Q_m\phi_0^*||+||Q_mv_0||)+||u_0||$$
$$\leqslant\left(1+\frac{5}{2}M\right)||u_0||+\frac{5}{2}M(||\phi_0||+||\phi_0^*||+||v_0||), \tag{2.4.27}$$

$$||\phi_0^m||\leqslant||\phi_0-\phi_0^m||+||\phi_0||$$
$$\leqslant\frac{5}{2}M(||Q_mu_0||+||Q_m\phi_0||+||Q_m\phi_0^*||+||Q_mv_0||)+||\phi_0||$$

$$\leqslant \left(1+\frac{5}{2}M\right)||\phi_0||+\frac{5}{2}M(||u_0||+||\phi_0^*||+||v_0||), \tag{2.4.28}$$

$$\begin{aligned}||v_0^m|| &\leqslant ||v_0-v_0^m||+||v_0||\\ &\leqslant \frac{5}{2}M(||Q_mu_0||+||Q_m\phi_0||+||Q_m\phi_0^*||+||Q_mv_0||)+||v_0||\\ &\leqslant \left(1+\frac{5}{2}M\right)||v_0||+\frac{5}{2}M(||u_0||+||\phi_0||+||\phi_0^*||),\end{aligned} \tag{2.4.29}$$

$$\begin{aligned}||\phi_0^{*m}|| &\leqslant ||\phi_0^*-\phi_0^{*m}||+||\phi_0^*||\\ &\leqslant \frac{5}{2}M(||Q_mu_0||+||Q_m\phi_0||+||Q_m\phi_0^*||+||Q_mv_0||)+||\phi_0^*||\\ &\leqslant \left(1+\frac{5}{2}M\right)||\phi_0^*||+\frac{5}{2}M(||u_0||+||\phi_0||+||v_0||).\end{aligned} \tag{2.4.30}$$

由于

$$||Q_mu||\leqslant \lambda_{m+1}^{-\frac{1}{2}}|\mathcal{A}u|,\quad \forall u\in V\cap[H^2(\Omega)]^d, \tag{2.4.31}$$

所以

$$\begin{aligned}&||q_1||\leqslant \lambda_{m+1}^{-\frac{1}{2}}|\mathcal{A}u_0|,\quad ||q_2||\leqslant \lambda_{m+1}^{-\frac{1}{2}}|\mathcal{A}\phi_0|,\\ &||q_3||\leqslant \lambda_{m+1}^{-\frac{1}{2}}|\mathcal{A}\phi_0^*|,\quad ||q_4||\leqslant \lambda_{m+1}^{-\frac{1}{2}}|\mathcal{A}v_0|,\end{aligned} \tag{2.4.32}$$

因此有

$$\begin{aligned}||u_0^m-u_0|| &\leqslant \frac{5}{2}M(||Q_mu_0||+||Q_m\phi_0||+||Q_m\phi_0^*||+||Q_mv_0||)\\ &= \frac{5}{2}M(||q_1||+||q_2||+||q_3||+||q_4||)\leqslant c^*\lambda_{m+1}^{-\frac{1}{2}},\end{aligned} \tag{2.4.33}$$

其中 $c^*=\dfrac{5}{2}M(|\mathcal{A}u_0|+|\mathcal{A}\phi_0|+|\mathcal{A}\phi_0^*|+|\mathcal{A}v_0|)$, 同理有

$$\begin{aligned}&||\phi_0^m-\phi_0||\leqslant \frac{5}{2}M(||q_1||+||q_2||+||q_3||+||q_4||)\leqslant c^*\lambda_{m+1}^{-\frac{1}{2}},\\ &||\phi_0^{*m}-\phi_0^*||\leqslant \frac{5}{2}M(||q_1||+||q_2||+||q_3||+||q_4||)\leqslant c^*\lambda_{m+1}^{-\frac{1}{2}},\\ &||v_0^m-v_0||\leqslant \frac{5}{2}M(||q_1||+||q_2||+||q_3||+||q_4||)\leqslant c^*\lambda_{m+1}^{-\frac{1}{2}}.\end{aligned} \tag{2.4.34}$$

把式 (2.4.26)—(2.4.30)、(2.4.33) 和 (2.4.34) 代入式 (2.4.18)—(2.4.25), 考虑到

$$\|v\|+|\mu|+\sum_{i=1}^{3}\|v_i\|=1, \tag{2.4.35}$$

可推得

$$|I_1| \leqslant c_1\lambda_{m+1}^{-\frac{1}{2}}, \tag{2.4.36}$$

这里及下面的 $c_i(i=1,2,3,4,5,6)$ 和 c 是只与 $u_0,\lambda_0,\phi_0,\phi_0^*,v_0$ 有关而与 m 无关的常数.

其次估计 I_2, 由三线性估计式 (2.4.17), 有

$$\begin{aligned}&|\lambda_0[b(\phi_0,u_0-u_0^m,\phi_0^*)+b(u_0-u_0^m,\phi_0,\phi_0^*)]a(\phi_0^*,v)|\\ \leqslant\ & 2c_0|\lambda_0|||\phi_0||||\phi_0^*||^2||u_0-u_0^m||||v||,\end{aligned} \tag{2.4.37}$$

$$|\lambda_0[b(u_0,u_0-u_0^m,v)+b(u_0-u_0^m,u_0,v)]| \leqslant 2c_0|\lambda_0|||u_0-u_0^m||||u_0||||v||, \tag{2.4.38}$$

$$|\lambda_0\mu[b(v_0,u_0-u_0^m,\phi_0^*)+b(u_0-u_0^m,v_0,\phi_0^*)]| \leqslant 2c_0|\lambda_0|||v_0||||\phi_0^*||||u_0-u_0^m|||\mu|, \tag{2.4.39}$$

$$|\mu[b(u_0,u_0-u_0^m,\phi_0^*)+b(u_0-u_0^m,u_0,\phi_0^*)]| \leqslant 2c_0||u_0||||\phi_0^*||||u_0-u_0^m|||\mu|, \tag{2.4.40}$$

$$|\lambda_0[b(v_2,u_0-u_0^m,\phi_0^*)+b(u_0-u_0^m,v_2,\phi_0^*)]| \leqslant 2c_0|\lambda_0|||v_2||||\phi_0^*||||u_0-u_0^m||, \tag{2.4.41}$$

$$\begin{aligned}&|\mu(f,\phi_0^*-\phi_0^{*m})+[b(v_2,u_0,\phi_0^*-\phi_0^{*m})+b(u_0,v_2,\phi_0^*-\phi_0^{*m})]|\\ \leqslant\ & [2c_0||u_0||||v_2||+|\mu|||f||]||\phi_0^*-\phi_0^{*m}||,\end{aligned} \tag{2.4.42}$$

$$|\lambda_0[b(v_0,u_0-u_0^m,v_3)+b(u_0-u_0^m,v_0,v_3)]| \leqslant 2c_0|\lambda_0|||v_0||||v_3||||u_0-u_0^m||, \tag{2.4.43}$$

$$|\lambda_0[b(u_0,v_0-v_0^m,v_3)+b(v_0-v_0^m,u_0,v_3)]| \leqslant 2c_0|\lambda_0|||u_0||||v_3||||v_0-v_0^m||, \tag{2.4.44}$$

$$|[b(u_0,u_0-u_0^m,v_3)+b(u_0-u_0^m,u_0,v_3)]| \leqslant 2c_0||u_0||||v_3||||u_0-u_0^m||, \tag{2.4.45}$$

$$|a(\phi_0,\phi_0-\phi_0^m)a(\phi_0^*,v_1)| \leqslant ||\phi_0||||\phi_0^*||||v_1||||\phi_0-\phi_0^m||, \tag{2.4.46}$$

$$|a(\phi_0^*,\phi_0^*-\phi_0^{*m})a(\phi_0,v_2)| \leqslant ||\phi_0||||\phi_0^*||||v_2||||\phi_0^*-\phi_0^{*m}||, \tag{2.4.47}$$

$$\begin{aligned}&|a(\phi_0-\phi_0^m,v_0)a(\phi_0^*,v_3)+a(\phi_0,v_0-v_0^m)a(\phi_0^*,v_3)|\\ \leqslant & ||v_0||||\phi_0^*||||v_3||||\phi_0-\phi_0^m||+||\phi_0||||\phi_0^*||||v_3||||v_0-v_0^m||.\end{aligned} \tag{2.4.48}$$

把 (2.4.33)—(2.4.35) 代入 (2.4.37)—(2.4.48) 可得

$$|I_2| \leqslant c_2\lambda_{m+1}^{-\frac{1}{2}}. \tag{2.4.49}$$

再次估计 I_3, 由 Hölder 不等式有下列不等式

$$|a(\phi_0,\phi_0^*)a(\phi_0^*,v)-a(\phi_0^m,\phi_0^{*m})a(\phi_0^{*m},v)|$$

$$
\begin{aligned}
&= |a(\phi_0,\phi_0^*)a(\phi_0^*-\phi_0^{*m},v)+[a(\phi_0-\phi_0^m,\phi_0^*)+a(\phi_0^m,\phi_0^*-\phi_0^{*m})]a(\phi_0^{*m},v)| \\
&\leqslant ||\phi_0||||\phi_0^*||||\phi_0^*-\phi_0^{*m}||||v||+||\phi_0^*||||\phi_0^{*m}||||\phi_0-\phi_0^m||||v|| \\
&\quad +||\phi_0^m||||\phi_0^{*m}||||\phi_0^*-\phi_0^{*m}||||v||,
\end{aligned} \tag{2.4.50}
$$

由于

$$
a(\phi_0^*,v_0)-a(\phi_0^{*m},v_0^m)=a(\phi_0^*-\phi_0^{*m},v_0)+a(\phi_0^{*m},v_0-v_0^m),
$$

可得

$$
|\mu[a(\phi_0^*,v_0)-a(\phi_0^{*m},v_0^m)]|\leqslant ||v_0||||\phi_0^*-\phi_0^{*m}||+||\phi_0^{*m}||||v_0-v_0^m||, \tag{2.4.51}
$$

$$
\begin{aligned}
&\left|-\frac{1}{2}[a(\phi_0,\phi_0)-1]a(\phi_0^*,v_1)+\frac{1}{2}[a(\phi_0^m,\phi_0^m)-1]a(\phi_0^{*m},v_1)\right| \\
=&\left|\frac{1}{2}[a(\phi_0,\phi_0)-1]a(\phi_0^*-\phi_0^{*m},v_1)+\frac{1}{2}[a(\phi_0-\phi_0^m,\phi_0)+a(\phi_0^m,\phi_0-\phi_0^m)]a(\phi_0^{*m},v_1)\right| \\
\leqslant&\frac{1}{2}[||\phi_0||^2-1]||\phi_0^*-\phi_0^{*m}||||v_1||+\frac{1}{2}[||\phi_0||+||\phi_0^m||]||\phi_0^{*m}||||v_1||||\phi_0-\phi_0^m||,
\end{aligned} \tag{2.4.52}
$$

$$
\begin{aligned}
&\left|-\frac{1}{2}[a(\phi_0^*,\phi_0^*)-1]a(\phi_0,v_2)+\frac{1}{2}[a(\phi_0^{*m},\phi_0^{*m})-1]a(\phi_0^*,v_2)\right| \\
=&\left|\frac{1}{2}[a(\phi_0^*,\phi_0^*)-1]a(\phi_0-\phi_0^m,v_2)+\frac{1}{2}[a(\phi_0^*-\phi_0^{*m},\phi_0^*)+a(\phi_0^{*m},\phi_0^*-\phi_0^{*m})]a(\phi_0^m,v_2)\right| \\
\leqslant&\frac{1}{2}[||\phi_0^*||^2-1]||\phi_0-\phi_0^m||||v_2||+\frac{1}{2}[||\phi_0^*||+||\phi_0^{*m}||]||\phi_0^m||||v_2||||\phi_0^*-\phi_0^{*m}||,
\end{aligned} \tag{2.4.53}
$$

$$
\begin{aligned}
&|-a(\phi_0,v_0)a(\phi_0^*,v_3)+a(\phi_0^m,v_0^m)a(\phi_0^{*m},v_3)| \\
=&|a(\phi_0,v_0)a(\phi_0^{*m}-\phi_0^*,v_3)+[a(\phi_0^m,v_0^m)-a(\phi_0,v_0)]a(\phi_0^{*m},v_3)| \\
=&|a(\phi_0^{*m}-\phi_0^*,v_3)a(\phi_0,v_0)+a(\phi_0^m-\phi_0,v_0^m)a(\phi_0^{*m},v_3)+a(\phi_0,v_0^m-v_0)a(\phi_0^{*m},v_3)| \\
\leqslant&||\phi_0||||v_0||||v_3||||\phi_0^*-\phi_0^{*m}||+||\phi_0^{*m}||||v_0^m||||v_3||||\phi_0-\phi_0^m|| \\
&+||\phi_0||||\phi_0^{*m}||||v_3||||v_0-v_0^m||.
\end{aligned} \tag{2.4.54}
$$

把 (2.4.33) — (2.4.35) 代入 (2.4.50)—(2.4.54) 可得

$$
|I_3|\leqslant c_3\lambda_{m+1}^{-\frac{1}{2}}. \tag{2.4.55}
$$

最后估计 I_4, 由三线性估计式 (2.4.17), 有下列不等式,

$$|-\lambda_0[b(q_1,u_0,v)+b(u_0,q_1,v)]|\leqslant 2c_0|\lambda_0|||u_0||||v||||q_1||, \tag{2.4.56}$$

$$|-\lambda_0[b(q_1,\phi_0,\phi_0^*)+b(\phi_0,q_1,\phi_0^*)]a(\phi_0^*,v)|\leqslant 2c_0|\lambda_0|||\phi_0||||\phi_0^*||^2||v||||q_1||, \tag{2.4.57}$$

$$|-\mu[b(q_1,u_0,\phi_0^*)+b(u_0,q_1,\phi_0^*)]|\leqslant 2c_0|\mu|||u_0||||\phi_0^*||||q_1||, \tag{2.4.58}$$

$$\begin{aligned}&|-\lambda_0[b(q_1,\phi_0,v_1)+b(\phi_0,q_1,v_1)+b(u_0,q_2,v_1)+b(q_2,u_0,v_1)]|\\ \leqslant{}& 2c_0|\lambda_0|||v_1||[||\phi_0||||q_1||+||u_0||||q_2||],\end{aligned} \tag{2.4.59}$$

$$\begin{aligned}&|-\lambda_0[b(q_1,v_2,\phi_0^*)+b(v_2,q_1,\phi_0^*)+b(u_0,v_2,q_3)+b(v_2,u_0,q_3)]|\\ \leqslant{}& 2c_0|\lambda_0|||v_2||[||q_1||||\phi_0^*||+||u_0||||q_3||],\end{aligned} \tag{2.4.60}$$

$$|-\lambda_0[b(u_0,q_4,v_3)+b(q_4,u_0,v_3)]|\leqslant 2c_0|\lambda_0|||v_3||||u_0||||q_4||, \tag{2.4.61}$$

$$|-b(q_1,u_0,v_3)-b(u_0,q_1,v_3)|\leqslant 2c_0||u_0||||q_1||||v_3||, \tag{2.4.62}$$

$$|-\lambda_0[-b(q_1,v_0,v_3)-b(v_0,q_1,v_3)]|\leqslant 2c_0||v_0||||q_1||||v_3||, \tag{2.4.63}$$

$$|-\lambda_0\mu[b(q_1,v_0,\phi_0^*)+b(v_0,q_1,\phi_0^*)]|\leqslant 2c_0|\lambda_0||\mu|||v_0||||q_1||||\phi_0^*||, \tag{2.4.64}$$

$$|-a(\phi_0,q_2)a(\phi_0^*,v_1)|\leqslant ||\phi_0||||\phi_0^*||||q_2||||v_1||, \tag{2.4.65}$$

$$|a(\phi_0^*,q_3)a(\phi_0,v_2)|\leqslant ||\phi_0||||\phi_0^*||||q_3||||v_2||, \tag{2.4.66}$$

$$|-a(\phi_0^*,v_3)a(q_2,v_0)|\leqslant ||v_0||||\phi_0^*||||q_2||||v_3||, \tag{2.4.67}$$

$$|-a(\phi_0,q_4)a(\phi_0^*,v_3)|\leqslant ||\phi_0||||\phi_0^*||||q_4||||v_3||. \tag{2.4.68}$$

考虑到 (2.4.32) 和 (2.4.35), 由 (2.4.56)—(2.4.68) 各式的估计有

$$|I_4|\leqslant c_4\lambda_{m+1}^{-\frac{1}{2}}. \tag{2.4.69}$$

取 $m^*=\max\{m_0,\widetilde{m},\widetilde{m_0}\}$, 当 $m>m^*$ 时, 由引理 2.4.1 的 inf-sup 条件知

$$\begin{aligned}&\sup_{\substack{(v,\mu,v_1,v_2,v_3)\in X_m\\ ||v||+|\mu|+\sum_{i=1}^3||v_i||\leqslant 1}}\mathcal{L}((p_1-u_0^m,\lambda_0-\lambda_0^m,p_2-\phi_0^m,p_3-\phi_0^{*m},p_4-v_0^m),(v,\mu,v_1,v_2,v_3))\\ \geqslant{}&\frac{1}{2M}[||p_1-u_0^m||+|\lambda_0-\lambda_0^m|+||p_2-\phi_0^m||+||p_3-\phi_0^{*m}||+||p_4-v_0^m||].\end{aligned} \tag{2.4.70}$$

令 $c_5=c_1+c_2+c_3+c_4$, 则由 (2.4.16),(2.4.36),(2.4.49),(2.4.55),(2.4.69),(2.4.70) 式可得

$$\frac{1}{2M}[||p_1-u_0^m||+||p_2-\phi_0^m||+||p_3-\phi_0^{*m}||+||p_4-v_0^m||+|\lambda_0-\lambda_0^m|]\leqslant c_5\lambda_{m+1}^{-\frac{1}{2}}, \tag{2.4.71}$$

因此

$$
\begin{aligned}
&||u_0 - u_0^m|| + ||\phi_0 - \phi_0^{*m}|| + ||\phi_0^* - \phi_0^{*m}|| + ||v_0 - v_0^m|| + |\lambda_0 - \lambda_0^m| \\
\leqslant &||p_1 - u_0^m|| + ||p_2 - \phi_0^m|| + ||p_3 - \phi_0^{*m}|| + ||p_4 - v_0^m|| + |\lambda_0 - \lambda_0^m| \\
&+ ||q_1|| + ||q_2|| + ||q_3|| + ||q_4|| \\
\leqslant &\ c_5\lambda_{m+1}^{-\frac{1}{2}} + c_6\lambda_{m+1}^{-\frac{1}{2}} = (c_5 + c_6)\lambda_{m+1}^{-\frac{1}{2}},
\end{aligned}
$$

其中 $c_6 = |\mathcal{A}u_0| + |\mathcal{A}\phi_0| + |\mathcal{A}\phi_0^*| + |\mathcal{A}v_0|$, 令 $c = c_5 + c_6$, 得

$$
||u_0 - u_0^m|| + ||\phi_0 - \phi_0^m|| + ||\phi_0^* - \phi_0^{*m}|| + ||v_0 - v_0^m|| + |\lambda_0 - \lambda_0^m| \leqslant c\lambda_{m+1}^{-\frac{1}{2}}. \tag{2.4.72}
$$

利用 H 的范数 $|\cdot|$ 和估计式 (2.1.9) 及 Poincaré不等式 (2.1.2), 同样可推得估计式

$$
|u_0 - u_0^m| + |\phi_0 - \phi_0^m| + |\phi_0^* - \phi_0^{*m}| + |v_0 - v_0^m| + |\lambda_0 - \lambda_0^m| \leqslant c\lambda_{m+1}^{-1}. \tag{2.4.73}
$$

证毕.

2.5　求解扩充系统正则解的分块迭代方法

虽然 $x_0 = (u_0, \lambda_0, \phi_0, \phi_0^*, v_0)$ 是扩充系统 $T(x) = 0$ 的正则解, 但扩充系统的规模比原方程大得多, 因而求扩充系统 $T(x) = 0$ 的正则解的计算量很大. 但由于 DT_0 是分块下三角形式, 所以可引入如下拟牛顿法来分裂矩阵以减少计算量, 以扩充系统 (2.2.1) 为例进行讨论, 扩充系统 (2.2.14) 的讨论也是类似的.

令 $x^0 = (u^0, \lambda^0, u_1^0, u_2^0, u_3^0)$ 是充分接近 x_0 的初始向量, 对 $k = 0, 1, \cdots$, 得到如下迭代格式:

$$
\begin{cases}
D(x^k) \cdot \Delta x^k = -T(x^k), \\
x^{k+1} = x^k + \Delta x^k.
\end{cases} \tag{2.5.1}
$$

$$
D(x^k) = \begin{pmatrix}
A^k & 0 & 0 & 0 \\
C^k & B^k & 0 & 0 \\
E^k & H^k & W^k &
\end{pmatrix},
$$

其中

$$
A^k := \begin{pmatrix}
D_uF^k + ((u_2^k, D_{uu}F^k u_1^k \cdot))u_2^k & D_\lambda F^k + ((u_2^k, D_{u\lambda}F^k u_1^k))u_2^k \\
((u_2^k, D_u D\, F^k(u_3^k, 1)\cdot)) & ((u_2^k, D_\lambda DF^k(u_3^k, 1)))
\end{pmatrix}, \tag{2.5.2}
$$

$$
B^k := D_uF^k + ((u_1^k, \cdot))u_2^k, \quad B^{*^k} := D_uF^{*^k} + ((u_2^k, \cdot))u_1^k, \tag{2.5.3}
$$

$$C^k := (D_{uu}F^k u_1^k \cdot, D_{u\lambda}F^k u_1^k) = (C_1^k, C_2^k), \tag{2.5.4}$$

$$W^k := \mathrm{diag}\{B^{*^k}, B^k\},$$

$$E^k := \begin{pmatrix} D_{uu}F^{*^k}u_2^k \cdot & D_{u\lambda}F^{*^k}u_2^k \\ D_uDF^k(u_3^k, 1)\cdot & D_\lambda DF^k(u_3^k, 1) \end{pmatrix} = \begin{pmatrix} E_{11}^k & E_{12}^k \\ E_{21}^k & E_{22}^k \end{pmatrix}, \tag{2.5.5}$$

$$H^k := \left(\frac{1}{2}(((u_2^k, u_2^k)) - 1), ((\cdot, u_3^k))u_2^k\right)^{\mathrm{T}} = (H_1^k, H_2^k)^{\mathrm{T}}. \tag{2.5.6}$$

在离散情况下 $B^{*^k} = B^{k^{\mathrm{T}}}$.

记 $T(x^k) = (f_1^k, f_2^k, f_3^k, f_4^k, f_5^k)^{\mathrm{T}}$.

系统 (2.5.1) 可以被写成如下分块形式:

$$\begin{aligned}
&\text{a)}\quad A^k \cdot \begin{pmatrix} \Delta u^k \\ \Delta\lambda^k \end{pmatrix} = -\begin{pmatrix} f_1^k \\ f_2^k \end{pmatrix}, \\
&\text{b)}\quad C^k \cdot \begin{pmatrix} \Delta u^k \\ \Delta\lambda^k \end{pmatrix} + B^k \cdot \Delta u_1^k = -f_3^k, \\
&\text{c)}\quad E^k \cdot \begin{pmatrix} \Delta u^k \\ \Delta\lambda^k \end{pmatrix} + H^k \cdot \Delta u_1^k + W^k \cdot \begin{pmatrix} \Delta u_2^k \\ \Delta u_3^k \end{pmatrix} = -\begin{pmatrix} f_4^k \\ f_5^k \end{pmatrix}.
\end{aligned} \tag{2.5.7}$$

算法如下:

(1) 对 B^k 进行 LU 分解.

(2) 计算:

$\alpha^k = ((u_2^k, D_{uu}F^k u_1^k u_1^k)) = 2\lambda^k b(u_1^k, u_1^k, u_2^k)$,

$\beta^k = ((u_2^k, D_uDF^k(u_3^k, 1)u_1^k))$

$\quad = \lambda^k[b(u_3^k, u_1^k, u_2^k) + b(u_1^k, u_3^k, u_2^k)] + b(u^k, u_1^k, u_2^k) + b(u_1^k, u^k, u_2^k)$,

$\gamma^k = ((u_2^k, D^2F^k(u_3^k, 1)^2)) = 2\lambda^k b(u_3^k, u_3^k, u_2^k) + 2b(u^k, u_3^k, u_2^k) + b(u_3^k, u^k, u_2^k)$,

$d^k = \beta^k\beta^k - \alpha^k\gamma^k$,

$\tilde{a}_{11}^k = [I - d^{-k}(u_1^k\beta^k - \alpha^k u_3^k)((u_2^k, D_uDF(u_3^k, 1)\cdot))](M^k)^{-1}$,

$\tilde{a}_{12}^k = -\alpha^k d^{-k}(u_3^k - \beta^k(M^k)^{-1}u_2^k)$,

$\tilde{a}_{21}^k = \alpha^k d^{-k}((u_2^k, D_uDF(u_3^k, 1)\cdot))(M^k)^{-1}$,

$\tilde{a}_{22} = -\alpha^k d^{-k}$,

$(M^k)^{-1} = [I - \alpha^{-k}u_1^k(((u_2^k, D_{uu}F^k u_1^k\cdot)) - ((u_1^k, \cdot)))](B^k)^{-1}$.

$(B^k)^{-1}$ 可通过下列系统给出

$$B^k u = D_uF^k u + ((u_1^k, u))u_2^k = w. \tag{2.5.8}$$

(2.5.8) 的变分形式为

$$((B^k u,v)) = a(u,v)+\lambda^k[b(u^k,u,v)+b(u,u^k,v)]+a(u_1^k,u)a(u_2^k,v) = a(w,v), \quad \forall v \in V. \tag{2.5.9}$$

(3) 计算 $\Delta u^k, \Delta\lambda^k$:

$$\Delta u^k = -\tilde{a}_{11}^k f_1^k - \tilde{a}_{12}^k f_2^k, \quad \Delta\lambda^k = -\tilde{a}_{21}^k f_1^k - \tilde{a}_{22}^k f_2^k.$$

(4) 计算 Δu_1^k:

$$\Delta u_1^k = -(B^k)^{-1} \cdot [f_3^k - C_1^k \Delta u^k - C_2^k \Delta\lambda^k].$$

(5) 计算 $\Delta u_2^k, \Delta u_3^k$:

$$\Delta u_2^k = -(B^{*^k})^{-1}(f_4^k - E_{11}^k \Delta u^k - E_{12}^k \Delta\lambda^k - H_1^k \Delta u_1^k),$$

$$\Delta u_3^k = -(B^k)^{-1}(f_5^k - E_{21}^k \Delta u^k - E_{22}^k \Delta\lambda^k - H_2^k \Delta u_1^k).$$

注 我们的主要工作量就是 B^k 的一次 LU 分解, 每次迭代五次回代以及一些代数运算. 这大大地减少了计算量, 事实上, 用分块迭代法求解 (2.5.1) 的计算量与原方程 (2.1.10) 的计算量相当.

定理 2.5.1 分块迭代法 (2.5.7) 是局部二次收敛的.

证明 定义

$$\Phi(x) = x - D^{-1}(x)F(x) : X \to X,$$

则 $\Phi(x_0) = x_0, D\Phi(x_0) = 0$.

利用 Taylor 公式[61] 可得

$$\Phi(x) - x_0 = \Phi(x) - \Phi(x_0) = \int_0^1 (1-t)D^2\Phi(x+t(x-x_0))(x-x_0)^2 \mathrm{d}t,$$

从不动点定理, 我们获得迭代法 (2.5.7) 是局部二次收敛的. 证毕.

第 3 章　同心球间旋转流动对称破缺分歧及TB 点的谱 Galerkin 逼近

这一章我们讨论同心球间旋转流动的对称破缺分歧及 TB 点的谱 Galerkin 逼近问题, 构造了计算对称破缺分歧点及 TB 点的扩充系统的谱 Galerkin 逼近系统, 证明了对称破缺分歧及 TB 点的谱 Galerkin 逼近的存在性、唯一性和收敛性, 通过 Stokes 算子的特征值给出了谱 Galerkin 逼近的误差估计.

本章结构如下, 3.1 节介绍 Navier-Stokes 方程在球坐标下的算子形式和变分形式, 给出了分歧点的定义. 3.2 节讨论了对称破缺分歧点的性质, 引进了计算对称破缺分歧点的扩充系统. 3.3 节讨论了对称破缺分歧点的谱 Galerkin 逼近, 构造了对称破缺分歧点扩充系统的谱 Galerkin 逼近系统, 证明了对称破缺分歧点的谱 Galerkin 逼近的存在性、唯一性和收敛性. 3.4 节讨论了 TB 点及其谱 Galerkin 逼近, 介绍了 TB 点的概念, 构造了计算 TB 点的扩充系统及其谱 Galerkin 逼近系统, 证明了 TB 点的谱 Galerkin 逼近的存在性、唯一性和收敛性, 并给出了谱 Galerkin 逼近的误差估计. 3.5 节讨论计算 TB 点扩充系统正则解的分块迭代方法.

3.1　球坐标下的 Navier-Stokes 方程

图 3.1 为两同心旋转球的示意图, 用 $x=(x^1,x^2,x^3)=(r,\varphi,\theta)$ 表示球坐标, 并引入如下符号:

$r_i, \quad r_0$	内、外球半径,
$\omega_i, \quad \omega_0$	内、外球旋转角速度,
$\omega=\omega_0\omega_i^{-1}$	角速度比,
$\varepsilon=1-\omega=\dfrac{\omega_i-\omega_0}{\omega_i}$,	
ν	动力黏性系数,
$R_i=r_i^2\omega_i/\nu, \quad R_0=r_0^2\omega_0/\nu$	内、外球雷诺数,
$\lambda=R_i^{-1}, a=r_0/r_i=\eta^{-1}, \sigma=a^3/(a^3-1)$,	
$u=(u_r,u_\varphi,u_\theta), p$	流体的速度及压力,
$S(0,a), S(0,1)$	外球、内球,

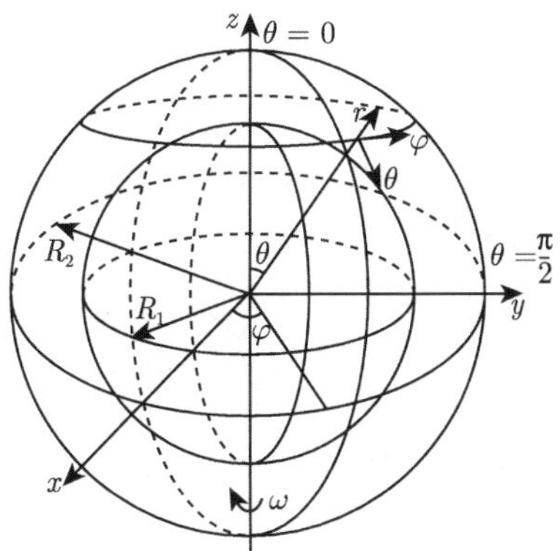

图 3.1　两同心旋转球及其球坐标

在球坐标下定常的 Navier-Stokes 方程为[34]

$$\begin{cases} -\lambda Au + B(u,u) + \operatorname{grad} p = 0, \\ \operatorname{div} u = 0, \end{cases} \quad 在 \quad \Omega = S(0,a)\backslash S(0,1). \tag{3.1.1}$$

球壳表面的边界条件

$$\begin{cases} u_r = 0, u_\theta = 0, u_\varphi = \sin\theta, & r = 1, \\ u_r = 0, u_\theta = 0, u_\varphi = a\omega\sin\theta, & r = a, \\ u_\theta = u_\varphi = 0, & \theta = 0, \theta = \pi. \end{cases} \tag{3.1.2}$$

其中

$$A = \begin{pmatrix} \nabla^2 - \dfrac{2}{r^2} & \dfrac{-2}{r^2\sin\theta}\dfrac{\partial}{\partial\varphi} & -\dfrac{2}{r^2}\dfrac{\partial}{\partial\theta} - \dfrac{2}{r^2}\cot\theta \\ \dfrac{2}{r^2\sin\theta}\dfrac{\partial}{\partial\varphi} & \nabla^2 - \dfrac{1}{r^2\sin^2\theta} & \dfrac{2}{r^2}\dfrac{\cot\theta}{\sin\theta}\dfrac{\partial}{\partial\varphi} \\ \dfrac{2}{r^2}\dfrac{\partial}{\partial\theta} & -\dfrac{2}{r^2}\dfrac{\cot\theta}{\sin\theta}\dfrac{\partial}{\partial\varphi} & \nabla^2 - \dfrac{1}{r^2\sin^2\theta} \end{pmatrix}, \tag{3.1.3}$$

$$B(u,v) = \begin{pmatrix} u_r\dfrac{\partial v_r}{\partial r} + \dfrac{u_\varphi}{r\sin\theta}\dfrac{\partial v_r}{\partial\varphi} + \dfrac{u_\theta}{r}\dfrac{\partial v_r}{\partial\theta} - \dfrac{1}{r}(u_\varphi v_\varphi + u_\theta v_\theta) \\ u_r\dfrac{\partial v_\varphi}{\partial r} + \dfrac{u_\varphi}{r\sin\theta}\dfrac{\partial v_\varphi}{\partial\varphi} + \dfrac{u_\theta}{r}\dfrac{\partial v_\varphi}{\partial\theta} + \dfrac{1}{r}u_r v_\varphi + \dfrac{\cot\theta}{r}u_\theta v_\varphi \\ u_r\dfrac{\partial v_\theta}{\partial r} + \dfrac{u_\varphi}{r\sin\theta}\dfrac{\partial v_\theta}{\partial\varphi} + \dfrac{u_\theta}{r}\dfrac{\partial v_\theta}{\partial\theta} + \dfrac{1}{r}u_r v_\theta - \dfrac{\cot\theta}{r}u_\varphi v_\varphi \end{pmatrix}, \tag{3.1.4}$$

$$\operatorname{div} u = \frac{\partial u_r}{\partial r} + \frac{2}{r}u_r + \frac{1}{r\sin\theta}\frac{\partial u_\varphi}{\partial\varphi} + \frac{1}{r}\frac{\partial u_\theta}{\partial\theta} + \frac{\cot\theta}{r}u_\theta, \tag{3.1.5}$$

$$\nabla^2 = \frac{\partial^2}{\partial r^2} + \frac{2}{r}\frac{\partial}{\partial r} + \frac{1}{r^2\sin^2\theta}\frac{\partial^2}{\partial\varphi^2} + \frac{1}{r^2}\frac{\partial^2}{\partial\theta^2} + \frac{\cot\theta}{r^2}\frac{\partial}{\partial\theta}. \tag{3.1.6}$$

引入 Stokes 流[34]

$$\begin{cases} u^* = u^*(\varepsilon) = (0, u_\varphi^0, 0), \\ u_\varphi^0 = r\sin\theta + \varepsilon\sigma(1 - r^{-3})r\sin\theta. \end{cases} \tag{3.1.7}$$

那么 u^* 满足边界条件, 并且

$$Au^* = 0, \quad \operatorname{div} u^* = 0. \tag{3.1.8}$$

在方程 (3.1.1) 和 (3.1.2) 中用 $u + u^*$ 代替 u 得

$$\begin{cases} -\lambda A u + B(u,u) + R(u,\varepsilon) + \operatorname{grad} p = f(\lambda,\varepsilon), \\ \operatorname{div} u = 0. \end{cases} \tag{3.1.9}$$

$$u|_{r=1} = 0, \quad u|_{r=a} = 0, \tag{3.1.10}$$

这里

$$R(u,\varepsilon) = B(u^*, u) + B(u, u^*)$$

$$= \begin{pmatrix} \dfrac{\partial u_r}{\partial \varphi} - 2u_\varphi + \sigma\varepsilon(1 - r^{-3})\left(\dfrac{\partial u_r}{\partial \varphi} - 2u_\varphi\right) \\ 2\sin\theta u_r + \dfrac{\partial u_\varphi}{\partial \varphi} + 2\cos\theta u_\theta + \sigma\varepsilon((2 + r^{-3})\sin\theta u_r \\ +(1 - r^{-3})\dfrac{\partial u_\varphi}{\partial \varphi} + 2(1 - r^{-3})\cos\theta u_\varphi) \\ \dfrac{\partial u_\theta}{\partial \varphi} - 2\cos\theta u_\varphi + \varepsilon\sigma(1 - r^{-3})\left(\dfrac{\partial u_\theta}{\partial \varphi} - 2\cos\theta u_\varphi\right) \end{pmatrix}, \tag{3.1.11}$$

$$f(\lambda,\varepsilon) = B(u^*, u^*) = \begin{pmatrix} r(1 + \varepsilon\sigma(1 - r^{-3}))^2 \sin^2\theta \\ 0 \\ -r\cos\theta\sin\theta(1 + \varepsilon\sigma(1 - r^{-3}))^2 \end{pmatrix}. \tag{3.1.12}$$

显然边值问题 (3.1.9) 和 (3.1.10) 依赖参数 $(\lambda, \varepsilon, \eta)$, 而 $\lambda, \varepsilon, \eta$ 分别描述了雷诺数、内外球壳的角速度之差及内外球壳间距. 它们是相互独立的, 分别表示旋转流体的黏性、旋转角速度及系统的几何尺寸. 如果固定 η, 那么 (3.1.9) 和 (3.1.10) 是 (λ, ε) 的双参数非线性问题.

引入 Sobolev 空间

$$X_1 := H^1(\Omega)^3, \quad X_0 = H_0^1(\Omega)^3,$$

以及如下的无散度 Hilbert 空间

$$H = \{u \in L^2(\Omega)^3, \operatorname{div} u = 0, u \cdot n|_\Gamma = 0, \Gamma = \Gamma_i \cup \Gamma_0\}, \quad V = \{u \in X_0, \operatorname{div} u = 0\},$$

其中

$$\Gamma_i = \{(r,\varphi,\theta), r = 1, 0 \leqslant \varphi \leqslant 2\pi, 0 \leqslant \theta \leqslant \pi\},$$

$$\Gamma_0 = \{(r,\varphi,\theta), r = a, 0 \leqslant \varphi \leqslant 2\pi, 0 \leqslant \theta \leqslant \pi\},$$

其中, n 为 $\partial\Omega$ 的外法线方向. 以 $(\cdot,\cdot)$, $|\cdot|$ 记 H 中球坐标下的内积和范数, 在 V 中引进如下内积

$$((u,v)) = (\nabla u, \nabla v), \quad \forall u, v \in V,$$

相应的范数记为 $\|\cdot\|$.

由于 $(\nabla p, v) = -(p, \operatorname{div} v) = 0, \quad \forall v \in V$, 那么 (3.1.9) 和 (3.1.10) 可写成如下的变分形式

$$\begin{cases} \text{求 } u \in V \text{ 使得} \\ \lambda a_0(u,v) + a_1(u,u,v) + (R(u),v) = (f,v), \quad \forall v \in V, \end{cases} \tag{3.1.13}$$

其中双线性形式 $a_0(\cdot,\cdot)$ 及三线性形式 $a_1(\cdot,\cdot,\cdot)$ 分别对应线性算子 A 和双线性算子 B.

考虑到流动是轴对称的, 所有关于 φ 的偏导项均为零. 此时得到

$$\begin{aligned} a_0(u,v) = 2\pi \int_{\Omega_0} \Bigg\{ & \frac{\partial u_r}{\partial r}\frac{\partial v_r}{\partial r} + \frac{\partial u_\varphi}{\partial r}\frac{\partial v_\varphi}{\partial r} + \frac{\partial u_\theta}{\partial r}\frac{\partial v_\theta}{\partial r} + \frac{1}{r^2}\left(\frac{\partial u_r}{\partial \theta} - u_\theta\right)\left(\frac{\partial v_r}{\partial \theta} - v_\theta\right) \\ & + \frac{1}{r^2}\frac{\partial u_\varphi}{\partial \theta}\frac{\partial v_\varphi}{\partial \theta} + \frac{1}{r^2}\left(\frac{\partial u_\theta}{\partial \theta} + u_r\right)\left(\frac{\partial v_\theta}{\partial \theta} + v_r\right) + \frac{1}{r^2 \sin^2\theta} u_\varphi v_\varphi \\ & + \frac{1}{r^2}(u_r + \cot\theta u_\theta)(v_r + \cot\theta v_\theta)\Bigg\} r^2 \sin\theta \mathrm{d}r\mathrm{d}\theta, \end{aligned} \tag{3.1.14}$$

$$\begin{aligned} a_1(w,u,v) = 2\pi \int_{\Omega_0} \Bigg\{ & \left(w_r \frac{\partial u_r}{\partial r} - \frac{1}{r} w_\varphi v_\varphi + \frac{1}{r} w_\theta \left(\frac{\partial u_r}{\partial \theta} - u_\theta\right)\right) v_r \\ & + \left(w_r \frac{\partial u_\varphi}{\partial r} + \frac{1}{r} w_\varphi (u_r + \cot\theta u_\theta) + \frac{1}{r} w_\theta \frac{\partial u_\varphi}{\partial \theta}\right) v_\varphi \\ & + \left(w_r \frac{\partial u_\theta}{\partial r} + \frac{1}{r} w_\theta \left(\frac{\partial u_\theta}{\partial \theta} + u_r\right) - \frac{1}{r}\cot\theta w_\varphi u_\varphi\right) v_\theta \Bigg\} r^2 \sin\theta \mathrm{d}r\mathrm{d}\theta, \end{aligned} \tag{3.1.15}$$

其中 $\Omega_0 = \{(r,\theta) : 1 \leqslant r \leqslant a, 0 \leqslant \theta \leqslant \pi\}$.

由于流动是轴对称的, 为方便, 引入 Stokes 流函数 (Ψ, χ)

$$\frac{1}{r^2 \sin\theta} \frac{\partial\Psi}{\partial\theta} = u_r, \quad \frac{-1}{r \sin\theta} \frac{\partial\Psi}{\partial r} = u_\theta, \quad \frac{\chi}{r \sin\theta} = u_\varphi. \tag{3.1.16}$$

那么 (3.1.9) 和 (3.1.10) 可写成如下形式

$$\lambda A u + B(u, u) + R(u, \varepsilon) = f(\varepsilon, \lambda), \quad 在\Omega, \tag{3.1.17}$$

$$\chi = 0, \quad \Psi = \frac{\partial\Psi}{\partial r} = 0, \quad 在 \quad \Gamma_i \cup \Gamma_0, \tag{3.1.18}$$

其中 $u = (\Psi, \chi)^{\mathrm{T}}$,

$$A = \{-D^4, D^2\}^{\mathrm{T}}, \quad D^2 = \frac{\partial^2}{\partial r^2} + \frac{\sin\theta}{r^2} \frac{\partial}{\partial\theta} \left(\frac{1}{\sin\theta} \frac{\partial}{\partial\theta} \right), \tag{3.1.19}$$

$$\begin{aligned} B(u, u) = & \left\{ -\frac{1}{r^2 \sin\theta} \frac{(\partial\Psi, D^2\Psi)}{\partial(r, \theta)} + \frac{2D^2\Psi}{r^2 \sin^2\theta} \left[\frac{\partial\Psi}{\partial r} \cos\theta - \frac{1}{r} \frac{\partial\Psi}{\partial\theta} \sin\theta \right] \right. \\ & \left. + \frac{2\chi}{r^2 \sin^2\theta} \left[\frac{\partial\chi}{\partial r} \cos\theta - \frac{1}{r} \frac{\partial\chi}{\partial\theta} \sin\theta \right], \frac{1}{r^2 \sin\theta} \frac{\partial(\Psi, \chi)}{\partial(r, \theta)} \right\}^{\mathrm{T}}, \end{aligned} \tag{3.1.20}$$

$$\begin{aligned} R(u, \varepsilon) = & \left\{ 2\left[1 + \varepsilon\sigma(1 - r^3)\right] \left(\frac{\partial\chi}{\partial r} \cos\theta - \frac{1}{r} \frac{\partial\chi}{\partial\theta} \sin\theta \right) + \frac{6\varepsilon\sigma}{r^4} \cos\theta \chi, \right. \\ & \left. 2\left[1 - \varepsilon\sigma(1 - r^{-3})\right] \left[\frac{\partial\Psi}{\partial r} \cos\theta - \frac{1}{r} \frac{\partial\chi}{\partial\theta} \sin\theta \right] - 3\varepsilon\sigma r^{-3} \frac{\sin\theta}{r} \frac{\partial\Psi}{\partial\theta} \right\}, \end{aligned} \tag{3.1.21}$$

$$f(\varepsilon, \lambda) = \{-6\varepsilon\sigma r^{-2}\left[1 - (1 - r^{-3})\varepsilon\sigma\right] \sin^2\theta \cos\theta, 0\}^{\mathrm{T}}. \tag{3.1.22}$$

令

$$u^* = \{\Psi^*, \chi^*\}, \quad \Psi^* = 0, \quad \chi^* = \left[1 + \varepsilon\sigma(1 - r^{-3})\right] r^2 \sin^2\theta, \tag{3.1.23}$$

那么 u^* 是与 (3.1.7) 相联系的 Stokes 流函数, 且有

$$A u^* = 0, \tag{3.1.24}$$

u^* 满足 (3.1.18)

$$R(u, \varepsilon) = B(u^*, u) + B(u, u^*), \tag{3.1.25}$$

$$f(\varepsilon, \lambda) = B(u^*, u^*). \tag{3.1.26}$$

将 (3.1.16) 代入 (3.1.14) 和 (3.1.15) 中可得相应的双线性形式 $a_0(u, v)$ 及三线性形式 $a_1(w, u, v)$. (3.1.17) 和 (3.1.18) 的弱形式可表示为

$$\begin{cases} 求\ u \in V\ 使得 \\ \lambda a_0(u, v) + a_1(u, u, v) + (R(u), v) = (f, v), \quad \forall v \in V, \end{cases} \tag{3.1.27}$$

这里 $V=\{(\Psi,\chi),\Psi\in H_0^2(\Omega),\chi\in H_0^1(\Omega)\},H=L^2(\Omega)^2$, 由 (3.1.16) 得到的问题 (3.1.13) 与 (3.1.27) 是等价的.

假设 P 是从 $L^2(\Omega)^3$ 到 H 的投影算子, $\mathcal{A}=-PA$, 其中 A 由 (3.1.3) 定义, 抽象 Stokes 算子 $\mathcal{A}$ 是正定对称自共轭算子[7,63]. 定义幂算子 $\mathcal{A}^s,s\in R$ 和内积为 $(u,v)_s=(\mathcal{A}^{s/2}u,\mathcal{A}^{s/2}v)$ 的 Hilbert 空间 V_s, 模为 $\|u\|_s^2=\|\mathcal{A}^{s/2}u\|_0^2$, 则 $V=V_1$.

算子 $\mathcal{A}$ 的逆 $\mathcal{A}^{-1}$ 定义如下

$$a_0(\mathcal{A}^{-1}f,v)=(f,v),\quad \forall v\in V,$$

那么 $a_1(u;u,v)=(B(u,u),v)=a_0(\mathcal{A}^{-1}B(u,u),v)$, 因此方程 (3.1.13) 可写为

$$\lambda a_0(u,v)+a_0(\mathcal{A}^{-1}B(u,u),v)+a_0(\mathcal{A}^{-1}R(u),v)=a_0(\mathcal{A}^{-1}f,v), \tag{3.1.28}$$

或算子形式

$$\lambda u+T(u)=0, \tag{3.1.29}$$

其中, $T(u)=\mathcal{A}^{-1}[B(u,u)+R(u)-f]=\mathcal{A}^{-1}[B(u,u)+B(u^*,u)+B(u^*,u)-f]$.

为方便, 记为

$$G(u,\lambda,\varepsilon):=\lambda u+T(u)=0, \tag{3.1.30}$$

$G(u,\lambda,\varepsilon)$ 是 Fréchet 可微的, 并且

$$D_uG(u,\lambda,\varepsilon)=\lambda I+T'(u)=\lambda I+\mathcal{A}^{-1}[B(u+u^*,\cdot)+B(\cdot,u+u^*)].$$

通过计算得到

$$D_uG_0=\lambda_0 I+T'(u_0)=\lambda_0 I+\mathcal{A}^{-1}[B(u_0+u^*,\cdot)+B(\cdot,u_0+u^*)],$$

$$D_uG_0^*=\lambda_0 I+T'^*(u_0)=\lambda_0 I+\mathcal{A}^{-1}[B^*(u_0+u^*,\cdot)+B^*(\cdot,u_0+u^*)],$$

$$D_{uu}G_0=T''(u_0)=\mathcal{A}^{-1}[B(\cdot,\cdot)+B(\cdot,\cdot)],\quad D_\lambda G_0=u_0,\quad D_{u\lambda}G_0=I,\quad D_{\lambda\lambda}G_0=0,$$

其中, 指标 “0” 表示相应的函数或算子在 $(u_0,\lambda_0,\varepsilon_0)$ 点的值.

设 ϕ,ψ 分别是 D_uG_0 及 $D_uG_0^*$ 相应于特征值 0 的特征函数, 即

$$\ker(D_uG_0)=\mathrm{span}\{\phi\},\quad ||\phi||=1, \tag{3.1.31}$$

$$\ker(D_uG_0^*)=\mathrm{span}\{\psi\},\quad ||\psi||=1, \tag{3.1.32}$$

$$((\phi,\psi))=1, \tag{3.1.33}$$

由 Fredholm 理论有

$$\mathrm{Range}(D_uG_0)=\{u\in V,((u,\psi))=0\}, \tag{3.1.34}$$

$$\mathrm{Range}(D_u G_0^*) = \{u \in V, ((u, \phi)) = 0\}, \tag{3.1.35}$$

而且

$$V = \ker(D_u G_0) \oplus \ \mathrm{Range}(D_u G_0). \tag{3.1.36}$$

如果点 $(u_0, \lambda_0, \varepsilon_0)$ 满足:

H_1) $G_0 = G(u_0, \lambda_0, \varepsilon_0) = 0$,

H_2) $D_u G_0$ 是 Fredholm 算子, 0 是 $D_u G_0$ 简单代数重数特征值, 则称 $(u_0, \lambda_0, \varepsilon_0)$ 是 Navier-Stokes 方程 (3.1.30) 的奇异点, 若进一步有

H_3) $D_\lambda G_0 \in \mathrm{Range}(D_u G_0)$, 即存在 $v_\lambda \in \mathrm{Range}(D_u G_0)$,

使得

$$D_u G_0 v_\lambda + D_\lambda G_0 = 0, \tag{3.1.37}$$

对固定的 ε_0, 则称 (u_0, λ_0) 是 Navier-Stokes 方程 (3.1.30) 的简单分歧点.

令

$$\alpha = ((\psi, D_{uu} G_0 \phi\phi)),$$

$$\beta = ((\psi, D_{uu} G_0 v_\lambda \phi + D_{u\lambda} G_0 \phi)) = ((\psi, D_u D G_0 (v_\lambda, 1)\phi)),$$

$$\gamma = ((\psi, D_{uu} G_0 v_\lambda v_\lambda)) + 2((\psi, D_{u\lambda} G_0 v_\lambda)) + ((\psi, D_{\lambda\lambda} G_0)) = ((\psi, D^2 G_0 (v_\lambda, 1)^2)).$$

若

$$\beta^2 - \alpha\gamma > 0, \tag{3.1.38}$$

则称 (u_0, λ_0) 是 Navier-Stokes 方程 (3.1.30) 的非退化简单分歧点, 如果进一步有 $\alpha \neq 0$, 称 (u_0, λ_0) 是跨临界分歧点; 若 $\alpha = 0$, 则称 (u_0, λ_0) 是音叉式分歧点.

3.2 对称性及对称破缺分歧点的扩充系统

同心球间旋转流动的对称破缺分歧问题是近年来人们普遍关注的焦点, 具体可参见 [19]、[21]、[34]、[35] 等文献, 实验和数值模拟结果均显示同心球间旋转流动存在对称破缺分歧[19,34,35]. 本节将利用扩充系统方法, 讨论同心球间旋转流动对称破缺分歧点的有效算法. 首先讨论系统 Navier-Stokes 方程 (3.1.30) 的对称性, (3.1.30) 具有群 Γ 作用下的基本不变性, 而群 Γ 是绕 z 轴旋转 R_φ 和赤道反射 S 组成的:

$$R_{\varphi_0}(r, \varphi, \theta) = (r, \varphi + \varphi_0, \theta), \tag{3.2.1}$$

$$S(r, \varphi, \theta) = (r, \varphi, \pi - \theta). \tag{3.2.2}$$

群 Γ 在 V 或 X_0 的作用定义如下

$$\begin{aligned}
&R_{\varphi_0}u(r,\varphi,\theta)=\{u_r(r,\varphi+\varphi_0,\theta),u_\varphi(r,\varphi+\varphi_0,\theta),u_\theta(r,\varphi+\varphi_0,\theta)\},\\
&Su(r,\varphi,\theta)=\{u_r(r,\varphi,\pi-\theta),u_\varphi(r,\varphi,\pi-\theta),-u_\theta(r,\varphi,\pi-\theta)\},\\
&R_{\varphi_0}u(r,\varphi,\theta)=\{\Psi(r,\varphi+\varphi_0,\theta),\chi(r,\varphi+\varphi_0,\theta)\},\\
&Su(r,\varphi,\theta)=\{-\Psi(r,\varphi,\pi-\theta),\chi(r,\varphi,\pi-\theta)\}.
\end{aligned}\tag{3.2.3}$$

关于 R_φ 的不动点子空间 V_R 具有轴对称性质, 关于 S 的不动点子空间 V_Σ 具有反对称性质, 即

$$\begin{aligned}
&V_R=\{u\in V,R_\varphi u=u,\ \forall R_\varphi\},\\
&V_\Sigma=\{u\in V,Su=u,R_\varphi u=u,\ \forall S,R_\varphi\}.
\end{aligned}\tag{3.2.4}$$

下列引理的证明见文献 [34].

引理 3.2.1　群 Γ 和 S 满足下列性质

$$S^2=I,\quad S\neq I,\quad \forall S,\tag{3.2.5}$$

映射 $G(u,\lambda)$ 是 Γ 不变的, $G(\gamma u,\lambda,\varepsilon)=\gamma G(u,\lambda,\varepsilon)$, $\forall\gamma\in\Gamma$.

由引理 3.2.1 有

$$\begin{aligned}
&D_\lambda G(Su,\lambda,\varepsilon)=SD_\lambda G(u,\lambda,\varepsilon),\\
&D_\varepsilon G(Su,\lambda,\varepsilon)=SD_\varepsilon G(u,\lambda,\varepsilon),\\
&D_uG(Su,\lambda,\varepsilon)Sv=SD_uG(u,\lambda,\varepsilon)v,\\
&D_{\lambda u}G(Su,\lambda,\varepsilon)Sv=SD_{u\lambda}G(u,\lambda,\varepsilon)v,\\
&D_{uu}G(Su,\lambda,\varepsilon)SvSw=SD_{uu}G(u,\lambda,\varepsilon)vw,
\end{aligned}\tag{3.2.6}$$

而且由 S 可得到自然分解

$$V=V_s+V_a,\tag{3.2.7}$$

其中

$$V_s=\{u\in V,Su=u\},\quad V_a=\{u\in V,Su=-u\},\tag{3.2.8}$$

分别包含 V 的对称元和反对称元, 更精确地讲, 有

$$\begin{aligned}
V_s=\{&u\in V,u_r(r,\varphi,\pi-\theta)=u_r(r,\varphi,\theta),u_\varphi(r,\varphi,\pi-\theta)=u_\varphi(r,\varphi,\theta),\\
&-u_\theta(r,\varphi,\pi-\theta)=u_\theta(r,\varphi,\theta)\},
\end{aligned}$$

$$V_a = \{u \in V, u_r(r,\varphi,\pi-\theta) = -u_r(r,\varphi,\theta), u_\varphi(r,\varphi,\pi-\theta) = -u_\varphi(r,\varphi,\theta), u_\theta(r,\varphi,\pi-\theta) = u_\theta(r,\varphi,\theta)\},$$

利用 (3.2.6) 容易证明, 对所有的 $\lambda, \varepsilon \in R$, 及 $u \in V_s$ 有

$$G(u,\lambda,\varepsilon), D_\lambda G(u,\lambda,\varepsilon), D_\varepsilon G(u,\lambda,\varepsilon) \in V_s, \tag{3.2.9}$$

$$V_s, V_a\text{相对于}D_u G(u,\lambda,\varepsilon), D_{\lambda u} G(u,\lambda,\varepsilon)\text{是不变的}, \tag{3.2.10}$$

$$D_{uu} G(u,\lambda,\varepsilon) v w \in V_s, \quad \forall v, w \in V_s, \text{或 } v, w \in V_a, \tag{3.2.11}$$

$$D_{uu} G(u,\lambda,\varepsilon) v w \in V_a, \quad \forall v \in V_s, w \in V_a. \tag{3.2.12}$$

如果

$$\phi \in V_a, \quad ((u,\phi)) = 0, \quad \forall u \in V_s. \tag{3.2.13}$$

如果 $(u_0, \lambda_0, \varepsilon_0)$ 是奇异点, 满足 H_3), 而且

$$u_0 \in V_s, \quad \phi \in V_a, \tag{3.2.14}$$

对固定的 ε_0 则称 (u_0, λ_0) 为对称破缺分歧点[34], 从 (3.2.14) 可得 $\alpha = 0, \beta \neq 0$[34], 故对称破缺分歧点也是音叉式分歧点.

由于在分歧点处牛顿法等经典算法失效, 所以这部分将构造对称破缺分歧点的有效算法.

定义 $X = V \times R \times V \times V \times V$, $X^{sa} = V_s \times R \times V_a \times V_a \times V_s$, 范数为

$$\|x\|_X = \|u\| + |\lambda| + \|u_1\| + \|u_2\| + \|u_3\|, \quad \forall x = (u, \lambda, u_1, u_2, u_3) \in X,$$

$$|x|_X = |u| + |\lambda| + |u_1| + |u_2| + |u_3|, \quad \forall x = (u, \lambda, u_1, u_2, u_3) \in X.$$

文献 [34] 给出了如下求解对称破缺分歧点的扩充系统:

$$F(u,\lambda,u_1,u_2,u_3) = \begin{pmatrix} G + ((u_2, D_u G u_3 + D_\lambda G))u_1 \\ ((u_2, D_u G u_1)) \\ D_u G u_1 + \dfrac{1}{2}[((u_1,u_1)) - 1]u_1 \\ D_u G^* u_2 + [((u_1,u_2)) - 1]u_1 \\ D_u G u_3 + D_\lambda G + ((u_1,u_3))u_1 \end{pmatrix} = 0, \tag{3.2.15}$$

其中, $F : X^{sa} \to X$ 是充分光滑的. 由 $(u_0, \lambda_0, \phi, \psi, v_\lambda)$ 的定义可知, 对 $x_0 = (u_0, \lambda_0, \phi, \psi, v_\lambda)$, 有 $F(x_0) = 0$. 在 x_0 处对 $F(x)$ 求导得

$$DF(x_0) = \begin{pmatrix} A & 0 & 0 & 0 \\ C & B & 0 & 0 \\ E & H & W & \end{pmatrix}. \tag{3.2.16}$$

其中

$$A := \begin{pmatrix} D_uG_0 + ((\psi, D_uDG_0(v_\lambda, 1)\cdot))\phi & D_\lambda G_0 + ((\psi, D_\lambda DG_0(v_\lambda, 1)\cdot))\phi \\ ((\psi, D_{uu}G_0 \cdot \phi)) & ((\psi, D_{u\lambda}G_0\phi)) \end{pmatrix}, \tag{3.2.17}$$

$$B = D_uG_0 + ((\phi, \cdot))\phi, \quad B^* = D_uG_0^* + ((\phi, \cdot))\phi, \quad C = (D_{uu}G_0 \cdot \phi, D_{u\lambda}G_0\phi)^{\mathrm{T}}, \tag{3.2.18}$$

$$E = \begin{pmatrix} D_{uu}G_0^* \cdot \psi & D_{u\lambda}G_0^*\psi \\ D_uDG_0(v_\lambda, 1) & D_\lambda DG_0(v_\lambda, 1) \end{pmatrix}, \tag{3.2.19}$$

$$H = [((\cdot, \psi))\phi, ((\cdot, v_\lambda))\phi]^{\mathrm{T}}, \tag{3.2.20}$$

$$W = \begin{pmatrix} B^* & 0 \\ 0 & B \end{pmatrix}. \tag{3.2.21}$$

$DF(x_0)$ 正则性的证明可参见文献 [34]. 这样就把 (3.1.30) 的对称破缺分歧点 (u_0, λ_0) 转化为扩充系统 (3.2.15) 的正则点 $x_0 = (u_0, \lambda_0, \phi, \psi, v_\lambda)$, 可以用牛顿法等经典算法数值求解. 由于 $DF(x_0)$ 具有分块下三角形式, 仿照 2.5 节的方法, 可以构造分块迭代法求解扩充系统 (3.2.15), 这里不再讨论.

3.3 对称破缺分歧点的谱 Galerkin 逼近

这部分将给出扩充系统 (3.2.15) 的谱 Galerkin 逼近系统, 进而求得 Navier-Stokes 方程 (3.1.30) 对称破缺分歧点的谱 Galerkin 逼近, 并且由 Stokes 算子的特征值给出谱逼近的误差估计.

由于 Stokes 算子 $\mathcal{A}$ 是 $D(\mathcal{A}) \subset H$ 中的自共轭紧算子[7,63], 其逆 $\mathcal{A}^{-1}$ 在 H 中也是紧的, 故存在完备正交特征函数系 $w_1, w_2, \cdots$, 相应的特征值为

$$0 < \lambda_1 < \lambda_2 < \lambda_3 < \cdots .$$

设谱 Galerkin 逼近子空间 $V_m = \mathrm{span}\{w_1, w_2, \cdots, w_m\}$, 定义投影算子 $P_m : V \to V_m$, $Q_m = I - P_m$. Navier-Stokes 方程 (3.1.30) 的谱 Galerkin 逼近为

$$G_m(u_m, \lambda, \varepsilon) := \lambda u_m + P_m T(u_m) = 0.$$

以下为方便起见, 定义 $G_m(u,\lambda)$ 在整个空间 $V \times R$ 上, 而它的解仍在 $V_m \times R$ 上, 否则可令 $G_m(u,\lambda) = G_m(P_m u, \lambda)$ 来满足此要求.

定义 $X_m = V_m \times R \times V_m \times V_m \times V_m$ 和 $X_m^{sa} = V_{sm} \times R \times V_{am} \times V_{am} \times V_{sm}$, 其中 $V_{sm} = \{u \in V_m, Su = u\}, V_{am} = \{u \in V_m, Su = -u\}$.

构造系统 (3.2.15) 的逼近系统如下

$$F_m(u, \lambda, u_1, u_2, u_3) = \begin{pmatrix} G_m + ((u_2, D_u G_m u_3 + D_\lambda G_m))u_1 \\ ((u_2, D_u G_m u_1)) \\ D_u G_m u_1 + \dfrac{1}{2}[((u_1, u_1)) - 1]u_1 \\ D_u G_m^* u_2 + [((u_1, u_2)) - 1]u_1 \\ D_u G_m u_3 + D_\lambda G_m + ((u_1, u_3))u_1 \end{pmatrix} = 0. \tag{3.3.1}$$

$F_m(x)$ 应定义在逼近空间 X_m^{sa} 上, 但为方便起见, 定义逼近方程 $F_m(x) = 0$ 在整个空间 X^{sa} 上, 而假设它的解仍在 X_m^{sa} 上, 否则可用

$$F_m(P_m x) = F_m(P_m u, \lambda, P_m u_1, P_m u_2, P_m u_3)$$

代替 $F_m(x)$ 来达到这种要求.

那么有下列结论.

引理 3.3.1　算子 $F(x)$ 和 $F_m(x)$ 是连续可微的, 并且存在 x_0 的某个邻域 U, 使得

$$\lim_{m\to\infty} \sup_{x\in U} \|D^j[F_m(x) - F(x)]\| = 0, \quad j = 0, 1.$$

证明　由于

$$\begin{aligned} \|F(x) - F_m(x)\|_X \leqslant & \|[T(u) - P_m T(u)]\| + \|((u_2, [DT - P_m DT]u_3))u_1\| \\ & + |((u_2, [DT - P_m DT]u_1))| + \|[DT - P_m DT]u_1\| \\ & + \|[DT^* - P_m DT^*]u_2\| + \|[DT - P_m DT]u_3\|, \end{aligned}$$

其中, $DT = T'(u) = D_u T(u)$.

选取 x_0 的某个邻域 U, 使得 $(u,\lambda)\in\mathcal{B}$, 利用 Hölder 不等式及引理 2.1.1, 可得

$$\lim_{m\to\infty}\sup_{x\in U}\|[F_m(x)-F(x)]\|_X=0.$$

如同计算 $DF(x)$ 一样, 可以计算 $DF_m(x)$, 同理可证 $j=1$ 的情形, 证毕.

下面给出逼近系统 (3.3.1) 解的存在性、唯一性和收敛性.

定理 3.3.1　若 (u_0,λ_0) 是 Navier-Stokes 方程 (3.1.30) 的对称破缺分歧点, 而且 $u_0\in(H^2(\Omega))^3\cap V_s$, ϕ、$\psi\in(H^2(\Omega))^3\cap V_a$, $v_\lambda\in(H^2(\Omega))^3\cap V_s$, 则存在 $m_0\in N$, 使当 $m>m_0$ 时, 存在 $x_0=(u_0,\lambda_0,\phi,\psi,v_\lambda)$ 的唯一谱 Galerkin 逼近 $x_0^m=(u_0^m,\lambda_0^m,\phi^m,\psi^m,v_\lambda^m)\in X^{sa}$, 满足 $F(x_0^m)=0$, 并且有如下误差估计

$$||u_0-u_0^m||+|\lambda_0-\lambda_0^m|\leqslant c_3\lambda_{m+1}^{-\frac{1}{2}},\tag{3.3.2}$$

$$|u_0-u_0^m|+|\lambda_0-\lambda_0^m|\leqslant c_4\lambda_{m+1}^{-1},\tag{3.3.3}$$

其中, $c_i(i=3,4)$ 是与 m 无关的常数.

证明　由文献 [34] 知, $x_0=(u_0,\lambda_0,\phi,\psi,v_\lambda)$ 是扩充系统 (3.2.15) 的非奇异解, 由引理 3.3.1 知, 引理 2.1.3 的条件 (2.1.12) 成立, 所以由引理 2.1.3, x_0^m 的存在性得证. 应用引理 2.1.3 的估计式 (2.1.13), 可推导出误差估计式 (3.3.2) 和 (3.3.3). 因为

$$\begin{aligned}||F_m(x_0)||_X=&||\lambda_0u_0+P_mT(u_0)+((\psi,\lambda_0v_\lambda+P_mDT_0v_\lambda+u_0))\phi||\\&+|((\psi,\lambda_0\phi+P_mDT_0\phi))|+||\lambda_0\phi+P_mDT_0\phi||\\&+||\lambda_0\psi+P_mDT_0^*\psi||+||\lambda_0v_\lambda+P_mDT_0v_\lambda+u_0||,\end{aligned}\tag{3.3.4}$$

由 $\lambda_0u_0+T(u_0)=0$, 所以有 $P_m\lambda_0u_0+P_mT(u_0)=0$, 因此有

$$\lambda_0u_0+P_mT(u_0)=\lambda_0[u_0-P_mu_0]=\lambda_0Q_mu_0.\tag{3.3.5}$$

类似地, 由 (3.1.31) 和 (3.1.32) 可得

$$\lambda_0\phi+P_mDT_0\phi=\lambda_0Q_m\phi,\tag{3.3.6}$$

$$\lambda_0\psi+P_mDT_0\psi=\lambda_0Q_m\psi,\tag{3.3.7}$$

由 (3.1.37) 有

$$\lambda_0v_\lambda+P_mDG_0v_\lambda+u_0=\lambda_0Q_mv_\lambda.\tag{3.3.8}$$

利用 Hölder 不等式, 把 (3.3.5) – (3.3.8) 代入 (3.3.4), 可得

$$||F_m(x_0)||_X\leqslant||\lambda_0u_0+P_mT(u_0)||+(||\psi||+1)||\lambda_0\phi+P_mDT_0\phi||$$

$$+ ||\lambda_0\psi + P_m DT_0^*\psi|| + (||\phi\psi|| + 1)||\lambda_0 v_\lambda + P_m DT_0 v_\lambda + u_0||$$

$$\leqslant |\lambda_0|||Q_m u_0|| + (||\psi|| + 1)|\lambda_0|||Q_m\phi|| + |\lambda_0|||Q_m\psi||$$

$$+ (||\phi\psi|| + 1)|\lambda_0|||Q_m v_\lambda||. \tag{3.3.9}$$

从估计式 (2.1.8)、(2.1.13) 和 (3.3.9), 得估计式 (3.3.2). 利用 H 的范数 $|\cdot|$ 和估计式 (2.1.9) 以及 (2.1.13), 同样可得估计式 (3.3.3). 证毕.

从而我们不但获得 Navier-Stokes 方程 (3.1.30) 的对称破缺分歧点 (u_0, λ_0) 的谱 Galerkin 逼近 (u_0^m, λ_0^m), 而且给出了相应的谱逼近的误差估计

$$||u_0 - u_0^m|| \leqslant c_3\lambda_{m+1}^{-\frac{1}{2}}, \quad |u_0 - u_0^m| \leqslant c_4\lambda_{m+1}^{-1}.$$

3.4 TB 点及其谱 Galerkin 逼近

$\forall u \in V$, 显然 $T'(u)$ 是 V 到 V 上的紧算子, D_uG_0 是 Fredholm 算子[34]. 在如下动力系统中

$$\frac{\mathrm{d}u}{\mathrm{d}t} = G(u, \lambda, \varepsilon), \tag{3.4.1}$$

考虑其定常解 $(u_0, \lambda_0, \varepsilon_0)$, 即

$$G(u_0, \lambda_0, \varepsilon_0) = 0. \tag{3.4.2}$$

如果存在从点 $(u_0, \lambda_0, \varepsilon_0)$ 分岔出的 Hopf 分支, 并且 0 是 D_uG_0 的特征值, 其代数重数为 2, 几何重数为 1, 我们称 $(u_0, \lambda_0, \varepsilon_0)$ 为 Navier-Stokes 方程 (3.1.30) 的 Takens-Bogdanov 点 (简称 TB 点)[36,70].

更精确地讲, 在 (3.1.31)—(3.1.35) 的条件下, 如果

$$\phi \in \mathrm{Range}(D_uG_0)(\Longleftrightarrow ((\phi, \psi)) = 0), \tag{3.4.3}$$

$$D_\lambda G_0 \notin \mathrm{Range}(D_uG_0), \tag{3.4.4}$$

我们称 $(u_0, \lambda_0, \varepsilon_0)$ 为 Navier-Stokes 方程 (3.1.30) 的 TB 点. 进一步如果

$$\omega = ((\psi, D_{uu}G_0\phi\phi)) \neq 0, \tag{3.4.5}$$

$(u_0, \lambda_0, \varepsilon_0)$ 也是简单二次转向点[70] . 在动力系统中, TB 点是 Hopf 分支与转向点分支的交点, 即 TB 点是转向点分支上退化的 Hopf 分歧点, 并且存在从 TB 点分岔出的 Hopf 分支, 因此 TB 点的信息对计算 Hopf 分支是非常重要的, 通常 TB 点是未知的并且是奇异点, 下面给出逼近 TB 点的有效方法.

由文献 [36], 在 (3.1.31), (3.1.32), (3.4.2) – (3.4.5) 的条件下, 则 Navier-Stokes 方程 (3.1.30) 存在二次转向点的解分支 $(u(\varepsilon),\lambda(\varepsilon),\varepsilon)(|\varepsilon-\varepsilon_0|\ll 1)$, 而且有 (3.1.31) 和 (3.1.32) 的延拓,

$$\ker(D_uG(u(\varepsilon),\lambda(\varepsilon),\varepsilon))=\text{span}\{\phi(\varepsilon)\},\quad ||\phi(\varepsilon)||=1, \tag{3.4.6}$$

$$\ker((D_uG(u(\varepsilon),\lambda(\varepsilon),\varepsilon)^*)=\text{span}\{\psi(\varepsilon)\},\quad ||\psi(\varepsilon)||=1, \tag{3.4.7}$$

仅考虑下列情况,

$$\delta=\frac{\mathrm{d}}{\mathrm{d}\varepsilon}((\psi(\varepsilon),\phi(\varepsilon)))|_{\varepsilon=\varepsilon_0}\neq 0. \tag{3.4.8}$$

下面构造 Navier-Stokes 方程 (3.1.30)TB 点的扩充系统.

定义 $X=V\times R^2\times V\times V$ 和 $X_m=V_m\times R^2\times V_m\times V_m$ 及范数

$$\|x\|_X=\|u\|+|\lambda|+|\varepsilon|+\|u_1\|+\|u_2\|,\quad \forall x=(u,\lambda,\varepsilon,u_1,u_2)\in X,$$

$$|x|_X=|u|+|\lambda|+|\varepsilon|+|u_1|+|u_2|,\quad \forall x=(u,\lambda,\varepsilon,u_1,u_2)\in X.$$

构造如下计算 TB 点的扩充系统 $F:X\to X$:

$$F(u,\lambda,\varepsilon,u_1,u_2)=\begin{pmatrix} G(u,\lambda,\varepsilon)\\ ((u_2,D_uGu_1))\\ D_uGu_1+\dfrac{1}{2}[((u_1,u_1))-1]u_2\\ D_uG^*u_2+\dfrac{1}{2}[((u_2,u_2))-1]u_1\\ ((u_1,u_2))\end{pmatrix}=0. \tag{3.4.9}$$

由 $(u_0,\lambda_0,\varepsilon_0),\phi,\psi$ 的定义, 对 $x_0=(u_0,\lambda_0,\varepsilon_0,\phi,\psi)$, 有

$$F(x_0)=0.$$

通过计算得

$$DF(x_0)=\begin{pmatrix} A & E & 0\\ C & S & L\\ 0 & 0 & N\end{pmatrix}, \tag{3.4.10}$$

其中

$$A:=\begin{pmatrix} D_uG_0 & D_\lambda G_0\\ ((\psi,D_{uu}G_0\phi\cdot)) & ((\psi,D_{u\lambda}G_0\phi))\end{pmatrix},\quad L:=\begin{pmatrix} B & 0\\ 0 & B^*\end{pmatrix}, \tag{3.4.11}$$

$$B := D_uG_0 + ((\phi,\cdot))\psi, \quad B^* := D_uG_0^* + ((\psi,\cdot))\phi, \quad N := \begin{pmatrix} ((\cdot,\psi)) & ((\phi,\cdot)) \end{pmatrix}, \tag{3.4.12}$$

$$C := \begin{pmatrix} D_{uu}G_0\phi & D_{u\lambda}G_0\phi \\ D_{uu}G_0^*\psi & D_{u\lambda}G_0^*\psi \end{pmatrix}, \quad E := \begin{pmatrix} D_\varepsilon G_0 \\ ((\psi, D_{u\varepsilon}G_0\phi)) \end{pmatrix}, \quad S := \begin{pmatrix} D_{u\varepsilon}G_0\phi \\ D_{u\varepsilon}G_0^*\psi \end{pmatrix}. \tag{3.4.13}$$

即把 (3.1.30) 的 TB 点转化为扩充系统 (3.4.9) 的正则点, 为证明扩充系统 (3.4.9) 在 $x_0 = (u_0, \lambda_0, \varepsilon_0, \phi, \psi)$ 的正则性, 首先给出如下两个引理.

引理 3.4.1　在 (3.1.31),(3.1.32),(3.4.2)—(3.4.5) 的条件下, 算子 A, B, B^*, L 是正则的.

证明　首先, 任给 $(w,\alpha) \in V \times R$, 考虑下列线性方程组

$$A\begin{pmatrix} w \\ \alpha \end{pmatrix} = \begin{pmatrix} D_uG_0w + D_\lambda G_0\alpha \\ ((\psi, D_{uu}G_0\phi w + D_{u\lambda}G_0\phi\alpha)) \end{pmatrix} = \vec{0}, \tag{3.4.14}$$

即

$$D_uG_0w + D_\lambda G_0\alpha = 0, \tag{3.4.15}$$

$$((\psi, D_{uu}G_0\phi w + D_{u\lambda}G_0\phi\alpha)) = 0. \tag{3.4.16}$$

将 (3.4.15) 两端用 ψ 做内积, 利用 (3.1.34) 和 (3.4.4) 得 $\alpha = 0$, 因此 $D_uG_0w = 0$, 即 $w = c\phi, c \in R$, 把 $w = c\phi, \alpha = 0$ 代入 (3.4.16) 可得 $((\psi, D_{uu}G_0\phi\phi))c = 0$, 由 (3.4.5) 推得 $c = 0$, 因此 $(w,\alpha) = (0,0)$ 是 (3.4.14) 的唯一解. 所以, 算子 A 是可逆的.

其次, 对任意的 $w \in V$, 考虑线性方程

$$Bw = D_uG_0w + ((\phi,w))\psi = 0, \tag{3.4.17}$$

用 ψ 做内积得 $((\phi,w)) = 0$, 所以 $D_uG_0w = 0$, 即 $w = c\phi$, 所以有 $c = 0$, 因此 $w = 0$ 是 (3.4.17) 的唯一解, 所以 B 是可逆的. 类似可证 B^* 也是可逆的, 因此, L 是可逆的. 证毕.

引理 3.4.2　在引理 3.4.1 的条件下, 有

$$\gamma = -[\psi,\phi]L^{-1}\left[-CA^{-1}E + S\right] = \delta, \tag{3.4.18}$$

其中, δ 由 (3.4.8) 定义.

证明　按文献 [37], 在 (3.1.30) 的简单转向点 $(u_0, \lambda_0, \varepsilon_0)$ 的解分支 $(u(\varepsilon), \lambda(\varepsilon), \varepsilon)$ 上成立

$$G(u(\varepsilon), \lambda(\varepsilon), \varepsilon) = 0,$$

$$D_uG(u(\varepsilon),\lambda(\varepsilon),\varepsilon)\phi(\varepsilon)=0,$$

$$D_uG(u(\varepsilon),\lambda(\varepsilon),\varepsilon)^*\psi(\varepsilon)=0,$$

$$((\phi(\varepsilon),\phi(\varepsilon)))-1=((\psi(\varepsilon),\psi(\varepsilon)))-1=0,$$

其中, $\phi(\varepsilon),\psi(\varepsilon)$ 由 (3.4.6) 和 (3.4.7) 来定义, 在 $\varepsilon=\varepsilon_0$ 关于 ε 求导得

$$\begin{cases}\text{a)}\quad D_uG_0\dot{u}_0+D_\lambda G_0\dot{\lambda}_0+D_\varepsilon G_0=0,\\ \text{b)}\quad D_{uu}G_0\phi\dot{u}_0+D_{u\lambda}G_0\phi\dot{\lambda}_0+D_{u\varepsilon}G_0\phi+D_uG_0\dot{\phi}_0=0,\\ \text{c)}\quad D_{uu}G_0^*\psi\dot{u}_0+D_{u\lambda}G_0^*\psi\dot{\lambda}_0+D_{u\varepsilon}G_0^*\psi+D_uG_0^*\dot{\psi}_0=0,\\ \text{d)}\quad ((\phi,\dot{\phi}_0))=((\psi,\dot{\psi}_0))=0,\end{cases}\tag{3.4.19}$$

其中, $\dot{\phi}_0=\dot{\phi}(\varepsilon_0);\dot{\psi}_0=\dot{\psi}(\varepsilon_0)$.

由 (3.4.19 b)) 和 (3.1.34), 有 $((\psi,D_{uu}G_0\phi\dot{u}_0+D_{u\lambda}G_0\phi\dot{\lambda}_0+D_{u\varepsilon}G_0\phi))=0$, 结合 (3.4.19 a)) 可得

$$\begin{pmatrix}\dot{u}_0\\ \dot{\lambda}_0\end{pmatrix}=-A^{-1}\begin{pmatrix}D_\varepsilon G_0\\ ((\psi,D_{u\varepsilon}G_0\phi))\end{pmatrix},\tag{3.4.20}$$

把 (3.4.20) 代入 (3.4.18) 中, 得

$$\gamma=-[\psi,\phi]\begin{pmatrix}B^{-1}&0\\ 0&(B^*)^{-1}\end{pmatrix}\left(C\begin{pmatrix}\dot{u}_0\\ \dot{\lambda}_0\end{pmatrix}+\begin{pmatrix}D_{u\varepsilon}G_0\phi\\ D_{u\varepsilon}G_0^*\psi\end{pmatrix}\right).$$

从 (3.4.19 b)) 和 (3.4.19 c)) 可得

$$\gamma=-[\psi,\phi]\begin{pmatrix}B^{-1}&0\\ 0&(B^*)^{-1}\end{pmatrix}\begin{pmatrix}D_uG_0\dot{\phi}_0\\ D_uG_0^*\dot{\psi}_0\end{pmatrix},$$

由于 $D_uG_0=B-((\phi,\cdot))\psi$, $D_uG_0^*=B^*-((\psi,\cdot))\phi$ 以及 (3.4.19d), 推得

$$\begin{aligned}\gamma&=((\psi,B^{-1}D_uG_0\dot{\phi}_0))+((\phi,(B^*)^{-1}D_uG_0^*\dot{\psi}_0))\\ &=((\psi,\dot{\phi}_0))+((\phi,\dot{\psi}_0))=\frac{\mathrm{d}}{\mathrm{d}\varepsilon}((\psi(\varepsilon),\phi(\varepsilon)))|_{\varepsilon=\varepsilon_0}=\delta.\end{aligned}\tag{3.4.21}$$

证毕.

利用引理 3.4.1 和引理 3.4.2, 下面证明 $DF(x_0)$ 的正则性.

定理 3.4.1　如果引理 3.4.1 条件成立, 则算子 $DF(x_0)$ 是正则的 (非奇异的).

证明 对任意的 $y=(w,\alpha,\beta,w_1,w_2)\in X$, 考虑线性方程组 $DF(x_0)y=0$, 即

$$\begin{cases}\text{a)} & D_uG_0w+D_\lambda G_0\alpha+D_\varepsilon G_0\beta=0,\\ \text{b)} & ((\psi,D_{uu}G_0\phi w+D_{u\lambda}G_0\phi\alpha+D_{u\varepsilon}G_0\phi\beta))=0,\\ \text{c)} & D_{uu}G_0\phi w+D_{u\lambda}G_0\phi\alpha+D_{u\varepsilon}G_0\phi\beta+D_uG_0w_1+((\phi,w_1))\psi=0,\\ \text{d)} & D_{uu}G_0^*\psi w+D_{u\lambda}G_0^*\psi\alpha+D_{u\varepsilon}G_0^*\psi\beta+D_uG_0^*w_2+((\psi,w_2))\phi=0,\\ \text{e)} & ((\psi,w_1))+((\phi,w_2))=0.\end{cases}\tag{3.4.22}$$

根据引理 3.4.1, 方程组 (3.4.22) 可以进行如下分块并求解

$$\begin{pmatrix}w\\ \alpha\end{pmatrix}=-A^{-1}\begin{pmatrix}D_\varepsilon G_0\\ ((\psi,D_{u\varepsilon}G_0\phi))\end{pmatrix}\beta,\tag{3.4.23}$$

$$\begin{pmatrix}w_1\\ w_2\end{pmatrix}=-L^{-1}\left(-CA^{-1}E+S\right)\beta.\tag{3.4.24}$$

把 (3.4.24) 代入 (3.4.22 e) 中得

$$\gamma\beta=0,\tag{3.4.25}$$

其中

$$\gamma=-(\psi,\phi)L^{-1}\left(-CA^{-1}E+S\right).$$

根据引理 3.4.2 和 (3.4.8), 有 $\gamma\neq 0$, 因此 $\beta=0$, 并且 $w_1=w_2=w=0,\alpha=0$, 即方程组 (3.4.22) 只有零解, 所以 $DF(x_0)$ 是可逆的, 证毕.

下面构造 TB 点扩充系统的谱 Galerkin 逼近系统, 从而求得 Navier-Stokes 方程 (3.1.30)TB 点的谱 Galerkin 逼近, 而且由 $\lambda_{m+1}^{-\frac{1}{2}}$ 和 λ_{m+1}^{-1} 给出谱逼近的误差估计.

由于 (3.1.30) 和 (3.4.9) 是无穷维问题, 因此构造的 TB 点扩充系统 (3.4.9) 的谱 Galerkin 逼近系统如下:

$$F_m(u,\lambda,\varepsilon,u_1,u_2)=\begin{pmatrix}G_m(u,\lambda,\varepsilon)\\ ((u_2,D_uG_mu_1))\\ D_uG_mu_1+\dfrac{1}{2}[((u_1,u_1))-1]u_2\\ D_uG_m^*u_2+\dfrac{1}{2}[((u_2,u_2))-1]u_1\\ ((u_1,u_2))\end{pmatrix}=0,\tag{3.4.26}$$

为简单起见, 在整个空间 X 上考虑逼近问题 $F_m(u,\lambda,\varepsilon,u_1,u_2)=0$, 而其解仍在 X_m 上.

下列定理表明用逼近系统 (3.4.26) 逼近扩充系统 (3.4.9) 正则点 $(u_0,\lambda_0,\varepsilon_0,\phi,\psi)$, 从而获得 TB 点 $(u_0,\lambda_0,\varepsilon_0)$ 的谱 Galerkin 逼近的存在性、唯一性和收敛性.

定理 3.4.2　若 $(u_0,\lambda_0,\varepsilon_0)$ 是 Navier-Stokes 方程 (3.1.30) 的 TB 点, 而且

$$u_0\in(H^2(\Omega))^3\cap V,\quad \phi,\psi\in(H^2(\Omega))^3\cap V,$$

假设 $\|DF(x_0)^{-1}\|\leqslant M$, 那么有正整数 m_0 和 $a>0$, 使当 $m>m_0$, 存在唯一的 $x_0^m=(u_0^m,\lambda_0^m,\varepsilon_0^m,\phi^m,\psi^m)\in X$, 满足

1) $F_m(u_0^m,\lambda_0^m,\varepsilon_0^m,\phi^m,\psi^m)=0$,

2) $||(u_0^m,\lambda_0^m,\varepsilon_0^m,\phi^m,\psi^m)-(u_0,\lambda_0,\varepsilon_0,\phi,\psi)||_X<a$,
$|(u_0^m,\lambda_0^m,\varepsilon_0^m,\phi^m,\psi^m)-(u_0,\lambda_0,\varepsilon_0,\phi,\psi)|_X<a$,

并且有如下误差估计

$$||u_0-u_0^m||+|\lambda_0-\lambda_0^m|+|\varepsilon_0-\varepsilon_0^m|+||\phi-\phi^m||+||\psi-\psi^m||\leqslant c_1\lambda_{m+1}^{-\frac{1}{2}},\tag{3.4.27}$$

$$|u_0-u_0^m|+|\lambda_0-\lambda_0^m|+|\varepsilon_0-\varepsilon_0^m|+|\phi-\phi^m|+|\psi-\psi^m|\leqslant c_2\lambda_{m+1}^{-1},\tag{3.4.28}$$

其中, $c_i(i=1,2)$ 是与 m 无关的常数.

证明　由定理 3.4.1 可知, $x_0=(u_0,\lambda_0,\varepsilon_0,\phi,\psi)$ 是扩充系统 (3.4.9) 的非奇异解, 类似于引理 2.1.1, 有 $G_m(u,\lambda,\varepsilon)$ 是 $G(u,\lambda,\varepsilon)$ 的逼近, 从而 $F_m(x)$ 是 $F(x)$ 的逼近, 由引理 2.1.3, 得证 x_0^m 的存在性.

下面推导误差估计 (3.4.27) 和 (3.4.28), 由于

$$\begin{aligned}||F_m(x_0)||_X=&||\lambda_0u_0+P_mT(u_0)||\\&+|((\psi,\lambda_0\phi+P_mDT_0\phi))|+||\lambda_0\phi+P_mDT_0\phi||\\&+||\lambda_0\psi+P_mDT_0^*\psi||,\end{aligned}\tag{3.4.29}$$

根据 $\lambda_0u_0+T(u_0)=0$, 有 $P_m\lambda_0u_0+P_mT(u_0)=0$, 所以

$$\lambda_0u_0+P_mT(u_0)=\lambda_0[u_0-P_mu_0]=\lambda_0Q_mu_0.\tag{3.4.30}$$

类似地, 从 (3.1.31) 和 (3.1.32) 可得

$$\lambda_0\phi+P_mDT_0\phi=\lambda_0Q_m\phi,\tag{3.4.31}$$

$$\lambda_0\psi+P_mDT_0\psi=\lambda_0Q_m\psi.\tag{3.4.32}$$

利用 Hölder 不等式, 把 (3.4.30)—(3.4.32) 代入 (3.4.29), 有

$$
\begin{aligned}
\|F_m(x_0)\|_X &\leqslant \|\lambda_0 u_0 + P_m T(u_0)\| + (\|\psi\|+1)\|\lambda_0\phi + P_m DT_0\phi\| \\
&\quad + \|\lambda_0\psi + P_m DT_0^*\psi\| \\
&\leqslant |\lambda_0|\|Q_m u_0\| + (\|\psi\|+1)|\lambda_0|\|Q_m\phi\| + |\lambda_0|\|Q_m\psi\|. \quad (3.4.33)
\end{aligned}
$$

从估计式 (2.1.8)、(2.1.13) 和 (3.4.33), 得估计式 (3.4.27). 利用 H 上范数 $|\cdot|$ 和估计式 (2.1.9) 及 (2.1.13) , 同理可得 (3.4.28), 证毕.

因此, 我们不但获得了 Navier-Stokes 方程 TB 点 $(u_0,\lambda_0,\varepsilon_0)$ 的谱 Galerkin 逼近 $(u_0^m,\lambda_0^m,\varepsilon_0^m)$, 而且给出了相应的误差估计

$$
\|u_0-u_0^m\| + |\lambda_0-\lambda_0^m| + |\varepsilon_0-\varepsilon_0^m| \leqslant c_1\lambda_{m+1}^{-\frac{1}{2}},
$$

$$
|u_0-u_0^m| + |\lambda_0-\lambda_0^m| + |\varepsilon_0-\varepsilon_0^m| \leqslant c_2\lambda_{m+1}^{-1}.
$$

3.5 求 TB 点扩充系统正则解的分块迭代方法

A^{-1} 可以显式计算, 为此引入如下两个引理.

引理 3.5.1 设 $\omega \neq 0$ 算子 $M := D_uG_0 + \psi((\psi, D_{uu}G_0\phi\cdot))$ 是非奇异的, 并且

$$
M^{-1} = [I - \beta_1\phi((\psi, D_{uu}G_0\phi\cdot)) - ((\phi,\cdot))]B^{-1}, \tag{3.5.1}
$$

其中, $\beta_1 = \omega^{-1}$; B 由 (3.4.12) 给出.

证明 首先令

$$
My := (D_uG_0 + \psi((\psi, D_{uu}G_0\phi\cdot)))y = 0, \tag{3.5.2}
$$

和 ψ 做内积后, 利用 (3.1.34) 得

$$
((\psi, D_{uu}G_0\phi y)) = 0, \tag{3.5.3}
$$

将 (3.5.3) 代入 (3.5.2) 得 $D_uG_0y = 0$, 从而 $y = c\phi$, 由 (3.5.3) 得

$$
c((\psi, D_{uu}G_0\phi\phi)) = c\beta_1^{-1} = 0,
$$

所以 $c = 0$, 即 $y = 0$. 这就推出方程 (3.5.2) 只有唯一解 $y = 0$, 所以 M 是非奇异的.

为了得到 M^{-1} 的显式, 令

$$
V^{\mathrm{T}} = ((\psi, D_{uu}G_0\phi\cdot)) - ((\phi,\cdot)), \tag{3.5.4}
$$

另外

$$B\phi = D_u G_0 \phi + \psi((\phi, \phi)) = \psi, \quad \phi = B^{-1}\psi, \tag{3.5.5}$$

因而

$$V^{\mathrm{T}} B^{-1}\psi = V^{\mathrm{T}}\phi = ((\psi, D_{uu}G_0\phi\phi)) - 1 = \omega - 1 \neq -1. \tag{3.5.6}$$

由 Sherman-Morrison 公式, 有

$$(B + \psi V^{\mathrm{T}})^{-1} = \left(I - \frac{B^{-1}\psi V^{\mathrm{T}}}{1 + V^{\mathrm{T}}B^{-1}\psi}\right)B^{-1}.$$

但是

$$\begin{aligned} B + \psi V^{\mathrm{T}} &= D_u G_0 + \psi((\phi, \cdot)) + \psi((\psi, D_{uu}G_0\phi\cdot)) - \psi((\phi, \cdot)) \\ &= D_u G_0 + \psi((\psi, D_{uu}G_0\phi\cdot)) = M, \end{aligned}$$

由 (3.5.5) 和 (3.5.6) 有

$$B^{-1}\psi V^{\mathrm{T}} = \phi V^{\mathrm{T}} = \phi[((\psi, D_{uu}G_0\phi\cdot)) - ((\phi, \cdot))],$$

$$1 + V^{\mathrm{T}}B^{-1}\psi = \beta_1^{-1}.$$

综合以上各式就得到 (3.5.1). 证毕.

引理 3.5.2

$$A^{-1} = \begin{pmatrix} \hat{a}_{11} & \beta_1\phi \\ \beta_2\psi^{\mathrm{T}} & 0 \end{pmatrix}, \tag{3.5.7}$$

其中

$$\beta_2 = \frac{1}{((\psi, D_\lambda G_0))},$$

$$\hat{a}_{11} = [I - \beta_1\phi(((\psi, D_{uu}G_0\phi\cdot)) - ((\phi, \cdot)))]B^{-1}[I - \beta_2 D_\lambda G_0\psi^{\mathrm{T}} - \beta_2\beta_3\psi\psi^{\mathrm{T}}],$$

$$\beta_3 = ((\psi, D_{u\lambda}G_0\phi)).$$

证明　由引理 3.4.1 知 A^{-1} 可逆, 可令

$$A^{-1} = \begin{pmatrix} \hat{a}_{11} & \hat{a}_{12} \\ \hat{a}_{21} & \hat{a}_{22} \end{pmatrix},$$

由 $AA^{-1} = \begin{pmatrix} I & 0 \\ 0 & 1 \end{pmatrix}$, 推出

$$D_u G_0 \hat{a}_{11} + D_\lambda G_0 \hat{a}_{21} = I, \tag{3.5.8}$$

$$((\psi, D_{uu}G_0\phi\hat{a}_{11})) + ((\psi, D_{u\lambda}G_0\phi))\hat{a}_{21} = 0, \tag{3.5.9}$$

$$D_uG_0\hat{a}_{12} + D_\lambda G_0\hat{a}_{22} = 0, \tag{3.5.10}$$

$$((\psi, D_{uu}G_0\phi\hat{a}_{12})) + ((\psi, D_{u\lambda}G_0\phi))\hat{a}_{22} = 1. \tag{3.5.11}$$

对 (3.5.10) 两边和 ψ 做内积得

$$((\psi, D_\lambda G_0))\hat{a}_{22} = \beta_2^{-1}\hat{a}_{22} = 0,$$

由 (3.4.4) 得到 $\hat{a}_{22} = 0$, 将它代入 (3.5.10) 得 $D_uG_0\hat{a}_{12} = 0$, 所以有 $\hat{a}_{12} = c\phi$, c 为任意常数, 由 (3.5.11) 得 $((\psi, D_{uu}G_0\phi\phi))c + 0 = 1$, 即 $c = \beta_1$, 因而

$$\hat{a}_{12} = \beta_1\phi. \tag{3.5.12}$$

在 (3.5.8) 两边和 ψ 做内积得 $((\psi, D_\lambda G_0))\hat{a}_{21} = \psi^{\mathrm{T}}$, 所以

$$\hat{a}_{21} = \beta_2\psi^{\mathrm{T}}. \tag{3.5.13}$$

将 (3.5.13) 代入 (3.5.8) 和 (3.5.9) 中得

$$D_uG_0\hat{a}_{11} = I - D_\lambda G_0\psi^{\mathrm{T}}\beta_2, \tag{3.5.14}$$

$$((\psi, D_{uu}G_0\phi\hat{a}_{11})) = -\beta_2((\psi, D_{u\lambda}G_0\phi))\psi^{\mathrm{T}} = -\beta_2\beta_3\psi^{\mathrm{T}}, \tag{3.5.15}$$

将 (3.5.15) 和 ψ 做内积并和 (3.5.14) 相加得

$$(D_uG_0 + \psi((\psi, D_{uu}G_0\phi\cdot)))\hat{a}_{11} = I - \beta_2 D_\lambda G_0\psi^{\mathrm{T}} - \beta_2\beta_3\psi\psi^{\mathrm{T}}, \tag{3.5.16}$$

即

$$\begin{aligned} &M\hat{a}_{11} = I - \beta_2 D_\lambda G_0\psi^{\mathrm{T}} - \beta_2\beta_3\psi\psi^{\mathrm{T}}, \\ &\hat{a}_{11} = M^{-1}(I - \beta_2 D_\lambda G_0\psi^{\mathrm{T}} - \beta_2\beta_3\psi\psi^{\mathrm{T}}). \end{aligned} \tag{3.5.17}$$

联合 (3.5.17) 和 (3.5.1) 就证明了引理的结论. 证毕.

由于 $x_0 = (u_0, \lambda_0, \varepsilon_0, \phi, \psi)$ 是 (3.4.9) 的非奇异解, 所以在它的邻域内可以用牛顿法近似求解. 由于 (3.4.10) 中的 DF_0 是块状的, 因此引入下列拟牛顿法, 可以减少计算量.

设 $x^0 = (u^0, \lambda^0, \varepsilon^0, u_1^0, u_2^0)$ 是 x_0 邻域内一个初始点, 对 $k = 0, 1, \cdots$, 做

$$\begin{aligned} &D(x^k)\Delta x = -F(x^k), \\ &x^{k+1} = x^k + \Delta x. \end{aligned} \tag{3.5.18}$$

其中

$$D(x^k)=\begin{pmatrix} A_1^k & E^k & 0 \\ C^k & S^k & L^k \\ 0 & 0 & N^k \end{pmatrix}, \tag{3.5.19}$$

$$A^k:=\begin{pmatrix} D_uG^k & D_\lambda G^k \\ ((u_2^k,D_{uu}G^ku_1^k\cdot)) & ((u_2^k,D_{u\lambda}G^ku_1^k)) \end{pmatrix},\quad L^k:=\begin{pmatrix} B^k & 0 \\ 0 & B^{k*} \end{pmatrix},$$

$$B^k:=D_uG^k+((u_1^k,\cdot))u_2^k,\ \ B^{k*}:=D_uG^{k*}+((u_2^k,\cdot))u_1^k,\ \ N^k:=\begin{pmatrix}((\cdot,u_2^k)) & ((u_1^k,\cdot))\end{pmatrix},$$

$$C^k:=\begin{pmatrix} D_{uu}G^ku_1^k & D_{u\lambda}G^ku_1^k \\ D_{uu}G^{k*}u_2^k & D_{u\lambda}G^{k*}u_2^k \end{pmatrix},\ E^k:=\begin{pmatrix} D_\varepsilon G^k \\ ((u_2^k,D_{u\varepsilon}G_0u_1^k)) \end{pmatrix},\ S^k:=\begin{pmatrix} D_{u\varepsilon}G^ku_1^k \\ D_{u\varepsilon}G^{k*}u_2^k \end{pmatrix}.$$

记 $F^k=(f_1^k,\cdots,f_5^k)$, $(A^k)^{-1}=\begin{pmatrix} \hat{a}_{11}^k & \beta_1^ku_1^k \\ \beta_2^ku_2^k & 0 \end{pmatrix}$,

$$\hat{a}_{11}^k=[I-\beta_1^ku_1^k(u_2^{k\mathrm{T}}D_{uu}G^ku_1^k-u_1^{k\mathrm{T}})(B^k)^{-1}](I-\beta_2^kD_\lambda G^ku_2^{k\mathrm{T}}-\beta_2^k\beta_3^ku_2^ku_2^{k\mathrm{T}}),$$

其中

$$\beta_1^k=(u_2^{k\mathrm{T}}D_{uu}G^ku_1^ku_1^k)^{-1},\quad \beta_2^k=(u_2^{k\mathrm{T}}D_\lambda G^k)^{-1},\quad \beta_3^k=u_2^{k\mathrm{T}}D_{u\lambda}G^ku_1^k.$$

则方程组 (3.5.18) 可以改写为

$$\begin{aligned} &A^k\begin{pmatrix}\Delta u\\ \Delta\lambda\end{pmatrix}+E^k\Delta\varepsilon=-\begin{pmatrix}f_1^k\\ f_2^k\end{pmatrix},\\ &C^k\begin{pmatrix}\Delta u\\ \Delta\lambda\end{pmatrix}+S^k\Delta\varepsilon+\begin{pmatrix}B^k & 0\\ 0 & (B^k)^{\mathrm{T}}\end{pmatrix}\begin{pmatrix}\Delta u_1\\ \Delta u_2\end{pmatrix}=-\begin{pmatrix}f_3^k\\ f_4^k\end{pmatrix},\\ &(u_2^{k\mathrm{T}},u_1^{k\mathrm{T}})\begin{pmatrix}\Delta u_1\\ \Delta u_2\end{pmatrix}=-f_5^k. \end{aligned} \tag{3.5.20}$$

根据引理 3.4.1 和 F 的光滑性, 矩阵 A^k、B^k 在 x_0 邻域内是可逆的, 如此 (3.5.20) 可以直接求解,

$$\Delta\varepsilon=(\gamma^k)^{-1}\left\{f_5^k+\begin{pmatrix}u_2^k\\ u_1^k\end{pmatrix}^{\mathrm{T}}\begin{pmatrix}B^k & 0\\ 0 & (B^k)^{\mathrm{T}}\end{pmatrix}^{-1}\left(-\begin{pmatrix}f_3^k\\ f_4^k\end{pmatrix}+C^k(A^k)^{-1}\begin{pmatrix}f_1^k\\ f_2^k\end{pmatrix}\right)\right\}, \tag{3.5.21}$$

其中

$$\gamma^k = \begin{pmatrix} u_2^k \\ u_1^k \end{pmatrix}^{\mathrm{T}} \begin{pmatrix} B^k & 0 \\ 0 & (B^k)^{\mathrm{T}} \end{pmatrix}^{-1} (-C^k(A^k)^{-1}E^k + S^k),$$

以及

$$\begin{pmatrix} \Delta u \\ \Delta \lambda \end{pmatrix} = -(A^k)^{-1}\left(\begin{pmatrix} f_1^k \\ f_2^k \end{pmatrix} + M^k\Delta\varepsilon\right), \tag{3.5.22}$$

$$\begin{pmatrix} \Delta u_1 \\ \Delta u_2 \end{pmatrix} = -\begin{pmatrix} B^k & 0 \\ 0 & (B^k)^{\mathrm{T}} \end{pmatrix}\left(\begin{pmatrix} f_3^k \\ f_4^k \end{pmatrix} - C^k(A^k)^{-1}\begin{pmatrix} f_1^k \\ f_2^k \end{pmatrix} + (-C^k(A^k)^{-1}M^k + N^k)\Delta\varepsilon\right). \tag{3.5.23}$$

为了证明算法的收敛性, 注意到

$$x^{k+1} = x^k - D(x^k)^{-1}F(x^k), \quad k = 0, 1, \cdots. \tag{3.5.24}$$

定理 3.5.1 设 x^0 在 x_0 的充分小邻域内, 那么迭代法 (3.5.24) 二次收敛于 x_0.

证明 定义映射 $\Psi : X \to X$

$$\Psi(x) = x - D(x)^{-1}F(x), \quad x \in X.$$

显然 $F \in C^m$, 则 $\Psi \in C^{m-2}$, 并且

$$\Psi(x_0) = x_0, \quad D\Psi(x_0) = 0.$$

由 Taylor 公式

$$\Psi(y) - x_0 = \Psi(y) - \Psi(x_0) = \frac{1}{2}\int_0^1 D^2\Psi(x_0 + t(y - x_0))(y - x_0)^2 \mathrm{d}t,$$

那么迭代法 (3.5.24) 二次收敛性可以从关于 Ψ 的不动点定理得到. 证毕.

3.6 流函数-涡度方程

这一节介绍球坐标下的流函数-涡度方程, 以及边界条件的齐次化. 引入记号

(r,ϕ,θ),　　球坐标,

R_1, R_2,　　内、外球的半径,

ω_1, ω_2,　　内、外球的角速度,

$\omega = \dfrac{\omega_2}{\omega_1}$,

$\eta = \dfrac{R_2}{R_1}$,

$\sigma = \dfrac{R_2 - R_1}{R_1}$,　　间隙比,

$Re = \dfrac{\omega_1 R_1^2}{v}$,　　雷诺数,

ψ, ζ,　　流函数和涡函数,

$u = (u_r, u_\phi, u_\theta), p$,　　流体速度及压力的物理分量.

考察原始变量的 Navier-Stokes 方程

$$\frac{\partial u}{\partial t} + (u\cdot\nabla)u + \nabla p - \frac{1}{Re}\nabla^2 u = 0, \tag{3.6.1}$$

$$\nabla\cdot u = 0, \tag{3.6.2}$$

边界条件为

$$u|_{r=1} = \sin\theta\vec{e}_\phi, \quad u|_{r=\eta} = \sin\theta\vec{e}_\phi,$$

其中, $\vec{e}_r$、$\vec{e}_\phi$、$\vec{e}_\theta$ 是球坐标的局部标架. 由恒等式

$$\frac{1}{2}\mathrm{grad}|u|^2 = u\times(\nabla\times u) + (u\cdot\nabla)u,$$

(3.6.1) 可以写为

$$\frac{\partial u}{\partial t} - u\times(\nabla\times u) + \nabla\left(p + \frac{1}{2}|u|^2\right) - \frac{1}{Re}\nabla^2 u = 0,$$

上式两边取旋度, 记 $\zeta = \nabla\times u$, 得

$$\frac{\partial\zeta}{\partial t} - \nabla(u\times(\nabla\times u)) - \frac{1}{Re}\nabla\times(\nabla^2 u) = 0. \tag{3.6.3}$$

上面两式分别和 $\vec{e}_\phi$ 做内积, 并假设流动是轴对称的, 可得

$$\frac{\partial u_\phi}{\partial t} - (u\times\zeta)\cdot\vec{e}_\phi - \frac{1}{Re}\nabla^2 u\cdot\vec{e}_\phi = 0, \tag{3.6.4}$$

$$\frac{\partial\zeta_\phi}{\partial t} - \nabla\times(u\times\zeta)\cdot\vec{e}_\phi - \frac{1}{Re}\nabla\times(\nabla^2 u)\cdot\vec{e}_\phi = 0. \tag{3.6.5}$$

引入流函数 ψ

$$u_r = \frac{1}{r^2\sin\theta}\cdot\frac{\partial}{\partial\theta}(r\sin\theta\psi),\quad u_\theta = \frac{-1}{r\sin\theta}\cdot\frac{\partial}{\partial r}(r\sin\theta\psi),\tag{3.6.6}$$

易知由 (3.6.6) 定义的 u_r, u_θ 满足连续方程 (3.1.2), 经简单计算可得

$$\zeta_r = \frac{-1}{r^2\sin\theta}\cdot\frac{\partial}{\partial\theta}(r\sin\theta u_\psi),\quad \zeta_\theta = \frac{1}{r\sin\theta}\cdot\frac{\partial}{\partial r}(r\sin\theta u_\psi),\quad \zeta_\phi = L^2\psi,\tag{3.6.7}$$

其中

$$L^2 = \frac{\partial^2}{\partial r^2}(r\cdot) + \frac{1}{r^2}\cdot\frac{\partial}{\partial\theta}\left(\frac{1}{\sin\theta}\cdot\frac{\partial}{\partial\theta}(\sin\theta\cdot)\right).$$

将 (3.6.6) 和 (3.6.7) 代入方程 (3.6.4) 和 (3.6.5), 得到轴对称情况下 Navier-Stokes 方程的流函数-涡度形式

$$\frac{\partial u_\phi}{\partial t} - \frac{1}{Re}L^2u_\phi + \frac{1}{r^3\sin^2\phi}\cdot\frac{\partial(r\sin\theta u_\phi, r\sin\theta\psi)}{\partial(r,\theta)} = 0,\tag{3.6.8}$$

$$\frac{\partial L^2\psi}{\partial t} - \frac{1}{Re}L^4\psi + \frac{1}{r^3\sin^2\theta}\cdot\frac{\partial(r\sin\theta L^2\psi, r\sin\theta\psi)}{\partial(r,\theta)} + 2u_\phi Nu_\phi + 2L^2\psi\cdot N\psi = 0,\tag{3.6.9}$$

其中

$$N = \frac{\cot\theta}{r}\cdot\frac{\partial}{\partial r} - \frac{1}{r^2}\cdot\frac{\partial}{\partial\theta},$$

边界条件则化为

$$\begin{cases} u_\phi|_{r=1} = \sin\theta, \quad u_\phi|_{r=\eta}\omega\sin\theta, \\ \psi|_{r=1} = \psi|_{r=\eta} = \dfrac{\partial\psi}{\partial r}|_{r=1} = \dfrac{\partial\psi}{\partial\eta}|_{r=\eta} = 0, \\ \psi|_{\theta=0} = \psi_{\theta=\pi} = 0. \end{cases}\tag{3.6.10}$$

为了将边界条件齐次化, 引入 Stokes 流 u,

$$u^* = u_\phi^*\vec{e}_\phi,\quad u_\phi^* = (\alpha r + \beta r^{-2})\sin\theta,$$

其中

$$\alpha = (\eta^3\omega - 1)/(\eta^3 - 1),\quad \beta = \eta^3(1-\omega)/(\eta^3-1).$$

设 $u_\phi = U + u_\phi^*$, 容易验证 u_ϕ^* 满足边界条件

$$u_\phi^*|_{r=1} = \sin\theta,\quad u_\phi^*|_{r=\eta}\omega\sin\theta,$$

且 $L^2u_\phi^* = 0$, 这样得到 U 和 ϕ 的方程

$$\frac{\partial U}{\partial t} + \frac{1}{r^3\sin^2\theta}\cdot\frac{\partial(r\sin\theta U, r\sin\theta\psi)}{\partial(r,\theta)} + \frac{1}{r^3\sin^2\theta}\cdot\frac{\partial(r\sin\theta u_\phi^*, r\sin\theta\psi)}{\partial(r,\theta)} - \frac{1}{Re}L^2U = 0,\tag{3.6.11}$$

$$\frac{\partial \zeta_\phi}{\partial t}+\frac{1}{r^3\sin^2\theta}\cdot\frac{\partial(r\sin\theta\zeta_\phi,r\sin\theta\psi)}{\partial(r,\theta)}+2(U+u_\phi^*)N(U+u_\phi^*)+2\zeta_\phi N_\psi-\frac{1}{Re}L^2\zeta_\phi=0, \tag{3.6.12}$$

$$L^2\psi=\zeta_\phi \tag{3.6.13}$$

及边界条件

$$U|_{r=1}U|_{r=\eta}=0,\quad \psi|_{r=1}=\left.\frac{\partial\psi}{\partial r}\right|_{r=1}=\psi|_{r=\eta}=\left.\frac{\partial\psi}{\partial r}\right|_{r=\eta}=0. \tag{3.6.14}$$

3.7　Stokes 算子的特征值和特征函数

这一节分为三个小节. 3.7.1 节, 介绍 Legendre 多项式及球 Bessel 函数；3.7.2 节, 给出球间隙区域 $\Omega=\{(r,\psi,\theta);1\leqslant r\leqslant\eta,0\leqslant\phi\leqslant 2\pi,0\leqslant\theta\leqslant\pi\}$ 上的 Stokes 算子的特征值和特征函数, 证明其正交性 (详细推导可参见文献 [94])；3.7.3 节, 对 Stokes 算子的特征值的增长性进行估计.

3.7.1　Legendre 多项式及球 Bessel 函数

Legendre 方程

$$(1-x^2)y'-2xy'+\mu y=0\quad(-1\leqslant x\leqslant 1).$$

满足自然边界条件 $y|_{x=\pm1}<\infty$ 的本征值为

$$\mu=\mu_l=l(l+1),\quad l=0,1,2,\cdots,$$

相应的本征函数记为 $P_l(x)$, 称为 Legendre 多项式, 它有如下性质[93]:

$$(1-x^2)\frac{\mathrm{d}P_l}{\mathrm{d}x}=l(P_{l-1}-xP_l), \tag{3.7.1}$$

$$\frac{\mathrm{d}}{\mathrm{d}x}\left[(1-x^2)\frac{\mathrm{d}P_l}{\mathrm{d}x}\right]=-l(l+1)P_l, \tag{3.7.2}$$

$$\int_{-1}^{1}x^kP_l(x)\mathrm{d}x=\begin{cases}0, & k<l,\\ \dfrac{2^{l+1}(l!)^2}{2L+1}, & k=l,\\ 0, & k>l,(k-l/2)\notin N,\\ \dfrac{k!\Gamma\left(\dfrac{k}{2}-\dfrac{l}{2}+\dfrac{1}{2}\right)}{2^l(k-l)!\Gamma\left(\dfrac{k}{2}+\dfrac{l}{2}+\dfrac{1}{2}\right)}, & k>l,(k-l)\in N,\end{cases} \tag{3.7.3}$$

$$\int_{-1}^{1} P_k(x)P_l(x)\mathrm{d}x = \frac{2}{2l+1}\delta_{kl}, \tag{3.7.4}$$

其中, $\Gamma(x)$ 为 Γ 函数, 称

$$P_l^m(x) = (1-x^2)^{\frac{m}{2}}\frac{\mathrm{d}P_l^m(x)}{\mathrm{d}x} \quad (0 \leqslant m \leqslant l)$$

为第一类伴随 Legendre 函数, 特别地,

$$P_l^1(x) = (1-x^2)^{\frac{1}{2}}\frac{\mathrm{d}P_l(x)}{\mathrm{d}x}$$

有如下正交性

$$\int_{-1}^{1} P_k^m(x)P_l^m(x)\mathrm{d}x = \frac{(l+m)!}{(l-m)!}\cdot\frac{2}{2l+1}\delta_{kl}. \tag{3.7.5}$$

方程

$$x^2z'' + 2xz' + [x^2 - l(l+1)]z = 0$$

的线性独立的解

$$j_l(x)\sqrt{\frac{x}{2\pi}}J_{l+\frac{1}{2}}(x), \quad y_l(x)\sqrt{\frac{x}{2\pi}}Y_{l+\frac{1}{2}}(x)$$

分别称为第一类和第二类球 Bessel 函数. 其中 $J_{l+\frac{1}{2}}(x)$ 为第一类球 Bessle 函数, $Y_{l+\frac{1}{2}}(x)$ 为第二类球 Bessel 函数. 第一类和第二类球 Bessel 函数具有如下的递推公式

$$\psi_{l+1} = \frac{2l+1}{x}\psi_l(x) - \psi_{l-1}(x), \quad \psi_l' = \frac{1}{x}\psi_l(x) - \psi_{l+1}(x),$$

其中, $\psi_l(x) = j_l(x)$ 或 $\psi_l(x) = y_l(x)$.

注 今后常用 u'、$\frac{\mathrm{d}}{\mathrm{d}x}u$ 或 u_x 表示函数 u 的导数.

3.7.2 Stokes 算子的特征值和特征函数

相应于 Stokes 算子的特征值问题, 为求 $(\lambda, u_\phi, \psi) \in R \times H_0^1(\Omega) \times H_0^2(\Omega)$, 使得

$$\begin{cases} -\dfrac{1}{Re}L^2u_\phi = \tilde{\lambda}u_\phi, \quad -\dfrac{1}{Re}L^4\psi = \tilde{\lambda}L^2\psi, \\ u_\phi|_{\partial\Omega} = 0, \psi|_{\partial\Omega} = \dfrac{\partial\psi}{\partial r}|_{\partial\Omega} = 0. \end{cases} \tag{3.7.6}$$

上述特征值问题可化为求 $(\lambda, u_\phi, \psi) \in R \times H_0^1(\varOmega) \times H_0^2(\varOmega)$, 使得

$$\begin{cases} L^2u_\phi + \lambda u_\phi = 0, \\ u_\phi|_{\partial\varOmega} = 0 \end{cases} \tag{3.7.7}$$

和

$$
\begin{cases}
L^4\psi + \lambda L^2\psi = 0, \\
\psi|_{\partial\Omega} = \dfrac{\partial\psi}{\partial r}|_{\partial\Omega} = 0,
\end{cases}
\tag{3.7.8}
$$

这里 $\lambda = Re\cdot\tilde{\lambda}$, 下面分别讨论问题 (3.7.7) 和 (3.7.8).

设 $u_\phi = \omega(r)\Theta(\theta)$, 方程 (3.7.7) 可化为 Sturm-Liouville 问题

$$
\begin{cases}
\dfrac{1}{r}\dfrac{\mathrm{d}^2 r\omega}{\mathrm{d}r^2} + \lambda\omega - \mu\dfrac{\omega}{r^2} = 0, \\
\omega|_{r=1} = \omega|_{r=\eta} = 0
\end{cases}
\tag{3.7.9}
$$

及

$$
\begin{cases}
\dfrac{\mathrm{d}}{\mathrm{d}\theta}\left(\dfrac{1}{\sin\theta}\cdot\dfrac{\mathrm{d}}{\mathrm{d}\theta}(\sin\theta\Theta)\right) + \mu\Theta = 0, \\
\Theta|_{\theta=0} < +\infty.
\end{cases}
\tag{3.7.10}
$$

当且仅当 $\mu = l(l+1), l = 1, 2, \cdots$ 时, (3.7.10) 有非零解 $\Theta_l(\theta) = P_l^1(\cos\theta)$. 记

$$
\tilde{b}_l(\lambda, r) = \begin{vmatrix} j_l(\sqrt{\lambda}r) & y_l(\sqrt{\lambda}r) \\ j_l(\sqrt{\lambda}\eta) & y_l(\sqrt{\lambda}\eta) \end{vmatrix}.
$$

我们知道 $\tilde{b}(x,1) = 0$ 存在无穷多的根 $\lambda_1, \lambda_2, \cdots$, 那么 (3.7.9) 的特征值为 $\alpha_{l,n}, l, n = 1, 2, \cdots$, 可以求得

$$
\alpha_{l,n} > 0, \quad \alpha_{l+1,n} > \alpha_{l,n}, \quad \alpha_{l,n+1} > \alpha_{l,n},
\tag{3.7.11}
$$

相应的特征函数为 $b_{l,n}(r) = \tilde{b}_l(\alpha_{l,n,r}), l, n = 1, 2, \cdots$, 则 (3.7.7) 的特征值为 $\alpha_{l,n}$, $l, n = 1, 2, \cdots$, 相应的特征值函数为 $u_{\phi(l,n)} = b_{l,n}(r)\Theta_l(\theta), l, n = 1, 2, \cdots$.

用同样的方法可以求解问题 (3.7.8), 设 $\psi = \omega(r)\Theta(\theta)$, 则 (3.7.8) 可化为两个方程:

方程

$$
\begin{cases}
G^4\omega = \lambda G^2\omega, \\
\omega|_{r=1} = \omega|_{r=\eta} = \omega'|_{r=1} = \omega'|_{r=\eta} = 0
\end{cases}
\tag{3.7.12}
$$

及方程 (3.7.10). 其中

$$
G^2\omega = -\frac{1}{r}\frac{\mathrm{d}^2}{\mathrm{d}r^2}(r\omega) + \frac{\mu}{r^2}\omega, \quad G^4\omega = G^2(G^2\omega).
$$

记

$$R_l(\lambda,r)=\begin{vmatrix} r^l & r^{-l-1} & j_l(\sqrt{\lambda}r) & y_l(\sqrt{\lambda}r) \\ \eta^l & \eta^{-l-1} & j_l(\sqrt{\lambda}\eta) & y_l(\sqrt{\lambda}\eta) \\ l & -l-1 & \sqrt{\lambda}j_l'(\sqrt{\lambda}r) & \sqrt{\lambda}y_l'(\sqrt{\lambda}) \\ l\eta^{l-1} & (-l-1)\eta^{-l-2} & \sqrt{\lambda}j_l'(\sqrt{\lambda}r) & \sqrt{\lambda}y_l'(\sqrt{\lambda}) \end{vmatrix},$$

则由关于 λ 的方程 $R_l(\lambda,1)=0$ 可确定 (3.7.12) 的特征值 $\beta_{l,n}, l,n=1,2,\cdots$, 且满足

$$\beta_{l,n}>0,\quad \beta_{l+1}>\beta_{l,n},\quad \beta_{l,n+1}>\beta_{l,n}, \tag{3.7.13}$$

相应的特征函数为 $R_{l,n}(r)=R_l(\beta_{l,n,r}), l,n=1,2,\cdots$, 则 (3.7.8) 的特征值为 $\beta_{l,n}, l, n=1,2,\cdots$, 相应的特征值函数为 $\psi_{l,n}=R_{l,n}(r)\Theta_l(\theta), l,n=1,2,\cdots$.

引入如下记号

$$((Lv,Lw))=\int_\Omega\left[\sin\theta\frac{\partial}{\partial r}(rv)\frac{\partial}{\partial r}(rw)+\frac{\partial}{\partial\theta}(\sin\theta v)\frac{\partial}{\partial\theta}(\sin\theta w)\right]\mathrm{d}r\mathrm{d}\theta. \tag{3.7.14}$$

容易验证

$$-\int_\Omega r^2\sin\theta L^2\psi_{l,n}\cdot\psi_{m,k}\mathrm{d}r\mathrm{d}\theta=((L\psi_{l,n},L\psi_{m,k})). \tag{3.7.15}$$

定理 3.7.1 特征函数具有如下正交性

$$\int_\Omega r^2\sin\theta u_{\phi(l,n)}u_{\phi(m,k)}\mathrm{d}r\mathrm{d}\theta=P_{l,n}\delta_{l,m}\delta_{n,k}, \tag{3.7.16}$$

$$((L\psi_{l,n},L\psi_{m,k}))=Q_{l,n}\delta_{l,m}\delta_{n,k}, \tag{3.7.17}$$

其中

$$\begin{aligned} P_{l,n}&=\int_\Omega r^2\sin\theta u^2_{\phi(l,n)}\mathrm{d}r\mathrm{d}\theta,\\ Q_{l,n}&=((L\psi_{l,n},L\psi_{l,n})). \end{aligned} \tag{3.7.18}$$

证明 由于 $b_{l,n}(r)$ 为 Sturm-Liouville 方程 (3.7.9) 的解, 它具有如下正交性

$$\int_1^\eta r^2b_{l,n}(r)b_{l,k}(r)\mathrm{d}r=\int_1^\eta r^2b^2_{l,n}(r)\mathrm{d}r\cdot\delta_{n,k}. \tag{3.7.19}$$

由于

$$\begin{aligned}\int_\varOmega r^2\sin\theta u-\phi(l,n)u_{\phi(m,k)}\mathrm{d}r\mathrm{d}\theta&=\int_0^\pi\sin\theta P_l^1(\cos\theta)P_m^1(\cos\theta)\mathrm{d}\theta\int_1^\eta r^2b_{l,n}b_{m,k}(r)\mathrm{d}r\\ &=\int_{-1}^1P_l^1(x)P_m^1(x)\mathrm{d}x\int_1^\eta r^2b_{l,n}(r)b_{m,k}(r)\mathrm{d}r,\end{aligned}$$

由 (3.7.5) 式

$$\int_{-1}^{1} P_l^1(x)P_m^1(x)\mathrm{d}x = \frac{((l+1))!}{(l-1)!}\cdot\frac{2}{2l+1}\delta_{l,m},$$

因此

$$\int_\Omega r^2\sin\theta u_{\phi(l,n)}u_{\phi(m,k)}\mathrm{d}r\mathrm{d}\theta = \frac{l+1}{l-1}\cdot\frac{2}{n+1}\delta_{l,m}\int_1^\eta r^2 b_{l,n}(r)b_{l,k}(r)\mathrm{d}r.$$

由上式及 (3.7.19) 式即得

$$\int_\Omega r^2\sin\theta u_{\phi(l,n)}u_{\phi(m,k)}\mathrm{d}r\mathrm{d}\theta = P_{l,m}\delta_{l,m}\delta_{n,k}.$$

这样就证明了 (3.7.16) 式.

下面证明 (3.7.17) 式. 首先证明特征值问题 (3.7.12) 的特征函数有如下正交性

$$\int_1^\eta r^2G_l^2R_{l,n}\cdot R_{l,m}\mathrm{d}r = \int_1^\eta r^2G_l^2R_{l,m}\cdot R_{l,m}\mathrm{d}r\cdot\delta_{n,m}, \tag{3.7.20}$$

其中算子 G_l^2 如下定义

$$G_l^2w = -\frac{1}{r}\frac{\mathrm{d}^2}{\mathrm{d}r^2}(rw) + \frac{\mu_l}{r^2}w.$$

由方程 (3.7.12) 得

$$G_l^4R_{l,m} + \lambda_{l,m}G_l^2R_{l,m} = 0,\quad G_l^4R_{l,n} + \lambda_{l,n}G_l^2R_{l,n} = 0. \tag{3.7.21}$$

用 (3.7.21) 的第一式乘 $R_{l,n}$ 减 (3.7.21) 的第二式乘 $R_{l,m}$ 可得

$$R_{l,n}G_l^4R_{l,m} - R_{l,m}G_l^4R_{l,n} + \lambda_{l,m}R_{l,n}G_l^2R_{l,m} - \lambda_{l,n}R_{l,m}G_l^2R_{l,n} = 0,$$

上式两边乘 r^2 积分

$$\int_1^\eta r^2R_{l,n}G_l^4R_{l,m}\mathrm{d}r - \int_1^\eta r^2R_{l,n}G_l^4R_{l,m}\mathrm{d}r + \lambda_{l,m}\int_1^\eta r^2R_{l,n}G_l^2R_{l,m}\mathrm{d}r$$
$$-\lambda_{l,n}\int_1^\eta r^2R_{l,m}G_l^2R_{l,m}\mathrm{d}r = 0.$$

对上式第一项分部积分, 并注意到 $R_{l,n}, R_{l,m}$ 及其导数在边界上为零, 可得

$$\begin{aligned}\int_1^\eta r^2R_{l,n}G_l^4R_{l,m}\mathrm{d}r &= \int_1^\eta R_{l,n}\left[r\frac{\mathrm{d}^2}{\mathrm{d}r^2}(rG_l^2R_{l,m}) - \mu_lG_l^2R_{l,m}\right]\mathrm{d}r\\ &= \int_1^\eta rR_{l,n}\frac{\mathrm{d}^2}{\mathrm{d}r^2}(rG_l^2R_{l,m})\mathrm{d}r - \mu_l\int_1^\eta R_{l,n}G_l^2R_{l,m}\mathrm{d}r\end{aligned}$$

$$= \int_1^\eta \frac{\mathrm{d}^2}{\mathrm{d}r^2}(rR_{l,n}) \cdot rG_l^2 R_{l,m}\mathrm{d}r - \mu_l \int_1^\eta R_{l,n}G_l^2 R_{l,m}\mathrm{d}r$$
$$= \int_1^\eta r^2 G_l^2 R_{l,n} \cdot G_l^2 R_{l,m}\mathrm{d}r,$$

同理可得

$$\int_1^\eta r^2 R_{l,m} G_l^4 R_{l,n}\mathrm{d}r = \int_1^\eta r^2 G_l^2 R_{l,m} \cdot G_l^2 R_{l,n}\mathrm{d}r,$$
$$\int_1^\eta r^2 R_{l,n} G_l^2 R_{l,m}\mathrm{d}r = -\int_1^\eta \frac{\mathrm{d}rR_{l,n}}{\mathrm{d}r} \cdot \frac{\mathrm{d}rR_{l,m}}{\mathrm{d}r}\mathrm{d}r + \int_1^\eta \mu_l R_{l,n}R_{l,m}\mathrm{d}r,$$
$$\int_1^\eta r^2 R_{l,m} G_l^2 R_{l,n}\mathrm{d}r = -\int_1^\eta \frac{\mathrm{d}rR_{l,m}}{\mathrm{d}r} \cdot \frac{\mathrm{d}rR_{l,n}}{\mathrm{d}r}\mathrm{d}r - \int_1^\eta \mu_l R_{l,m}R_{l,n}\mathrm{d}r,$$

因此

$$(\lambda_{l,n} - \lambda_{l,m}) \int_1^\eta r^2 R_{l,n} G_l^2 R_{l,m}\mathrm{d}r = 0,$$

如果 $\lambda_{l,n} \neq \lambda_{l,m}$, 则必有

$$\int_1^\eta r^2 G_l^2 R_{l,m} \cdot R_{l,n}\mathrm{d}r = 0.$$

由此可得 (3.7.20) 式.

下面由 (3.7.20) 证明 (3.7.17) 式. 注意到 Θ_l 满足方程 (3.7.10), 可得

$$\begin{aligned} L^2\psi_{l,n} &= \frac{1}{r}\frac{\partial^2}{\partial r^2}(r\psi_{l,n}) + \frac{1}{r^2}\frac{\partial}{\partial\theta}\left(\frac{1}{\sin\theta}\frac{\partial}{\partial\theta}(\sin\theta\psi_{l,n})\right) \\ &= \frac{1}{r}\frac{\partial^2}{\partial r^2}(rR_{l,n})\Theta_l + \frac{R_{l,n}}{r^2}\frac{\partial}{\partial\theta}\left(\frac{1}{\sin\theta}\frac{\partial}{\partial\theta}(\sin\theta\Theta)\right) \\ &= \frac{1}{r}\frac{\partial^2}{\partial r^2}(rR_{l,n})\Theta_l - \frac{u_l}{r^2}R_{l,n}\Theta_l \\ &= G_l^2 R_{l,n} \cdot \Theta_l, \end{aligned}$$

则

$$\begin{aligned} \int_\Omega r^2 \sin\theta L^2\psi_{l,n} \cdot \psi_{m,k}\mathrm{d}r\mathrm{d}\theta &= \int_\Omega r^2 \sin\theta G_l^2 R_{l,n} \cdot R_{m,k} \cdot \Theta_l\Theta_m \mathrm{d}r\mathrm{d}\theta \\ &= \int_1^\eta r^2 G_l^2 R_{l,n} R_{m,k}\mathrm{d}r \int_0^\pi \sin\theta\Theta_l\Theta_m\mathrm{d}\theta \\ &= \frac{2(l+1)!}{(2l+1)(l-1)!}\int_1^\eta r^2 G_l^2 R_{l,n} \cdot R_{m,k}\mathrm{d}r\delta_{l,m} \\ &= \frac{2(l+1)!}{(2l+1)(l-1)!}\int_1^\eta G_l^2 R_{l,n} \cdot R_{l,k}\mathrm{d}r\delta_{l,m}. \end{aligned}$$

由上式及 (3.7.20) 可得 (3.7.17).

图 3.2 给出了 $n=3,10$ 计算特征值 $\alpha_{k,n}$ 的特征曲线.

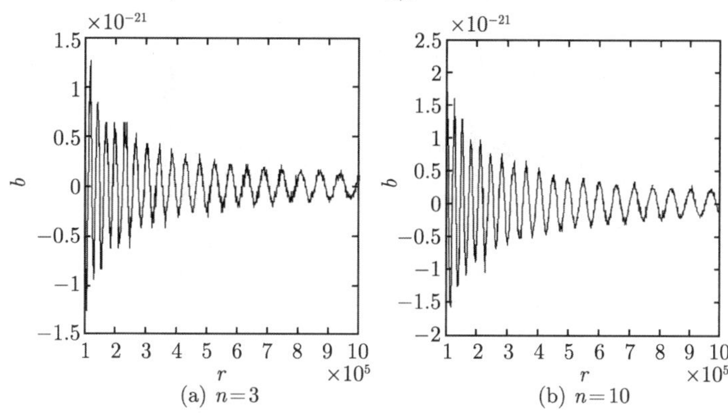

图 3.2　特征曲线

图 3.3 给出了 $n=2,4$ 计算特征值 $\beta_{k,n}$ 的特征曲线.

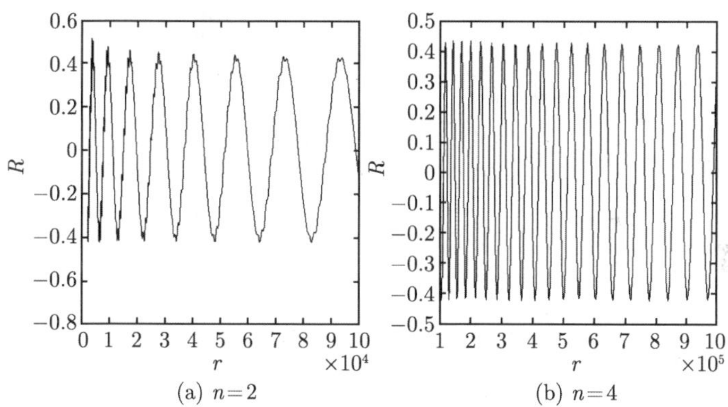

图 3.3　特征曲线

图 3.4 给出了$\alpha_{k_0,5}=2261$ 对应的特征函数$U_{k_0+1,5}^1, U_{k_0+1,5}^2$ 及其等值线图形.

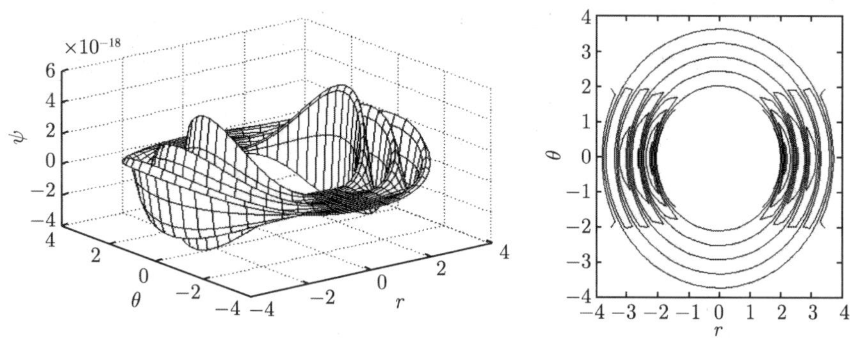

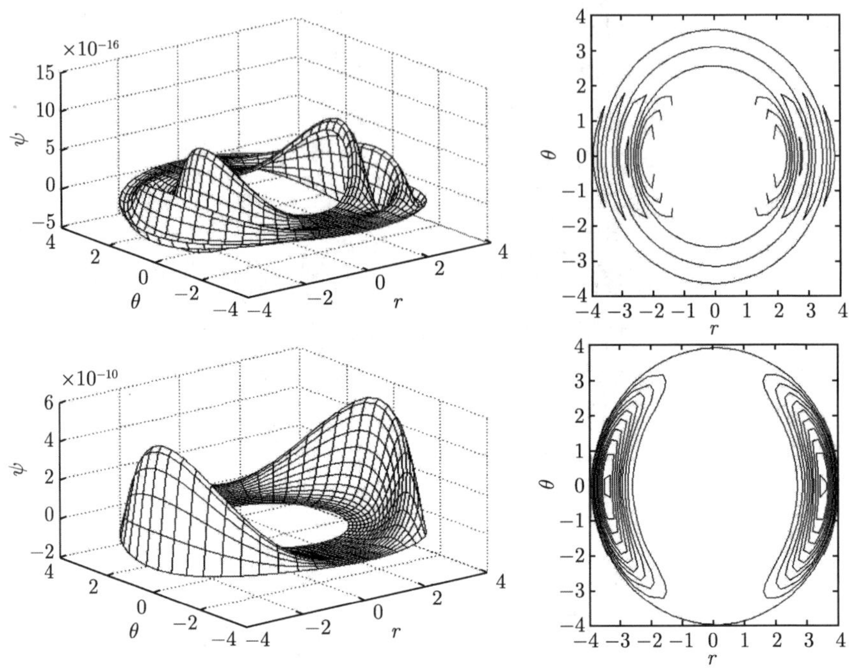

图 3.4　特征曲线

图 3.5 给出了 $\beta_{k_0,1}=8065$ 对应的特征函数 $\psi^1_{k_0+3,1},\psi^2_{k_0+3,1}$ 及其等值线图形.

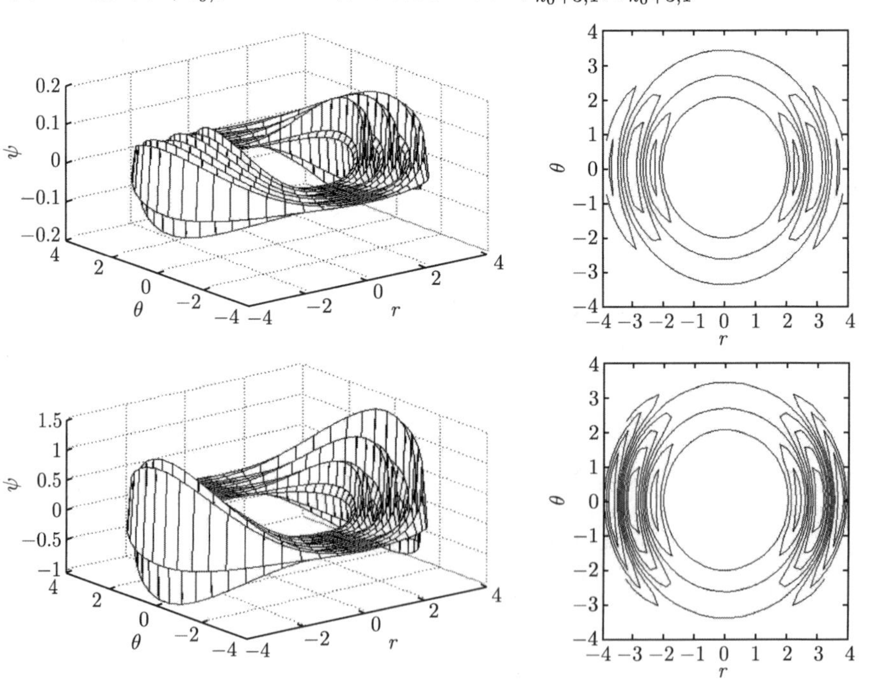

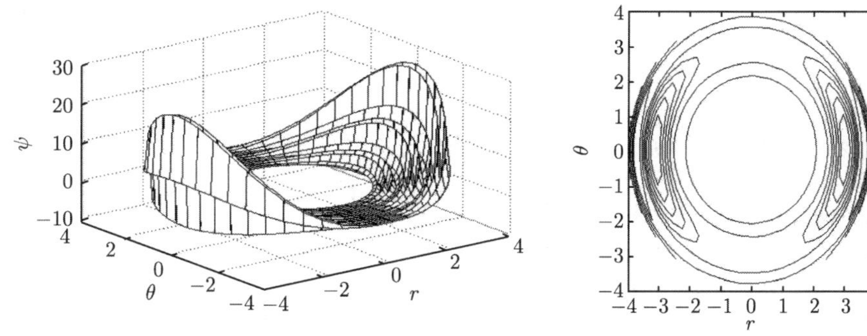

图 3.5　特征曲线

3.7.3　特征值的增长性估计

在这一节, 证明如下定理.

定理 3.7.2　对算子 Stokes 在球间隙区域 Ω 上的特征值有如下估计

$$\alpha_{l,n} \geqslant \frac{9n^2}{4(\eta^3-1)^2} + \frac{l(l+1)}{\eta^2}, \quad l,n=1,2,\cdots, \tag{3.7.22}$$

$$\beta_{l,n} \geqslant \frac{n^2}{16\eta^4(\eta-1)^2} + \frac{l(l+1)}{\eta^2}, \quad l,n=1,2,\cdots. \tag{3.7.23}$$

在这一节的证明中, 用 $(\cdot,\cdot)$ 表示 $L^2([1,\eta])$ 上如下形式的内积

$$(u,v) = \int_1^\eta r^2 uv\mathrm{d}r, \quad \forall u,v \in L^2([1,\eta]).$$

引入算子 $T: Tv = -\dfrac{1}{r}\dfrac{\mathrm{d}}{\mathrm{d}r}(r^2)\dfrac{\mathrm{d}v}{\mathrm{d}r} + \mu\dfrac{v}{r}$ 以及如下记号

$$(Gv,Gw) = \mu\int_1^\eta vw\mathrm{d}r + \int_1^\eta \frac{\mathrm{d}rv}{\mathrm{d}r}\cdot\frac{\mathrm{d}rw}{\mathrm{d}r}\mathrm{d}r,$$

容易验证

$$(Tv,w) = (v',w') + \mu\left(\frac{1}{r}v, \frac{1}{r}w\right), \quad \forall v,w \in H^2([1,\eta]) \cap H_0^1([1,\eta]), \tag{3.7.24}$$

$$(G^2v,w) = (Gv,Gw), \quad \forall v,w \in H_0^2([1,\eta]), \tag{3.7.25}$$

$$(G^2v,w) = (v,G^2w), \quad \forall v,w \in H_0^2([1,\eta]), \tag{3.7.26}$$

定义空间

$$C_0([1,\eta]) = \{g \in C^0([1,\eta]); g|_{r=1} = g_{r=\eta} = 0\}.$$

首先证明几个不等式.

引理 3.7.1　(1) 设 $w \in C^1([1,\eta]), w|_{r=1}=0$, 则

$$w^2(r) \leqslant 2(w,w)^{\frac{1}{2}} \cdot (w',w')^{\frac{1}{2}}, \tag{3.7.27}$$

$$w^2(r) \leqslant 2\eta\left(\frac{1}{r}w, \frac{1}{r}w\right)^{\frac{1}{2}} \cdot \left(\frac{1}{r}, \frac{\mathrm{d}rw}{\mathrm{d}r}, \frac{1}{r}\frac{\mathrm{d}rw}{\mathrm{d}r}\right)^{\frac{1}{2}}. \tag{3.7.28}$$

(2) 设 $\dfrac{\mathrm{d}rw}{\mathrm{d}r} \in C^2([1,\eta]), \dfrac{\mathrm{d}rw}{\mathrm{d}r}|_{r=1}=0$, 则

$$\left[\frac{\mathrm{d}rw}{\mathrm{d}r}\right]^2 \leqslant 2\eta\left(\frac{1}{r}\frac{\mathrm{d}rw}{\mathrm{d}r}, \frac{1}{r}\frac{\mathrm{d}rw}{\mathrm{d}r}\right)^{\frac{1}{2}} \cdot \left(\frac{1}{r}\frac{\mathrm{d}^2rw}{\mathrm{d}r^2}, \frac{1}{r}\frac{\mathrm{d}^2rw}{\mathrm{d}r^2}\right)^{\frac{1}{2}}. \tag{3.7.29}$$

(3) 设 $w \in C_0([1,\eta]) \cap C^4([1,\eta])$ 且 $w' \in C_0([1,\eta])$, 则

$$\mu\left(\frac{1}{r}\frac{\mathrm{d}rw}{\mathrm{d}r}, \frac{1}{r}\frac{\mathrm{d}rw}{\mathrm{d}r}\right) + \left(\frac{1}{r}\frac{\mathrm{d}^2rw}{\mathrm{d}r^2}, \frac{1}{r}\frac{\mathrm{d}^2rw}{\mathrm{d}r^2}\right) \leqslant \eta^2(G^2w, G^2, w) - \mu(G^2, w). \tag{3.7.30}$$

证明　$\forall C \in V^1([1,\eta]), v|_{r=1}=0$, 有

$$v^2(r) = \int_1^r \frac{\mathrm{d}v^2}{\mathrm{d}s}\mathrm{d}s = s\int_1^r v\frac{\mathrm{d}v}{\mathrm{d}s}\mathrm{d}s,$$

由 Cauchy-Schwarz 不等式可得

$$v^2(r) \leqslant 2\left(\frac{1}{r}v, \frac{1}{r}v\right)^{\frac{1}{2}} \cdot \left(\frac{1}{r}v', \frac{1}{r}v'\right)^{\frac{1}{2}}. \tag{3.7.31}$$

(1) 注意到 $r \geqslant 1$, 由 (3.7.31) 式直接可得 (3.7.27). 又由 (3.7.31) 式得

$$\begin{aligned}(rw)^2 &\leqslant 2(w,w)^{\frac{1}{2}} \cdot \left(\frac{1}{r}\frac{\mathrm{d}rw}{\mathrm{d}r}, \frac{1}{r}\frac{\mathrm{d}rw}{\mathrm{d}r}\right)^{\frac{1}{2}} \\ &\leqslant 2\eta\left(\frac{1}{r}w, \frac{1}{r}w\right)^{\frac{1}{2}} \cdot \left(\frac{1}{r}\frac{\mathrm{d}rw}{\mathrm{d}r}, \frac{1}{r}\frac{rw}{\mathrm{d}r}\right)^{\frac{1}{2}},\end{aligned}$$

注意到 $r \geqslant 1$, 由 (3.7.31) 上式可得 (3.7.28).

(2) 在 (3.7.31) 式中令 $v = \dfrac{\mathrm{d}rw}{\mathrm{d}r}$, 并注意到 $\eta \geqslant 1$, 可得 (3.7.29) 式.

(3) 由分部积公式, 并注意到 $1 \leqslant r \leqslant \eta$, 可得

$$\begin{aligned}\mu\left(\frac{1}{r}\frac{\mathrm{d}rw}{\mathrm{d}r}, \frac{1}{r}\frac{\mathrm{d}rw}{\mathrm{d}r}\right) + \left(\frac{1}{r}\frac{\mathrm{d}^2rw}{\mathrm{d}r^2}, \frac{1}{r}\frac{\mathrm{d}^2rw}{\mathrm{d}r^2}\right) &= -\int_1^\eta \mu rw\frac{\mathrm{d}^2rw}{\mathrm{d}r^2}\mathrm{d}r + \int_1^\eta \frac{\mathrm{d}^2rw}{\mathrm{d}r^2} \cdot \frac{\mathrm{d}^2rw}{\mathrm{d}r^2}\mathrm{d}r \\ &\leqslant \int_1^\eta \frac{\mathrm{d}^2rw}{\mathrm{d}r^2}\left(r^2\frac{\mathrm{d}^2rw}{\mathrm{d}r^2} - \mu rw\right)\mathrm{d}r\end{aligned}$$

$$= (rG^2w, rG^2w) - \mu(G^2w, w)$$

$$\leqslant \eta^2(G^2w, G^2w) - \mu(G^2w, w).$$

这样就证明了引理的结论.

下面证明 (3.7.22) 式.

对于固定的 $\mu > 0$, 设 Sturm-Liouville 问题 (3.7.7) 的特征值和特征函数为 $(\lambda_i, w_i), i = 1, 2, \cdots$, 且

$$0 < \lambda_1 < \lambda_2 \leqslant \cdots, \tag{3.7.32}$$

$$(w_i, w_j) = \delta_{ij}, \tag{3.7.33}$$

则 $Tw_i = \lambda_i w_i, i = 1, 2, \cdots$. 如果能证明 λ_i 具有如下增长性

$$\lambda_n \geqslant \frac{9n^2}{4(\eta^3 - 1)^2} + \frac{\mu}{\eta^2}, \quad n = 1, 2, \cdots, \tag{3.7.34}$$

则在上式中令 $\mu = l(l+1)$ 即得 (3.7.22) 式.

设 $w = \sum\limits_{i=1}^{n} \alpha_i w_i, \alpha_i \in R$, 由 (3.7.27) 式, 得

$$w^2(r) \leqslant 2(w, w)^{\frac{1}{2}}(w', w')^{\frac{1}{2}}. \tag{3.7.35}$$

由 (3.7.33) 可得 $(w, w) = \sum\limits_{i=1}^{n} \alpha_i^2$, 由 (3.7.24)、(3.7.32)、(3.7.33) 可得

$$(w', w') = (Tw, w) - \mu\left(\frac{1}{r}w, \frac{1}{r}w\right) \leqslant (Tw, w) - \frac{\mu}{\eta^2}(w, w)$$

$$= \sum_{i=1}^{n} \alpha_i^2 \lambda_i - \frac{\mu}{\eta^2}\sum_{i=1}^{n} \alpha_i^2 \leqslant \left(\lambda_n - \frac{\mu}{\eta^2}\right)\sum_{i=1}^{n} \alpha_i^2.$$

因此, 由 (3.7.25) 可得

$$w^2(r) \leqslant 2\left(\lambda_n - \frac{\mu}{\eta^2}\right)^{\frac{1}{2}}\left(\sum_{i=1}^{n} \alpha_i^2\right).$$

在上式中令 $\alpha_i = w_i(r)$ 可得

$$\sum_{i=1}^{n} w_i^2(r) \leqslant 2\left(\lambda_n - \frac{\mu}{\eta^2}\right)^{\frac{1}{2}}.$$

上式两端同乘 r^2 并在 $[1, \eta]$ 上积分可得

$$n \leqslant \frac{2}{3}\left(\alpha_n - \frac{\mu}{\eta^2}\right)^{\frac{1}{2}}(\eta^3 - 1),$$

故

$$\lambda_n \geqslant \frac{9n^2}{4(\eta^3-1)^2} + \frac{\mu}{\eta^2}.$$

下面证明 (3.7.23) 式.

对于任意的 $\mu > 0$, 设特征值问题 (3.7.12) 的解为 $(\lambda_i, w_i), i = 1, 2, \cdots$, 且

$$0 < \lambda_1 < \lambda_2 \leqslant \cdots, \tag{3.7.36}$$

$$(Gw_i, Gw_j) = \delta_{ij}, \tag{3.7.37}$$

则 $G^4 w_i = \lambda_i G^2 w_i, i = 1, 2, \cdots$, 如果能证明

$$\lambda_n \geqslant \frac{n^2}{[4\eta(\eta-1)]^2} + \frac{\mu}{\eta^2}, \tag{3.7.38}$$

则在上式中令 $\mu = l(l+1)$ 即得 (3.7.23).

设 $w = \sum\limits_{i=1}^{n} \alpha_i w_i, \alpha_i \in R$, 由 (3.7.28) 和 (3.7.29) 得

$$\mu w^2 \leqslant 2\eta\mu \left(\frac{1}{r}w, \frac{1}{r}w\right)^{\frac{1}{2}} \left(\frac{1}{r}\frac{\mathrm{d}rw}{\mathrm{d}r}, \frac{1}{r}\frac{\mathrm{d}rw}{\mathrm{d}r}\right)^{\frac{1}{2}},$$

$$\left[\frac{\mathrm{d}rw}{\mathrm{d}r}\right]^2 \leqslant 2\eta \left(\frac{1}{r}\frac{\mathrm{d}rw}{\mathrm{d}r}, \frac{1}{r}\frac{\mathrm{d}rw}{\mathrm{d}r}\right)^{\frac{1}{2}} \left(\frac{1}{r}\frac{\mathrm{d}^2rw}{\mathrm{d}r^2}, \frac{1}{r}\frac{\mathrm{d}^2rw}{\mathrm{d}r^2}\right)^{\frac{1}{2}},$$

上面两式相加, 并利用不等式

$$ac + bd \leqslant (a^2+b^2)^{\frac{1}{2}}(c^2+d^2)^{\frac{1}{2}},$$

可得

$$\mu w^2 + \left[\frac{\mathrm{d}rw}{\mathrm{d}r}\right]^2 \leqslant 2\eta(Gw, Gw)^{\frac{1}{2}} \left[\mu\left(\frac{1}{r}\frac{\mathrm{d}rw}{\mathrm{d}r}, \frac{1}{r}\frac{\mathrm{d}rw}{\mathrm{d}r}\right) + \left(\frac{1}{r}\frac{\mathrm{d}^2rw}{\mathrm{d}r^2}, \frac{1}{r}\frac{\mathrm{d}^2rw}{\mathrm{d}r^2}\right)\right]^{\frac{1}{2}}. \tag{3.7.39}$$

由 (3.7.37) 式 $(Gw, Gw) = \sum\limits_{i=1}^{n} \alpha_i^2$, 由 (3.7.30) 及 (3.7.25),(3.7.26),(3.7.36),(3.7.37) 可得

$$\begin{aligned}\mu\left(\frac{1}{r}\frac{\mathrm{d}rw}{\mathrm{d}r}, \frac{1}{r}\frac{\mathrm{d}rw}{\mathrm{d}r}\right) + \left(\frac{1}{r}\frac{\mathrm{d}^2rw}{\mathrm{d}r^2}, \frac{1}{r}\frac{\mathrm{d}^2rw}{\mathrm{d}r^2}\right) &\leqslant \eta^2(G^2w, G^2w)\mu(G^2w, w) \\ &= \eta^2(G^4w, w) - \mu(Gw, w) \\ &= (\eta^2\lambda_n - \mu)\sum_{i=1}^{n}\alpha_i^2,\end{aligned}$$

因此

$$\mu w^2 + \left[\frac{\mathrm{d}rw}{\mathrm{d}r}\right]^2 \leqslant 2\eta(\lambda_n\eta^2 - \mu)^{\frac{1}{2}} \sum_{i=1}^{n} \alpha_i^2.$$

故

$$\mu w^2 \leqslant 2\eta(\lambda_n\eta^2-\mu)^{\frac{1}{2}}\sum_{i=1}^{n}\alpha_i^2, \tag{3.7.40}$$

$$\left[\frac{\mathrm{d}rw}{\mathrm{d}r}\right]^2 \leqslant 2\eta(\lambda_n\eta^2-\mu)^{\frac{1}{2}}\sum_{i=1}^{n}\alpha_i^2, \tag{3.7.41}$$

在 (3.7.40) 中令 $\alpha = w_i(r)$ 可得

$$\mu\sum_{i=1}^{n} w_i^2(r) \leqslant 2\eta(\lambda_n\eta^2-\mu)^{\frac{1}{2}},$$

在 (3.7.41) 中令 $\alpha_i = \dfrac{\mathrm{d}(rw_i)}{\mathrm{d}r}$ 可得

$$\sum_{i=1}^{n}\left[\frac{\mathrm{d}(rw_i)}{\mathrm{d}r}\right]^2 \leqslant 2\eta(\lambda_n\eta^2-\mu)^{\frac{1}{2}},$$

上面两式相加可得

$$\sum_{i=1}^{n}\left[\mu w_i^2+\left(\frac{\mathrm{d}(rw_i)}{\mathrm{d}r}\right)^2\right] \leqslant 4\eta(\lambda_n\eta^2-\mu)^{\frac{1}{2}}.$$

上式两端在 $[1,\eta]$ 上积分, 并利用 (3.7.37) 可得

$$n \leqslant 4\eta(\eta-1)(\lambda_n\eta^2-\mu)^{\frac{1}{2}},$$

因此

$$\lambda_n \geqslant \frac{n^2}{[4\eta^2(\eta-1)]^2}+\frac{\mu}{\eta^2}.$$

这样就证明了定理 3.7.2.

3.8　同心球间旋转流动的球 Couette 流及其谱 Galerkin 逼近

两个同心旋转球之间的流动又称为球 Couette 流动. 作为一个简单的模型, 研究它能够为揭示流动失稳转捩至湍流这一重大理论课题的规律提供线索; 同时, 由于球 Couette 流动更像全球大气流动, 研究它也能为研究大气物理提供一个粗略的模型, 为这一方面的研究提供一些理论指导. 在许多方面, 它类似于众所周知的同心旋转圆柱间的 Taylor-Couette 流, 特别是在离心力最大的赤道附近, 球 Couette 流与 Taylor-Couette 流一样也有一个临界雷诺数 Re_{c}, 使得当 $Re \geqslant Re_{\mathrm{c}}$ 时, 形成 Taylor 涡. 当然, 涡的个数依赖于雷诺数和内外球的间隔, 而且这些涡总是出现在赤道附近. 两种流动虽有许多相似之处, 但还是有本质的不同. 首先, 在球 Couette 流

的两极附近, 则更类似于两个平行旋转圆盘之间的流动, 在那里有一个强烈的所谓的 Ekman 泵 (Ekman pumping), 使两极周围的流体被抽吸至两极; 其次, 球 Couette 流有着比 Taylor-Couette 流更丰富的流动状态, 并可在它们之间互相转换; 再次, 虽然从实际应用讲, 球 Couette 流比 Taylor-Couette 流更接近于大气物理、地球物理及工程应用中的实际情况, 但由于对它的分析处理和实验比旋转圆柱更困难, 因而很少得到研究; 最后, 由于有限长的旋转圆柱间的流动在底面和轴上的边界条件不连续, 因而对球 Couette 流的数值模拟比有限长的旋转圆柱容易些. 近来的种种迹象表明, 球 Couette 流已成为一个新的研究热点. 从上述几点可以看出, 研究球 Couette 流是不能被研究两个同心旋转圆柱间的 Taylor-Couette 流所取代的. 同时, 与 Taylor-Couette 流一样, 球 Couette 流也表现出丰富的多解现象, 而且具有较少的控制参数 (因旋转圆柱在有限长时要增加轴长参数, 而在无限长时要强制增加轴向的波长), 非常适合于用分歧理论来研究. 因此, 球 Couette 流的研究有很大的理论价值. Khlebutin[12] 通过实验发现, 在低雷诺数下的球 Couette 流是轴对称和关于赤道反射对称的, 当内外球之间的间隙介于 (0.12, 0.24) 时 (这里的间隙是指: 通过无量纲化而使内球半径化为 1 后, 内外球之间的距离), 球 Couette 流在子午面上存在三种形式, 即 0- 涡、1- 涡和 2- 涡. Marcus 和 Tuckerman[24,25] 利用拟谱方法和配置法验证了前面的实验结果. Wimmer[28] 的实验首次验证了球 Couette 流并不是 η 和 Re 的唯一函数, 流动的最终平衡状态还依赖于流动的过去状态, 特别是趋向最终的内球速度. Sawatski, Zierep 和 Wimmer 发现存在一个临界雷诺数 Re_{c}, 当 $Re \geqslant Re_{\mathrm{c}}$ 时才会出现 Taylor 涡, Marcus 和 Schrauf[18,24] 进一步利用各种方法, 如具有差分、拟谱或配置法的弧长连续算法分别得到: 当 $\eta = 0.18$ 时, $Re_{\mathrm{c1}} = 645 \pm 0.05$, $Re_{\mathrm{c2}} = 740 \pm 0.05$, 即当 $Re < Re_{\mathrm{c_1}}$ 时, 没有 Taylor 涡出现, 而当 Re 介于 Re_{c1} 和 Re_{c2} 之间时, 出现 1-Taylor 涡, 而当 $Re > Re_{\mathrm{c}}$ 时, 出现 2-Taylor 涡. 综上可以看出, 对两同心旋转球间流动的研究一直还停留在实验和数值模拟上, 由于该问题虽是轴对称的但它毕竟还是一个三维问题, 而且在球坐标系下的 Navier-Stokes 方程非常复杂, 所以理论上探讨同心旋转球间流动的 Navier-Stokes 方程解的存在性、唯一性及正则性等问题极为困难, 本节采用上节求出的 Stokes 算子特征函数, 利用特征谱方法对球 Couette 流进行数值模拟. 这种特征谱方法具有明显的物理意义, 每一个基函数都可以看成是一种基本的流动模式, 实际的流动则可以看成是这些基本流动模式的叠加.

引入记号

$$B_1(u,v) = \frac{1}{r^3 \sin^2\theta} \cdot \frac{\partial(r\sin\theta u, r\sin\theta v)}{\partial(r,\theta)},$$

$$B_2(u,v) = u \cdot Nv,$$

则稳态的流函数-涡度方程 (3.6.11) 和 (3.6.12) 可写成如下形式

$$\frac{1}{Re}L^2u + B_1(U + u_\phi^*, \psi) = 0, \tag{3.8.1}$$

$$\frac{1}{Re}L^4\psi + B_1(\psi, \psi) + 2B_2(U + u_\phi^*, U + u_\psi^*) + 2B_2(L^2\psi, \psi) = 0, \tag{3.8.2}$$

定义有限维特征子空间

$$U_{L_0,N_0} = \text{span}\{u_{\phi(l,n)}, l = 1, 2, \cdots, L_0, n = 1, 2, \cdots, N_0\},$$

$$\psi_{L_0,N_0} = \text{span}\{\psi_{l,n}, l = 1, 2, \cdots, L_0, n = 1, 2, \cdots, N_0\},$$

则方程 (3.8.1) 和 (3.8.2) 的谱 Galerkin 逼近方程为求 $U \in U_{L_0,N_0}, \psi \in \Psi_{L_0,N_0}$，使得

$$\frac{1}{Re}a_1(U, v) + b_1(U + u_\phi^*, \psi, v) = 0, \quad \forall v \in U_{L_0,N_0}, \tag{3.8.3}$$

$$\begin{aligned} &-\frac{1}{Re}a_2(\psi, w) + b_1(L^2\psi, \psi, w) + 2b_2(U + u_\psi^*, U + u_\psi^*, w) \\ &+ 2b_2(L^2\psi, \psi, w) = 0, \quad \forall w \in \Psi_{L_0,N_0}, \end{aligned} \tag{3.8.4}$$

其中

$$a_1(v, w) = ((Lv, Lw)),$$

$$a_2(v, w) = \int_\Omega r^2 \sin\theta L^2 v \cdot L^2 w \mathrm{d}r\mathrm{d}\theta,$$

$$b_i(u, v, w) = \int_\Omega r^2 \sin\theta B_i(u, v) \cdot w \mathrm{d}r\mathrm{d}\theta, \quad i = 1, 2.$$

如果设

$$U = \sum_{i=1}^{L_0}\sum_{j=1}^{N_0} x_{i,j} u_{\phi(i,j)}, \quad \psi = \sum_{i=1}^{L_0}\sum_{j=1}^{N_0} z_{i,j}\psi_{i,j},$$

利用正交性公式 (3.7.16)、(3.7.17)、(3.8.3) 和 (3.8.4) 可化为如下的代数方程组

$$\frac{P_{l,n}\alpha_{l,n}}{Re}x_{l,n} + \sum_{i=1}^{L_0}\sum_{j=1}^{N_0}\sum_{k=1}^{L_0}\sum_{m=1}^{N_0} C_{i,j,k,m,l,n}x_{i,j}z_{k,m}$$

$$+\sum_{k=1}^{L_0}\sum_{m=1}^{N_0} D_{k,m,l,n}z_{k,m} = 0, \quad l = 1, 2, \cdots, L_0, \quad n = 1, 2, \cdots, N_0,$$

$$-\frac{Q_{l,n}\beta_{l,n}}{Re} + \sum_{i=1}^{L_0}\sum_{j=1}^{N_0}\sum_{k=1}^{L_0}\sum_{m=1}^{N_0} E_{i,j,k,m,l,n} \cdot x_{i,j}z_{k,m}$$

$$+\sum_{i=1}^{L_0}\sum_{j=1}^{N_0}\sum_{k=1}^{L_0}\sum_{m=1}^{N_0}H_{i,j,k,m,l,n}\cdot x_{i,j}x_{k,m}+\sum_{i=1}^{L_0}\sum_{j=1}^{N_0}T_{i,j,l,n}z_{i,j}=F_{l,n},$$

$$l=1,2,\cdots,L_0,\quad n=1,2,\cdots,N_0, \tag{3.8.5}$$

其中

$$C_{i,j,k,m,l,n}=b_1(u_{\phi(i,j)},\psi_{k,m},u_{\psi(l,n)}),$$

$$D_{k,m,l,n}=b_1(u_\psi^*,\psi_{k,m},u_{\phi(l,n)}),$$

$$E_{i,j,k,m,l,n}=b_1(L^2\psi_{i,j,},\psi_{k,m},\psi_{l,n})+2b_2(L^2\psi_{i,j},\psi_{k,m},\psi_{l,n}),$$

$$H_{i,j,k,m,l,n}=2b_2(u_{\phi(i,j)},u_{\phi(k,m)},\psi_{l,n}),$$

$$T_{i,j,l,n}=2b_2(u_\phi^*,u_{\phi(i,j)},\psi_{l,n})+2b_2(u_{\phi(i,j)},u_\phi^*,\psi_{l,n}),$$

$$F_{l,n}=-2b_2(u_\phi^*,u_\phi^*,\psi_{l,n}).$$

上述函数中大部分为零, 下面证明定理 3.8.1.

定理 3.8.1 (1) 对于给定的 i,l, 仅当 $|i-l|\leqslant k\leqslant i+l$ 且 $i+k+l$ 为偶数时, $C_{i,j,k,m,l,n},E_{i,j,k,m,l,n}$ 不为零;

(2) 仅当时 $|i-l|=1$ 时, $D_{i,j,l,n},T_{i,j,l,n}$ 不为零;

(3) 仅当时 $l=2$ 时, $F_{l,n}$ 不为零.

证明 仅以 $C_{i,j,k,m,l,n}$ 为例证明, 其余证明完全类似, 容易验证

$$\begin{aligned}b_1(u_{\phi(i,j)},\psi_{k,m},u_{\phi(l,n)})=&\int_0^\pi\Theta_i\frac{\partial(\sin\theta\Theta_k)}{\partial\theta}\Theta_l\mathrm{d}\theta\int_1^\eta R_{k,m}\frac{\partial(rb_{i,j})}{\partial r}b_{l,n}\mathrm{d}r\\&-\int_0^\pi\Theta_k\frac{\partial(\sin\theta\Theta_i)}{\partial\theta}\Theta_l\mathrm{d}\theta\int_1^\eta b_{i,j}\frac{\partial(rR_{k,m})}{\partial r}b_{l,n}\mathrm{d}r.\end{aligned}$$

令 $I_1=\int_0^\pi\Theta_i\frac{\partial(\sin\theta\Theta_k)}{\partial\theta}$, $\quad I_2=\int_0^\eta\Theta_k\frac{\partial(\sin\theta\Theta_i)}{\partial\theta}\Theta_l\mathrm{d}\theta$. 首先考察 I_1, 由于

$$P_l^1(\cos\theta)=(1-\cos^2\theta)^{\frac{1}{2}}\cdot P_l'(\cos\theta),$$

设 $x=\cos\theta$, 可得

$$\begin{aligned}\frac{\mathrm{d}(\sin\theta P_k^1(\cos\theta))}{\mathrm{d}\theta}&=-\frac{\mathrm{d}(\sin\theta P_k^1(\cos\theta))}{\mathrm{d}x}\sin\theta\\&=-\sin\theta\frac{\mathrm{d}((1-x^2)P_k')}{\mathrm{d}x},\end{aligned}$$

因此

$$I_1 = -\int_0^{\pi} \sin^2\theta \frac{\mathrm{d}P_i(x)}{\mathrm{d}x} \frac{\mathrm{d}((1-x^2)P_k')}{\mathrm{d}x} \cdot \sin\theta \frac{\mathrm{d}P_l(x)}{\mathrm{d}x}\mathrm{d}\theta$$

$$= \int_{-1}^{1} (1-x^2) \frac{\mathrm{d}P_i(x)}{\mathrm{d}x} \frac{\mathrm{d}((1-x^2)P_k')}{\mathrm{d}x} \cdot \frac{\mathrm{d}P_l(x)}{\mathrm{d}x}\mathrm{d}\theta.$$

由公式 (3.7.1) 可知

$$\frac{\mathrm{d}((1-x^2)P_k')}{\mathrm{d}x} = -k(k+1)P_k,$$

代入上式可得

$$I_1 = -k(k+1)\int_{-1}^{1} (1-x^2) \frac{\mathrm{d}P_i(x)}{\mathrm{d}x} \cdot \frac{\mathrm{d}P_l(x)}{\mathrm{d}x} P_k(x)\mathrm{d}x.$$

由上式及 (3.7.3) 知, 当 $i+l<k$ 或 $i+l>k$ 且 $i+l-k$ 为奇数时, $I_1=0$. 由分步积分可知, I_1 也可写成如下形式

$$I_1 = k(k+1)\int_{-1}^{1} \frac{\mathrm{d}}{\mathrm{d}x}\left[(1-x^2)\frac{\mathrm{d}P_i(x)}{\mathrm{d}x}P_k(x)\right]P_l(x)\mathrm{d}x,$$

因此, 当 $i+k<l$ 或 $i+k>l$ 且 $i+k-l$ 为奇数时, $I_1=0$; 或由

$$I_1 = k(k+1)\int_{-1}^{1} \frac{\mathrm{d}}{\mathrm{d}x}\left[(1-x^2)\frac{\mathrm{d}P_l(x)}{\mathrm{d}x}P_k(x)\right]P_i(x)\mathrm{d}x$$

知当 $l+k<l$ 或 $l+k>i$ 且 $l+k-i$ 为奇数时, $I_1=0$. 综合上述知, 仅当 $|i-k|\leqslant l, |i-l|\leqslant k, |k-l|\leqslant i$ 且 $i+k+l$ 为偶数时, $I_1\neq 0$. 同理可以证明, 仅当 $|i-k|\leqslant l, |i-l|\leqslant k, |k-l|\leqslant i$ 且 $i+j+l$ 为偶数时, $I_2\neq 0$. 因此, 对于给定的 i,l, 仅当 $|i-l|\leqslant k\leqslant i+l$ 且 $i+k+l$ 为偶数时, $C_{i,j,k,m,l,n}\neq 0$. 这样就证明了引理的结论.

下面考察谱 Galerkin 逼近的存在性和收敛性.

记 $\Lambda=\left\{\frac{1}{Re}\alpha_{l,n}, \frac{1}{Re}\beta_{l,n}; l=1,2,\cdots,L_0; n=1,2,\cdots,N_0\right\}$. 设 Stokes 算子的特征值由小到大排列依次为

$$\lambda_1<\lambda_2<\cdots<\lambda_m<\lambda_{m+1}<\cdots,$$

且 $\lambda_i\in\Lambda, i=1,2,\cdots,m, \lambda_{m+1}\notin\Lambda$.

首先给出如下引理.

引理 3.8.1　适当选取 L_0, N_0, 使得

$$\alpha_{L_0,1}\leqslant\alpha_{1,N_0+1}\leqslant\alpha_{L_0+1,1}, \tag{3.8.6}$$

$$\beta_{L_0,1} \leqslant \beta_{1,N_0+1} \leqslant \beta_{L_0+1,1}, \tag{3.8.7}$$

则

$$\lambda_{m+1} > c_0 N_0^2 + c_1 L_0^2, \tag{3.8.8}$$

其中

$$c_0 = \frac{1}{32\eta^4(\eta-1)^2 Re}, \quad c_1 = \frac{1}{2\eta^2 Re}.$$

证明　由 (3.7.11),(3.7.13) 可得

$$\lambda_{m+1} = \min\left\{\frac{1}{Re}\alpha_{1,N_0+1}, \frac{1}{Re}\alpha_{L_0+1,1}, \frac{1}{Re}\beta_{1,N_0+1}, \frac{1}{Re}\beta_{L_0+1,1}\right\}.$$

由 (3.8.6) 和 (3.8.7) 及上式可得

$$\lambda_{m+1} = \min\left\{\frac{1}{Re}\alpha_{1,N_0+1}, \frac{1}{Re}\beta_{1,N_0+1}\right\}.$$

由定理 3.7.2 知

$$\alpha_{1,N_0+1} > \frac{9N_0^2}{4(\eta^3-1)^2}, \quad \beta_{1,N_0+1} > \frac{N_0^2}{16\eta^4(\eta-1)^2},$$

而 $\dfrac{9}{4(\eta^3-1)^2} \geqslant \dfrac{N_0^2}{16\eta^4(\eta-1)^2}$, 故

$$\lambda_{m+1} \geqslant \frac{1}{Re} \cdot \frac{N_0^2}{16\eta^4(\eta-1)^2}. \tag{3.8.9}$$

由 (3.8.6) 和 (3.8.7) 及定理 3.7.2 可得

$$\alpha_{1,N_0+1} \geqslant \alpha_{L_0,1} > \frac{L_0^2}{\eta}, \quad \beta_{1,N_0+1} \geqslant \beta_{L_0,1} > \frac{L_0^2}{\eta^2}.$$

由 (3.8.9) 及上面两式相加可得

$$\lambda_{m+1} > \frac{1}{Re}\frac{L_0^2}{\eta^2}. \tag{3.8.10}$$

(3.8.9) 和 (3.8.10) 相加即得 (3.8.8).

关于谱 Galerkin 逼近方程解的存在性和收敛性, 有如下定理.

定理 3.8.2　设 u 是 Navier-Stokes 方程 (3.6.1) 和 (3.6.2) 的非奇异解, 则存在 $\alpha > 0, L_1, N_1 \in N$, 当 $L_0 > L_1, N_0 > N_1$, 且使得 (3.8.6) 和 (3.8.7) 成立时, 谱 Galerkin 逼近方程 (3.8.1) 和 (3.8.2) 存在唯一解 U, ψ, 使得 $\|u - u_{L_0,N_0}\| \leqslant \alpha$, 且

$$\|u - u_{L_0,N_0}\| \leqslant c_2(c_0 N_0^2 + c_1 L_0^2)^{\frac{1}{2}}, \tag{3.8.11}$$

$$|u-u_{L_0,N_0}|\leqslant c_3(c_0N_0^2+c_1L_0^2)^{-1},\tag{3.8.12}$$

其中, c_i 为和 L_0,N_0 无关的常数,

$$u_{L_0,N_0}=\left(\frac{1}{r^2\sin\theta}\cdot\frac{\partial r\sin\theta\psi}{\partial\theta},U+u_\phi^*,\frac{-1}{r\sin\theta}\cdot\frac{\partial r\sin\theta\psi}{\partial r}\right).$$

证明 定理的存在部分可由定理 3.7.1 直接得到, 误差估计 (3.8.11) 和 (3.8.12) 则由定理 3.7.1 及引理 3.8.1 得到.

在实际计算中, 选取 $\eta=1.18,\omega_2=0$, 即考虑外球不动, 内球旋转, 球间隙为中间隙的情形.

在图 3.6 中, 给出了球 Couette 流的流函数的等值线图 ($L_0=50,N_0=4$). 计算结果和 M. Wimmer 的实验结果[37,38] 基本相符. 当雷诺数较小时, 基本球 Couette 流是唯一的、稳定的, 由两个关于赤道对称的大基本涡组成, 在赤道附近, 流体由内向外流, 赤道好像是一个源. 当雷诺数增长到某个临界值 ($\approx$ 640) 时, 基本球 Couette 流变为不稳定的, 在赤道附近出现扰动, 产生一对 Taylor 涡, 这时 Taylor 涡随雷诺数 Re 的增大而增大, 但它的最大尺度不会超过球间隙的尺度, 它的流向和基本涡的流向相反, 这时赤道就像是一个汇, 流体由外向内流. 当雷诺数 Re 继续增大时, 会出所谓的 2- 涡模式, 在赤道两侧各有两个 Taylor 涡, 新出现的 Taylor 涡尺度比原来 Taylor 涡的尺度小, 流向相反, 这时赤道看起来像是一个源. 在中间隙的情况下, Taylor 涡将不会随雷诺数 Re 的增大而继续增多.

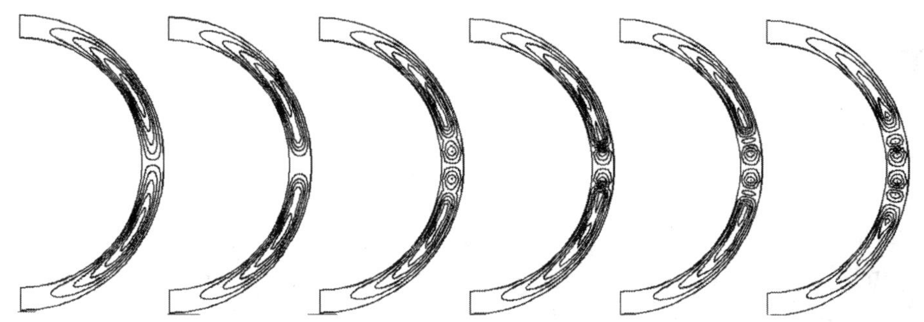

图 3.6 球 Couette 流的三种旋转对称模式

3.9 算 例

引进 Stokes 算子 $\mathcal{A}$ 的特征函数作为逼近子空间的基函数, 运用谱方法和上面给出的分块分裂迭代方法, 进行数值模拟. Stokes 算子 $\mathcal{A}$ 的特征函数为[31,65]

$$U_{(l,n)}=(0,u_{\varphi(l,n)},0),\quad \Psi_{(l,n)}=(u_{r(l,n)},0,u_{\theta(l,n)}),\quad l,n=1,2,\cdots,$$

其中

$$u_{r(l,n)}=\frac{1}{r^2\sin\theta}\cdot\frac{\partial(r\sin\theta\psi_{(l,n)})}{\partial\theta},\quad u_{\theta(l,n)}=\frac{-1}{r\sin\theta}\cdot\frac{\partial(r\sin\theta\psi_{(l,n)})}{\partial r},$$

$$u_{\varphi(l,n)}=b_{l,n}(r)\Theta_l(\theta),\quad l,n=1,2,\cdots,$$

这里 $\Theta_l(\theta)$ 是 Legendre 函数.

$$b_l(\lambda,r)=\begin{vmatrix} j_l(\sqrt{\lambda}r) & y_l(\sqrt{\lambda}r)\\ j_l(\sqrt{\lambda}\eta) & y_l(\sqrt{\lambda}\eta)\end{vmatrix},$$

这里 $j_l(z)=\sqrt{\dfrac{2}{\pi z}}J_{l+\frac{1}{2}}(z),y_l(z)=(-1)^{l+1}\sqrt{\dfrac{2}{\pi z}}J_{-l-\frac{1}{2}}(z)$ 分别为第一类、第二类球 Bessel 函数, 并且 $J_{l+\frac{1}{2}}(z)$ 是半整数阶 Bessel 函数, $\psi_{l,n}=R_{l,n}(r)\Theta_l(\theta),l,n=1,2,\cdots$.

$$R_{l,n}(\lambda,r)=\begin{vmatrix} r^l & r^{-l-1} & j_l(\sqrt{\lambda}r) & y_l(\sqrt{\lambda}r)\\ \eta^l & \eta^{-l-1} & j_l(\sqrt{\lambda}\eta) & y_l(\sqrt{\lambda}\eta)\\ l & -l-1 & \sqrt{\lambda}j_l'(\sqrt{\lambda}r) & \sqrt{\lambda}y_l'(\sqrt{\lambda})\\ l\eta^{l-1} & (-l-1)\eta^{-l-2} & \sqrt{\lambda}j_l'(\sqrt{\lambda}\eta) & \sqrt{\lambda}y_l'(\sqrt{\lambda}\eta)\end{vmatrix},$$

逼近子空间

$$V_{L_0,N_0}=\mathrm{span}\{U_{(l,n)},\Psi_{(l,n)},l=1,2,\cdots,L_0,n=1,2,\cdots,N_0\},$$

取 $\eta=\dfrac{1}{1.18}$, $\varepsilon=1$, $\lambda=Re_i^{-1}$ 作为分歧参数, $L_0=50,N_0=4$, 初值 $(u^0,\lambda^0)=((0,0.0445,0),0.00130),u_1^0=(0.67,0.52,0.83),u_2^0=(0.27,0.35,0.53),u_3^0=(0.38,0.49,0.29)$. 用谱方法和分块分裂迭代方法计算对称破缺分歧, 在 $Re_i\approx 645$ 时发现对称破缺分歧点, 图 3.6 给出了流函数子午面上的流线图, 我们的数值结果与文献 [18] 和 [19] 结果是一致的.

注　这里所有图形都是三维流动在 (r,θ) 平面上的二维投影.

第 4 章　Couette-Taylor 流的数值模拟

本章利用谱方法对轴对称的旋转圆筒间的 Couette-Taylor 流进行数值模拟, 具体安排如下: 4.1 节简单介绍 Couette-Taylor 流问题, 推导柱坐标下 Navier-Stokes 方程的流函数形式, 并利用 Couette 流将边界条件齐次化, 并且简要介绍 Sturm-Liouville 问题等预备知识. 4.2 节给出 Stokes 算子特征函数的解析表达式, 证明其正交性, 并给出特征值和特征函数的一些计算结果. 4.3 节讨论特征值的增长性估计. 4.4 节, 讨论柱坐标下 Navier-Stokes 方程非奇异解的谱 Galerkin 逼近问题, 4.5 节给出数值计算结果.

4.1　Couette-Taylor 流问题简介及预备知识

4.1.1　Couette-Taylor 流问题简介

同轴圆筒间旋转流动的 Couette-Taylor 流问题是 1923 年发现 Taylor 涡至今人们普遍关注的热点问题, 由于它在研究流动的失稳、从分岔到混沌直至发展为湍流过程中流动形态的可观测性以及它在湍流研究中的基础性地位, 及其在流体机械、石油化工等领域的广泛应用, 国际上将它列为非线性科学的范例之一. 根据两圆筒的半径比、内外圆筒旋转方式、旋转角速度等的不同, 这种流动会产生多种复杂的流动形态, 如 Couette 流动、Taylor 涡流、螺旋 Taylor 漩涡、波状 Taylor 涡流、波状螺旋漩涡、调制波状螺旋漩涡、湍状 Taylor 涡流等二十余种, 存在着多种演化到湍流的方式, 提供了从层流到湍流过渡得非常好的例子. 该问题所包含的这些复杂多变的流动形态引发了众多研究者开展相关的理论分析、数值计算和实验观测研究, 每两年召开一次相关的国际学术会议, 相关文献非常丰富 (如文献 [38]~[53], 这些仅仅是 2000 多篇文献中的一小部分). 目前已有的工作大都侧重于从流动的稳定性和分岔现象开展研究, 主要是利用分岔理论来解释和分析实验中观察到的流动发展到湍流前的各种涡流及其相互演化的过程, 以及从层流过渡到湍流的方式及仿真等, 而对流动发展到湍流之后混沌吸引子的存在性及仿真等问题目前很少有文献涉及. 由实验可知随雷诺数增大, 这种流动最终总要演化成湍流, 也就是说混沌总是要发生的, 所以探讨其混沌吸引子的存在性及其数值仿真问题不但在理论上有价值, 而且在实践上也有直接意义. 这个问题是和两个同心球之间的流动问题紧密相连的, 比如, 球 Couette 流在赤道附近的流态很接近同轴圆柱之间的流动

(详细比较可参见文献 [30]). 但球不像圆柱那样受端口的影响, 因此研究起来更加单纯.

引入记号

(r, ϕ, z),	柱坐标,
r_1, r_2,	内、外圆柱的半径,
ω_1, ω_2,	内、外圆柱旋转的角速度,
$\omega = \dfrac{\omega_2}{\omega_1}$,	外、内圆柱的角速度比,
$\eta = \dfrac{r_2}{r_1}$,	外、内圆柱的半径比,
$Re_i = \dfrac{\omega_i r_i^2}{\nu}, i = 1, 2$,	雷诺数,
ψ,	流函数,
ν,	动力黏性系数,
$u = (u_1, u_2, u_3)$,	流体速度协变分量,
$(u_r, u_\phi, u_z), p$,	柱坐标下流体速度及压力的物理分量.

1923 年, G. I. Taylor 研究了两个无限长同轴以不同角速度旋转的圆柱之间的黏性流的流动问题, 发现了分歧现象. 后来很多学者研究了这个问题. 实验、数值计算和理论分析表明, 当雷诺数 Re 很小时, 两圆柱之间流体的流动是层流, 只有圆周方向的动力, 粒子动力轨迹是一个同心圆, 称为 Couette 流. 当雷诺数增加越过临界值 $Re_{\rm c}$ (假设外圆柱不动, 内圆柱以角速度 ω_1 旋转, 雷诺数增加就意味着 ω_1 增加) 时, Couette 流出现不稳定, 分岔出 Taylor 漩涡, 即在通过轴的子午面内, 沿 z 轴方向出现周期性漩涡, 它由一个一个漩涡组成, 关于 $z = 0$ 是镜面反射对称. Taylor 漩涡是环形涡, 仍然是定常流动, 它是稳定的. 当 Re 继续增大, 越过第二临界值 $Re_{\rm c2}$ 时, Taylor 漩涡变得不稳定, 形成 Taylor 行进波, 它是一种沿旋转轴均匀动力的波动, 破坏了对时间和旋转轴的不变性, 但仍是一种周期性动力, 并且在一个适当的旋转标架里, 流动看来还是定常的. 这样的周期动力, 也称为旋转波.

当 Re 继续增大时, 第三次转变发生, 流动变成拟周期, 它的次频率作为调制旋转波. 再经过若干阶段, 进入湍流[38-41,52,53]. 上述转变过程见图 4.1.

Navier-Stokes 方程在 Couette 流的第一临界值处, 其导算子方程有零第一特征值, 重数为 1, 分岔出 TV 分支流; 第二邻界值处, 在 TV 流上的导算子方程有一对共轭复根, 出现 Hopf 分岔.

如果外圆柱体旋转角速度 $\omega_2 \neq 0$, 那么当 ω_1, ω_2 是同向旋转时, 分岔图形和 $\omega_2 = 0$ 时相同; 当 ω_1, ω_2 是异向旋转时, 情形要复杂得多. 实验结果表明: 存在一

个临界值 ω_2^*, 当 $|\omega_2| \leqslant \omega_2^*$ 时, 分岔图像与同向相似, 而当 $\omega_2 > \omega_2^*$ 时, 则分岔途径为

$$\text{Couette 流} \to \text{螺旋蜂涡} \to \text{波动螺旋蜂涡} \to \cdots$$

Diproma、Grannich、Krueger、Cross 和 Diprima 的研究表明, 反向旋转时, Couette 流失稳是由于有几个特征值穿过虚轴, 这几个特征值是: 二重零特征值和两个二重的一对虚共轭特征值.

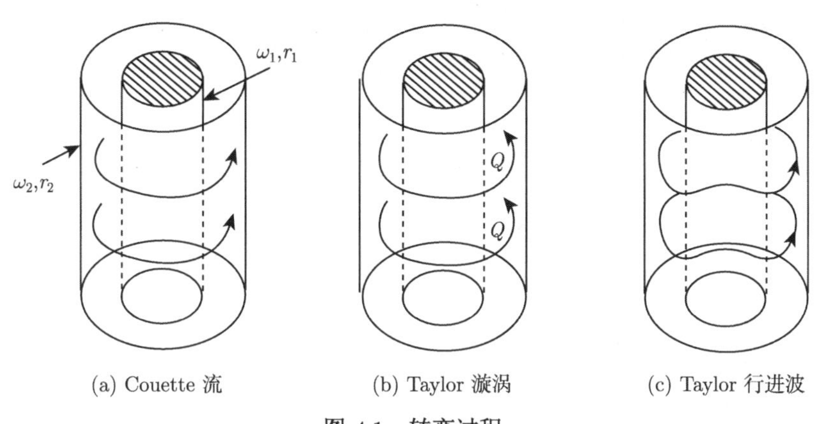

(a) Couette 流　(b) Taylor 漩涡　(c) Taylor 行进波

图 4.1　转变过程

从数学角度上讲, 如果把 Couette 流动作为基本流动, 则 Couette 流变为 Taylor 涡流, 是超临界的定态分岔, 从 Taylor 涡流变为波状涡流是超临界的时间周期分岔 (Hopf 分岔)[52,53]. 我们用谱 Galerkin 方法对这种情形进行数值模拟, 与前人工作不同的是, 我们给出了同轴旋转圆柱间隙区域上 Stokes 算子特征函数的具体表达式, 采用此特征函数作为逼近子空间的基函数, 利用其正交性, 其优点在于它具有一定的物理意义: 每一个基函数都可以看成是一种基本的流动模式, 实际的流动则可以看成是这些基本流动模式的叠加.

4.1.2　流函数方程及边界条件齐次化

考察忽略了重力情形原始变量的 Navier-Stokes 方程

$$\frac{\partial u}{\partial t} + (u \cdot \nabla)u + \nabla p - \nu \nabla^2 u = 0, \tag{4.1.1}$$

$$\nabla \cdot u = 0. \tag{4.1.2}$$

内外圆筒壁上流体随圆柱以同样的角速度旋转, 从物理实验知, 沿 z 轴方向上满足周期性边界条件.

在柱坐标下其形式化为

$$
\begin{cases}
\dfrac{\partial u_r}{\partial t}-\nu\left[\nabla^2 u_r-\dfrac{u_r}{r^2}-\dfrac{2}{r^2}\dfrac{\partial u_\phi}{\partial\phi}\right]+u_r\dfrac{\partial u_r}{\partial r}+\dfrac{u_\phi}{r}\dfrac{\partial u_r}{\partial\phi}+u_z\dfrac{\partial u_r}{\partial z}-\dfrac{1}{r}u_\phi^2+\dfrac{\partial p}{\partial r}=0,\\
\dfrac{\partial u_\phi}{\partial t}-\nu\left[\nabla^2 u_\phi-\dfrac{u_\phi}{r^2}+\dfrac{2}{r^2}\dfrac{\partial u_r}{\partial\phi}\right]+u_r\dfrac{\partial u_\phi}{\partial r}+\dfrac{u_\phi}{r}\dfrac{\partial u_\phi}{\partial\phi}+u_z\dfrac{\partial u_\phi}{\partial z}+\dfrac{1}{r}u_r u_\phi+\dfrac{1}{r}\dfrac{\partial p}{\partial\phi}=0,\\
\dfrac{\partial u_z}{\partial t}-\nu\nabla^2 u_z+u_r\dfrac{\partial u_z}{\partial r}+\dfrac{u_\phi}{r}\dfrac{\partial u_z}{\partial\phi}+u_z\dfrac{\partial u_z}{\partial z}+\dfrac{\partial p}{\partial z}=0,\\
\dfrac{\partial u_r}{\partial r}+\dfrac{1}{r}u_r+\dfrac{1}{r}\dfrac{\partial u_\phi}{\partial\phi}+\dfrac{\partial u_z}{\partial z}=0,
\end{cases}
\tag{4.1.3}
$$

边界条件为

$$
\begin{cases}
u_\phi|_{r=r_1}=r_1\omega_1,\quad u_r|_{r=r_1}=u_z|_{r=r_1}=0,\\
u_\phi|_{r=r_2}=r_2\omega_2,\quad u_r|_{r=r_2}=u_z|_{r=r_2}=0,\\
u(t,r,\phi,z)=u\left(t,r,\phi,z+\dfrac{2\pi}{\alpha_0}\right),
\end{cases}
\tag{4.1.4}
$$

其中, $\nabla^2=\dfrac{\partial^2}{\partial r^2}+\dfrac{1}{r}\dfrac{\partial}{\partial r}+\dfrac{1}{r^2}\dfrac{\partial^2}{\partial\phi^2}+\dfrac{\partial^2}{\partial z^2}$; α_0 为波数, 是待定常数[57,58]. 假设流动是轴对称的, 即 u_r,u_ϕ,u_z 对 ϕ 的偏导数均为 0, 引入流函数 ψ

$$
u_r=-\frac{\partial\psi}{\partial z},\quad u_z=D_*\psi=\left(\frac{\partial}{\partial r}+\frac{1}{r}\right)\psi. \tag{4.1.5}
$$

由 (4.1.5) 的定义易知 u_r,u_z 满足 (4.1.3) 中的连续性方程 (第四式), (4.1.3) 的第一式对 z 求偏导减去第三式对 r 求偏导消去 p, 代入流函数 (4.1.5) 经计算, 得到如下轴对称的 Navier-Stokes 方程的流函数形式

$$
\frac{\partial}{\partial t}L^2\psi-\frac{\partial(\psi,L^2\psi)}{\partial(z,r)}+\frac{1}{r}\frac{\partial}{\partial z}(\psi L^2\psi)+\frac{1}{r}\frac{\partial u_\phi^2}{\partial z}-\nu L^4\psi=0, \tag{4.1.6}
$$

$$
\frac{\partial u_\phi}{\partial t}-\frac{\partial\psi}{\partial z}\frac{\partial u_\phi}{\partial r}-\frac{u_\phi}{r}\frac{\partial\psi}{\partial z}+D_*\psi\frac{\partial u_\phi}{\partial z}-\nu L^2 u_\phi=0, \tag{4.1.7}
$$

其中, $\dfrac{\partial(\psi,L^2\psi)}{\partial(z,r)}=\begin{vmatrix}\dfrac{\partial\psi}{\partial z} & \dfrac{\partial\psi}{\partial r}\\ \dfrac{\partial L^2\psi}{\partial z} & \dfrac{\partial L^2\psi}{\partial r}\end{vmatrix}$, $L^2=\nabla^2-\dfrac{1}{r^2}=\dfrac{\partial^2}{\partial r^2}+\dfrac{1}{r}\dfrac{\partial}{\partial r}+\dfrac{\partial^2}{\partial z^2}-\dfrac{1}{r^2}$, 边

界条件化为

$$\begin{cases} u_\phi|_{r=r_1} = r_1\omega_1, \quad u_\phi|_{r=r_2} = r_2\omega_2, \\ \psi|_{r=r_1} = \psi|_{r=r_2} = \left.\dfrac{\partial\psi}{\partial r}\right|_{r=r_1} = \left.\dfrac{\partial\psi}{\partial r}\right|_{r=r_2} = 0, \\ \psi(r,z) = \psi\left(r, z+\dfrac{2\pi}{\alpha_0}\right), \quad u_\phi(r,z) = u_\phi\left(r, z+\dfrac{2\pi}{\alpha_0}\right). \end{cases} \tag{4.1.8}$$

为了将边界条件齐次化, 引入基本流 u_0^*, 即与黏性无关的 Couette 流[64]

$$u_0^* = (0, u_\phi^*, 0), \quad u_\phi^* = \widetilde{\alpha}r + \widetilde{\beta}r^{-1}, \quad p_0 = \frac{1}{2}(\widetilde{\alpha}^2 r^2 + \widetilde{\beta}^2 r^{-2}) + 2\widetilde{\alpha}\widetilde{\beta}\ln r + \text{const},$$

其中

$$\widetilde{\alpha} = \frac{\omega_1 r_1^2 - \omega_2 r_2^2}{r_1^2 - r_2^2}, \quad \widetilde{\beta} = -\frac{(\omega_1 - \omega_2) r_1^2 r_2^2}{r_1^2 - r_2^2}.$$

容易验证 u_ϕ^* 满足边界条件

$$u_\phi^*|_{r=r_1} = r_1\omega_1, \quad u_\phi^*|_{r=r_2} = r_2\omega_2,$$

并且有 $L^2 u_\phi^* = \left(\nabla^2 - \dfrac{1}{r^2}\right) u_\phi^* = 0$.

设 $u_\phi = U + u_\phi^*$, 这样得到 U 和 ψ 的方程

$$\frac{\partial U}{\partial t} = \frac{\partial\psi}{\partial z} D_* U - \frac{\partial U}{\partial z} D_*\psi + \frac{\partial\psi}{\partial z} D_* u_\phi^* + \nu L^2 U, \tag{4.1.9}$$

$$\frac{\partial}{\partial t} L^2\psi = \frac{\partial(\psi, L^2\psi)}{\partial(z,r)} - \frac{1}{r}\frac{\partial}{\partial z}(\psi L^2\psi) - \frac{2u_\phi^*}{r}\frac{\partial U}{\partial z} - \frac{1}{r}\frac{\partial U^2}{\partial z} + \nu L^4\psi \tag{4.1.10}$$

及边界条件

$$\begin{cases} U|_{r=r_1} = U|_{r=r_2} = 0, \\ \psi|_{r=r_1} = \left.\dfrac{\partial\psi}{\partial r}\right|_{r=r_1} = \psi|_{r=r_2} = \left.\dfrac{\partial\psi}{\partial r}\right|_{r=r_2} = 0, \\ U(r,z) = U\left(r, z+\dfrac{2\pi}{\alpha_0}\right), \quad \psi(r,z) = \psi\left(r, z+\dfrac{2\pi}{\alpha_0}\right). \end{cases} \tag{4.1.11}$$

4.1.3 Sturm-Liouville 问题

1. Sturm-Liouville 方程

带有参数 λ 的二阶齐次线性常微分方程

$$\begin{cases} \dfrac{\mathrm{d}}{\mathrm{d}x}\left[k(x)\dfrac{\mathrm{d}y}{\mathrm{d}x}\right] + (\lambda\rho(x) - Q(x))y = 0, \quad x \in [a,b], \\ y|_{x=a,b} = 0 \end{cases} \tag{4.1.12}$$

称为 Sturm-Liouville 方程. 其中 $k(x), \rho(x), Q(x)$ 是 $[a,b]$ 中给定的实函数, 且 $k(x)$ 及其微商、$\rho(x)$ 和 $Q(x)$ 在 $[a,b]$ 内连续, $k(x)>0, \rho(x)>0, Q(x)\geqslant 0$, $k(x)$ 称为核函数, $\rho(x)$ 称为权函数.

对于 Sturm-Liouville 问题有如下结论[73].

定理 4.1.1　(1) Sturm-Liouville 问题特征值 λ 有无穷多个, 且均为非负实数, 并且是可分离的, 即

$$0<\lambda_1\leqslant\lambda_2\leqslant\cdots\leqslant\lambda_n\leqslant\cdots,\quad \lim_{n\to\infty}\lambda_n=+\infty. \tag{4.1.13}$$

(2) 对应于 λ_n 的特征函数组 $y_n(n=1,2,\cdots)$ 在区间 $[a,b]$ 上是带权 $\rho(x)$ 正交的, 即

$$\int_a^b \rho(x)y_n(x)y_m(x)\mathrm{d}x=\delta_{mn}, \tag{4.1.14}$$

其中, δ_{mn} 为克罗内克符号.

2. 带参数 λ 的 Bessel 方程

带参数 λ 的 Bessel 方程的 Sturm-Liouville 型为

$$\begin{cases} \dfrac{\mathrm{d}}{\mathrm{d}x}\left(x\dfrac{\mathrm{d}y}{\mathrm{d}x}\right)+\left(\lambda x-\dfrac{m^2}{x}\right)y=0, \quad x\in[a,b], \\ y|_{x=a}<\infty. \end{cases} \tag{4.1.15}$$

$$(k(x)=x, \rho(x)=x, m\geqslant 0).$$

它的解分为三种情况[72]:

(1) $\lambda>0$, 方程的通解为

$$y=AJ_m(\sqrt{\lambda}x)+BY_m(\sqrt{\lambda}x), \tag{4.1.16}$$

式中, 两个线性独立的解 $J_m(x), Y_m(x)$ 分别为第一类和第二类 Bessel 函数[72,73];

(2) $\lambda<0$, 方程可以写为

$$x^2\frac{\mathrm{d}^2y}{\mathrm{d}x^2}+x\frac{\mathrm{d}y}{\mathrm{d}x}-(-\lambda x^2+m^2)y=0, \tag{4.1.17}$$

若令 $\xi=\sqrt{-\lambda}x$, 则它化为变形的 Bessel 方程

$$\xi^2\frac{\mathrm{d}^2y}{\mathrm{d}\xi^2}+\xi\frac{\mathrm{d}y}{\mathrm{d}\xi}-(\xi^2+m^2)y=0,$$

则方程的通解为

$$y=AI_m(\xi)+BK_m(\xi)=AI_m(\sqrt{-\lambda}x)+BK_m(\sqrt{-\lambda}x), \tag{4.1.18}$$

式中, 两个线性独立的解 $I_m(x)$、$K_m(x)$ 分别为变形的第一类和第二类 Bessel 函数[72,73];

(3) $\lambda=0$, 方程化为 Euler 方程

$$x^2\frac{\mathrm{d}^2y}{\mathrm{d}x^2}+x\frac{\mathrm{d}y}{\mathrm{d}x}-m^2y=0, \tag{4.1.19}$$

则方程的通解为

$$y=\begin{cases}A+B\ln x, & m=0,\\ Ax^m+Bx^{-m}, & m\neq 0.\end{cases} \tag{4.1.20}$$

4.2 Stokes 算子的特征值和特征函数

本节给出无限长柱间隙区域 $\Omega=\{(r,\phi,z);1\leqslant r\leqslant\eta,0\leqslant\phi\leqslant 2\pi,-\infty\leqslant z\leqslant\infty\}$ 上 Stokes 算子的特征值和特征函数, 证明特征函数的正交性, 并给出一些计算结果和图形. 一般区域上 Stokes 算子的特征函数是无法求出解析表达式的, 但对于同轴旋转圆柱间隙区域上 Stokes 算子的特征值问题, 我们采用分离变量法, 利用 Bessel 函数给出其特征函数的解析形式, 并用一族级数的零点表示其特征值.

4.2.1 Stokes 算子的特征值和特征函数

考察 Stokes 算子的特征值问题

$$\begin{cases}-\nu\nabla^2u+\nabla p=\widetilde{\lambda}u,\\ \nabla\cdot u=0,\\ u|_{\partial\Omega}=0,\\ u(r,z)=u\left(r,z+\dfrac{2\pi}{\alpha}\right).\end{cases}$$

在柱坐标系下可以表示为

$$\begin{cases}-\nu\left[\nabla^2u_r-\dfrac{u_r}{r^2}-\dfrac{2}{r^2}\dfrac{\partial u_\phi}{\partial\phi}\right]+\dfrac{\partial p}{\partial r}=\widetilde{\lambda}u_r,\\ -\nu\left[\nabla^2u_\phi-\dfrac{u_\phi}{r^2}+\dfrac{2}{r^2}\dfrac{\partial u_r}{\partial\phi}\right]+\dfrac{\partial p}{\partial\phi}=\widetilde{\lambda}u_\phi,\\ -\nu\nabla^2u_z+\dfrac{\partial p}{\partial z}=\widetilde{\lambda}u_z,\\ \dfrac{\partial u_r}{\partial r}+\dfrac{1}{r}u_r+\dfrac{1}{r}\dfrac{\partial u_\phi}{\partial\phi}+\dfrac{\partial u_z}{\partial z}=0,\\ u|_{\partial\Omega}=0,\quad u(r,z)=u\left(r,z+\dfrac{2\pi}{\alpha_0}\right).\end{cases}$$

由对称性可知, u_r、u_ϕ、u_z 对 ϕ 的偏导数均为 0, 同样引入流函数 (4.1.5), 消去 p, 上述特征值问题化为

$$\begin{cases} -\nu L^2 U = \widetilde{\lambda} U, \\ -\nu L^4 \psi = \widetilde{\lambda} L^2 \psi, \\ U|_{r=1} = U|_{r=\eta} = 0, \\ \psi|_{r=1} = \left.\dfrac{\partial \psi}{\partial r}\right|_{r=1} = \psi|_{r=\eta} = \left.\dfrac{\partial \psi}{\partial r}\right|_{r=\eta} = 0. \\ U(r,z) = U\left(r, z + \dfrac{2\pi}{\alpha_0}\right), \quad \psi(r,z) = \psi\left(r, z + \dfrac{2\pi}{\alpha_0}\right). \end{cases} \tag{4.2.1}$$

定义空间 H_{0p}^1 为$\left\{u | u \in c^\infty(\Omega), u|_{r=1,\eta} = 0, u(r,z) = u\left(r, z + \dfrac{2\pi}{\alpha_0}\right)\right\}$ 在 H^1 范数下的闭包, 并赋以 H^1 范数; 空间 H_{0p}^2 为 $\left\{u | u \in c^\infty(\Omega), u|_{r=1,\eta} = 0, u(r,z) = u\left(r, z + \dfrac{2\pi}{\alpha_0}\right)\right\}$ 在 H^2 范数下的闭包, 并赋以 H^2 范数, 因此相应于 Stokes 算子的特征值问题 (4.2.1) 为求 $(\widetilde{\lambda}, U, \psi) \in R \times H_{0p}^1(\Omega) \times H_{0p}^2(\Omega)$, 使得

$$-\nu L^2 U = \widetilde{\lambda} U, \quad -\nu L^4 \psi = \widetilde{\lambda} L^2 \psi. \tag{4.2.2}$$

上述特征值问题可化为如下两个特征值问题, 求 $(\lambda, U, \psi) \in R \times H_{0p}^1(\Omega) \times H_{0p}^2(\Omega)$, 使得

$$L^2 U + \lambda U = 0 \tag{4.2.3}$$

和

$$L^4 \psi + \lambda L^2 \psi = 0, \tag{4.2.4}$$

这里 $\lambda = \dfrac{\widetilde{\lambda}}{\nu} = Re \cdot \widetilde{\lambda}$.

下面采用分离变量法求解问题 (4.2.3) 和 (4.2.4).

设 $U = w(r) f(z)$, 问题 (4.2.3) 可化为如下 Sturm-Liouville 问题

$$\begin{cases} r^2 \dfrac{\mathrm{d}^2 w}{\mathrm{d}r^2} + r \dfrac{\mathrm{d}w}{\mathrm{d}r} + [(\lambda - \mu) r^2 - 1] w = 0, \\ w|_{r=1} = w|_{r=\eta} = 0 \end{cases} \tag{4.2.5}$$

和问题

$$\begin{cases} \dfrac{\mathrm{d}^2 f}{\mathrm{d}z^2} + \mu f(z) = 0, \\ f(z) = f\left(z + \dfrac{2\pi}{\alpha_0}\right). \end{cases} \tag{4.2.6}$$

由周期性边界条件知, 当 $\mu=\alpha_0^2n^2(n=0,1,2,\cdots)$ 时, (4.2.6) 的通解为

$$f(z)=c_1f_1(z)+c_2f_2(z),$$

其中, $f_1(z)=\cos(n\alpha_0 z)$ 和 $f_2(z)=\sin(n\alpha_0 z)$ 为其两个线性独立的非零解. 对任何固定的 n, (4.2.5) 化为

$$\begin{cases}\dfrac{\mathrm{d}}{\mathrm{d}r}\left(r\dfrac{\mathrm{d}w}{\mathrm{d}r}\right)+\left[(\lambda-\alpha_0^2n^2)r-\dfrac{1}{r}\right]w=0,\\ w|_{r=1}=w|_{r=\eta}=0.\end{cases}\tag{4.2.7}$$

在后面的定理 4.3.1 中将证明 (4.2.7) 的特征值 $\lambda_n>\alpha_0^2n^2$, 因此由 (4.1.16) 可知, (4.2.7) 中方程的通解可以表示为

$$W_n(\lambda,r)=c_1J_1\left(\sqrt{\lambda-\alpha_0^2n^2}r\right)+c_2Y_1\left(\sqrt{\lambda-\alpha_0^2n^2}r\right),\tag{4.2.8}$$

其中, J_1,Y_1 分别为一阶第一类、第二类 Bessel 函数.

将其边界条件代入后得

$$\begin{cases}c_1J_1(\sqrt{\lambda-\alpha_0^2n^2})+c_2Y_1(\sqrt{\lambda-\alpha_0^2n^2})=0,\\ c_1J_1(\sqrt{\lambda-\alpha_0^2n^2}\eta)+c_2Y_1(\sqrt{\lambda-\alpha_0^2n^2}\eta)=0.\end{cases}$$

由于 $W_n(\lambda,r)$ 不恒为 0, 故 c_1,c_2 中至少有一个非零, 即上述方程有非零解, 从而有[74]

$$\begin{vmatrix}J_1(\sqrt{\lambda-\alpha_0^2n^2}) & Y_1(\sqrt{\lambda-\alpha_0^2n^2})\\ J_1(\sqrt{\lambda-\alpha_0^2n^2}\eta) & Y_1(\sqrt{\lambda-\alpha_0^2n^2}\eta)\end{vmatrix}=0.\tag{4.2.9}$$

由 Bessel 函数的性质可知, 对任一固定的 n, (4.2.9) 有无穷多个实根 $\lambda_k^n, k=1,2,\cdots$, 记 $\lambda_k^n=\alpha_{k,n}$, 则有[72]

$$\alpha_{k,n}>0,\quad \alpha_{k+1,n}>\alpha_{k,n},\quad \alpha_{k,n+1}>\alpha_{k,n},\tag{4.2.10}$$

而这时常数 c_1,c_2 分别取 $c_1=cY_1(\sqrt{\lambda-\alpha_0^2n^2}\eta), c_2=-cJ_1(\sqrt{\lambda-\alpha_0^2n^2}\eta)$, 由 (4.2.8) 得解

$$W_n(\lambda,r)=c\begin{vmatrix}J_1(\sqrt{\lambda-\alpha_0^2n^2}r) & Y_1(\sqrt{\lambda-\alpha_0^2n^2}r)\\ J_1(\sqrt{\lambda-\alpha_0^2n^2}\eta) & Y_1(\sqrt{\lambda-\alpha_0^2n^2}\eta)\end{vmatrix}.$$

因此对应 (4.2.3) 的二重特征值 $\alpha_{k,n}, k, n = 1, 2, \cdots$ 的两个线性独立的特征函数为

$$U_{kn}^1 = W_{kn}(r)\cos(n\alpha_0 z), \quad U_{kn}^2 = W_{kn}(r)\sin(n\alpha_0 z), \quad k, n = 1, 2, \cdots, \tag{4.2.11}$$

其中, $W_{kn}(r) = W_n(\alpha_{k,n}, r)$.

用同样的方法可以求解问题 (4.2.4), 设 $\psi = w(r)f(z)$, 则 (4.2.4) 可化为如下问题

$$\begin{cases} G^4 w = \lambda G^2 w, \\ w|_{r=1} = w|_{r=\eta} = w'|_{r=1} = w'|_{r=\eta} = 0 \end{cases} \tag{4.2.12}$$

及问题 (4.2.6), 其中

$$G^2 w = -\frac{\mathrm{d}^2 w}{\mathrm{d}r^2} - \frac{1}{r}\frac{\mathrm{d}w}{\mathrm{d}r} + \left(n^2\alpha_0^2 + \frac{1}{r^2}\right)w, \quad G^4 w = G^2(G^2 w).$$

由 $(G^2 - \lambda)G^2 w = 0$ 可得 $G^2 w = 0$ 或 $(G^2 - \lambda)w = 0$. 如果 $G^2 w = 0$, 即

$$\frac{\mathrm{d}^2 w}{\mathrm{d}r^2} + \frac{1}{r}\frac{\mathrm{d}w}{\mathrm{d}r} - \left(\alpha_0^2 n^2 + \frac{1}{r^2}\right)w = 0,$$

若令 $\xi = n\alpha_0 r$, 则它化为变形的 Bessel 方程

$$\xi^2\frac{\mathrm{d}^2 y}{\mathrm{d}\xi^2} + \xi\frac{\mathrm{d}y}{\mathrm{d}\xi} - (\xi^2 + m^2)y = 0.$$

从而由 (4.1.18) 得到其两个线性无关的解 $w_n^1(r) = I_1(n\alpha_0 r)$, $w_n^2(r) = K_1(n\alpha_0 r)$, 其中 $I_1(n\alpha_0 r), K_1(n\alpha_0 r)$ 分别为变形的一阶第一类, 第二类 Bessel 函数.

如果 $(G^2 - \lambda)w = 0$, 即

$$\frac{\mathrm{d}}{\mathrm{d}r}\left(r\frac{\mathrm{d}w}{\mathrm{d}r}\right) + \left[(\lambda - n^2\alpha_0^2)r - \frac{1}{r^2}\right]w = 0,$$

在后面的定理 4.3.1 中将证明, 在一定条件下有 $\lambda > n^2\alpha_0^2$, 此时取两个线性无关的解分别为 $w_n^3(r) = J_1(\sqrt{\lambda - n^2\alpha_0^2}r)$ 和 $w_n^4(r) = Y_1(\sqrt{\lambda - n^2\alpha_0^2}r)$, 其中 J_1、Y_1 分别为第一类, 第二类 Bessel 函数. 由于 $w_n^1(r), w_n^2(r), w_n^3(r), w_n^4(r)$ 线性无关, 故问题 (4.2.12) 中方程的通解为

$$w_n(r) = c_1 w_n^1(r) + c_2 w_n^2(r) + c_3 w_n^3(r) + c_4 w_n^4(r), \tag{4.2.13}$$

边界条件为

$$\begin{cases} w_n(1) = c_1 w_n^1(1) + c_2 w_n^2(1) + c_3 w_n^3(1) + c_4 w_n^4(1) = 0, \\ w_n(\eta) = c_1 w_n^1(\eta) + c_2 w_n^2(\eta) + c_3 w_n^3(\eta) + c_4 w_n^4(\eta) = 0, \\ \dfrac{\mathrm{d}w_n(1)}{\mathrm{d}r} = c_1 \dfrac{\mathrm{d}w_n^1(1)}{\mathrm{d}r} + c_2 \dfrac{\mathrm{d}w_n^2(1)}{\mathrm{d}r} + c_3 \dfrac{\mathrm{d}w_n^3(1)}{\mathrm{d}r} + c_4 \dfrac{\mathrm{d}w_n^4(1)}{\mathrm{d}r} = 0, \\ \dfrac{\mathrm{d}w_n(\eta)}{\mathrm{d}r} = c_1 \dfrac{\mathrm{d}w_n^1(\eta)}{\mathrm{d}r} + c_2 \dfrac{\mathrm{d}w_n^2(\eta)}{\mathrm{d}r} + c_3 \dfrac{\mathrm{d}w_n^3(\eta)}{\mathrm{d}r} + c_4 \dfrac{\mathrm{d}w_n^4(\eta)}{\mathrm{d}r} = 0. \end{cases}$$

由于 $w_n(r) \neq 0$, 故 c_1, c_2, c_3, c_4 不全为 0, 故有

$$\begin{vmatrix} w_n^1(1) & w_n^2(1) & w_n^3(1) & w_n^4(1) \\ w_n^1(\eta) & w_n^2(\eta) & w_n^3(\eta) & w_n^4(\eta) \\ \dfrac{\mathrm{d}w_n^1(1)}{\mathrm{d}r} & \dfrac{\mathrm{d}w_n^2(1)}{\mathrm{d}r} & \dfrac{\mathrm{d}w_n^3(1)}{\mathrm{d}r} & \dfrac{\mathrm{d}w_n^4(1)}{\mathrm{d}r} \\ \dfrac{\mathrm{d}w_n^1(\eta)}{\mathrm{d}r} & \dfrac{\mathrm{d}w_n^2(\eta)}{\mathrm{d}r} & \dfrac{\mathrm{d}w_n^3(\eta)}{\mathrm{d}r} & \dfrac{\mathrm{d}w_n^4(\eta)}{\mathrm{d}r} \end{vmatrix} = 0. \tag{4.2.14}$$

从而可以确定 (4.2.12) 的特征值 $\beta_{k,n}, k, n = 1, 2, \cdots$, 且满足

$$\beta_{k,n} > 0, \quad \beta_{k+1,n} > \beta_{k,n}, \quad \beta_{k,n+1} > \beta_{k,n}. \tag{4.2.15}$$

由通解 (4.2.13) 及边界条件得解

$$w_n(\lambda, r) = c \begin{vmatrix} w_n^1(r) & w_n^2(r) & w_n^3(r) & w_n^4(r) \\ w_n^1(\eta) & w_n^2(\eta) & w_n^3(\eta) & w_n^4(\eta) \\ \dfrac{\mathrm{d}w_n^1(1)}{\mathrm{d}r} & \dfrac{\mathrm{d}w_n^2(1)}{\mathrm{d}r} & \dfrac{\mathrm{d}w_n^3(1)}{\mathrm{d}r} & \dfrac{\mathrm{d}w_n^4(1)}{\mathrm{d}r} \\ \dfrac{\mathrm{d}w_n^1(\eta)}{\mathrm{d}r} & \dfrac{\mathrm{d}w_n^2(\eta)}{\mathrm{d}r} & \dfrac{\mathrm{d}w_n^3(\eta)}{\mathrm{d}r} & \dfrac{\mathrm{d}w_n^4(\eta)}{\mathrm{d}r} \end{vmatrix}.$$

则对应 (4.2.4) 的二重特征值 $\beta_{k,n}, k, n = 1, 2, \cdots$, 的两个线性独立的特征函数为

$$\psi_{kn}^1 = w_{kn}(r)\cos(n\alpha_0 z), \quad \psi_{kn}^2 = w_{kn}(r)\sin(n\alpha_0 z), \quad k, n = 1, 2, \cdots, \tag{4.2.16}$$

其中, $w_{kn}(r) = w_n(\beta_{k,n}, r)$.

综上所述, 得到柱间隙区域 Ω 上 Stokes 算子的特征值为

$$\bar{\alpha}_{k,n}=\frac{1}{Re}\alpha_{k,n},\quad \bar{\beta}_{k,n}=\frac{1}{Re}\beta_{k,n},\quad k,n=1,2,\cdots,$$

相应的特征函数分别为

$$(0,U^i_{kn},0),\quad (u^i_{r(kn)},0,u^i_{z(kn)}),\quad k,n=1,2,\cdots,i=1,2,$$

其中

$$u^i_{r(kn)}=-\frac{\partial\psi^i_{kn}}{\partial z},\quad u^i_{z(kn)}=\left(\frac{\partial}{\partial r}+\frac{1}{r}\right)\psi^i_{kn}.$$

下面讨论特征函数的正交性, 由于周期性, 只需在一个周期区域

$$\Omega_0=\left\{(r,z);1\leqslant r\leqslant\eta,0\leqslant z\leqslant\frac{2\pi}{\alpha_0}\right\}$$

上证明特征函数的正交性即可.

定理 4.2.1 特征函数 $U^i_{kn}=W_{kn}(r)f_i(z),\psi^i_{kn}=w_{kn}(r)f_i(z),k,n=1,2,\cdots,$ $i=1,2$, 具有如下正交性

$$\int_{\Omega_0}rU^i_{kn}U^j_{lm}\mathrm{d}r\mathrm{d}z=p_{kn}\frac{\pi}{\alpha_0}\delta_{mn}\delta_{kl}\delta_{ij},\tag{4.2.17}$$

$$-\int_{\Omega_0}rL^2\psi^i_{kn}\cdot\psi^j_{lm}\mathrm{d}r\mathrm{d}z=Q_{kn}\frac{\pi}{\alpha_0}\delta_{mn}\delta_{kl}\delta_{ij},\tag{4.2.18}$$

其中

$$p_{kn}=\int_1^\eta rW^2_{kn}\mathrm{d}r,\quad Q_{kn}=\int_1^\eta rG^2w_{kn}w_{kn}\mathrm{d}r.$$

证明 由于 $W_{kn}(r)$ 为 Sturm-Liouville 问题 (4.2.5) 的解, 由定理 4.1.1 可知, 它具有如下正交性

$$\int_1^\eta rW_{kn}W_{lm}\mathrm{d}r=p_{kn}\delta_{mn}\delta_{kl},$$

所以

$$\int_{\Omega_0}rU^i_{kn}U^j_{lm}\mathrm{d}r\mathrm{d}z=\int_1^\eta rW_{kn}W_{lm}\mathrm{d}r\int_0^{\frac{2\pi}{\alpha_0}}f_i(z)f_j(z)\mathrm{d}z=p_{kn}\frac{\pi}{\alpha_0}\delta_{mn}\delta_{kl}\delta_{ij}.$$

下面证明 (4.2.18) 式. 首先证明特征值问题 (4.2.12) 的特征函数有如下正交性

$$\int_1^\eta rG^2w_{kn}w_{lm}\mathrm{d}r=Q_{kn}\delta_{mn}\delta_{kl}.$$

由方程 (4.2.12) 得

$$G^4w_{kn}-\lambda_{kn}G^2w_{kn}=0,\quad G^4w_{lm}-\lambda_{lm}G^2w_{lm}=0.\tag{4.2.19}$$

将 (4.2.19) 的第一式乘 w_{lm} 减 (4.2.19) 的第二式乘 w_{kn} 可得

$$G^4w_{kn}w_{lm} - \lambda_{kn}G^2w_{kn}w_{lm} - G^4w_{lm}w_{kn} + \lambda_{lm}G^2w_{lm}w_{kn} = 0,$$

即 $(\lambda_{kn} - \lambda_{lm})G^2w_{kn}w_{lm} = 0$, 乘 r 并积分得

$$(\lambda_{kn} - \lambda_{lm})\int_1^{\eta} rG^2w_{kn}w_{lm}\mathrm{d}r = 0,$$

如果 $\lambda_{kn} \neq \lambda_{lm}$, 则必有 $\int_1^{\eta} rG^2w_{kn}w_{lm}\mathrm{d}r = 0$, 因此

$$\int_1^{\eta} rG^2w_{kn}w_{lm}\mathrm{d}r = Q_{kn}\delta_{mn}\delta_{kl}, \tag{4.2.20}$$

所以

$$-\int_{\Omega_0} rL^2\psi_{kn}^i\cdot\psi_{lm}^j\mathrm{d}r\mathrm{d}z = \int_1^{\eta} rG^2w_{kn}w_{lm}\mathrm{d}r\int_0^{\frac{2\pi}{\alpha_0}} f_i(z)f_j(z)\mathrm{d}z = Q_{kn}\frac{\pi}{\alpha_0}\delta_{mn}\delta_{kl}\delta_{ij}.$$证毕.

为下面方便引入如下记号

$$((Lv, Lw)) = -\int_{\Omega_0} r\left(\frac{\partial v}{\partial r}\frac{\partial w}{\partial r} + \mu\frac{\partial v}{\partial z}\frac{\partial w}{\partial z} + \frac{1}{r^2}vw\right)\mathrm{d}r\mathrm{d}z,$$

容易验证

$$((L\psi_{kn}^i, L\psi_{lm}^j)) = -\int_{\Omega_0} rL^2\psi_{kn}^i\cdot\psi_{lm}^j\mathrm{d}r\mathrm{d}z = Q_{kn}\frac{\pi}{\alpha_0}\delta_{mn}\delta_{kl}\delta_{ij}.$$

4.2.2　Stokes 算子特征值、特征函数的计算

下面给出 Stokes 算子的部分特征值、特征函数的计算结果, Matlab 计算程序见附录. 其中 (4.2.9) 和 (4.2.14) 中的波数 $\alpha_0 = 3.14, \eta = 1.14$. Bessel 函数及变形的 Bessel 函数, 当 x 比较大时, 可取如下近似计算公式[73], 或用 Matlab 直接调用 Bessel 函数.

$$J_\nu(x) \approx \sqrt{\frac{2}{\pi x}}\cos\left(x - \frac{\pi}{4} - \frac{\nu}{2}\pi\right), \quad Y_\nu(x) \approx \sqrt{\frac{2}{\pi x}}\sin\left(x - \frac{\pi}{4} - \frac{\nu}{2}\pi\right),$$

$$w_n^1(r) = I_1(n\alpha_0 r) \approx -\frac{3}{2n\alpha_0 r}, \quad w_n^2(r) = K_1(n\alpha_0 r) \approx \frac{5}{2n\alpha_0 r},$$

$$w_n^3(x) = J_1(\sqrt{\lambda - \alpha_0^2n^2}x) \approx \sqrt{\frac{2}{\pi\sqrt{x}}}\cos\left(\sqrt{\lambda - \alpha_0^2n^2}x - \frac{3\pi}{4}\right),$$

$$w_n^4(x) = Y_1(\sqrt{\lambda - \alpha_0^2n^2}x) \approx \sqrt{\frac{2}{\pi\sqrt{x}}}\sin\left(\sqrt{\lambda - \alpha_0^2n^2}x - \frac{3\pi}{4}\right).$$

表 4.1 和表 4.2 列出了特征值 $\alpha_{k,n}$ 的部分计算结果.

表 4.1　特征值 $(n = 1, 2, 3, 4, 5, 6)$

k	$\alpha_{k,1}$	$\alpha_{k,2}$	$\alpha_{k,3}$	$\alpha_{k,4}$	$\alpha_{k,5}$	$\alpha_{k,6}$
k_0	513	543	592	661	750	858
k_0+1	2024	2054	2103	2172	2261	2369
k_0+2	4542	4571	4621	4690	4778	4887
k_0+3	8067	8096	8146	8215	8303	8412
k_0+4	12599	12628	12678	12747	12835	12944
k_0+5	18138	18167	18217	18286	18374	18483
k_0+6	24684	24713	24763	24832	24921	25029
k_0+7	32237	32267	32316	32385	32474	32582
k_0+8	40798	40827	40876	40945	41034	41143
k_0+9	50365	50395	50444	50513	50602	50710
k_0+10	60940	60969	61018	61087	61176	61285
k_0+11	72521	72551	72600	72669	72758	72866
k_0+12	82518	82632	81358	81278	83651	81163

表 4.2　特征值 $(n = 10, 15, 17, 19, 21, 50)$

k	$\alpha_{k,10}$	$\alpha_{k,15}$	$\alpha_{k,17}$	$\alpha_{k,19}$	$\alpha_{k,21}$	$\alpha_{k,50}$
k_0	1490	4230	5420	5910	7560	32710
k_0+1	3000	6750	28030	22720	28630	37240
k_0+2	5518	10280	47260	46720	4758	42780
k_0+3	9043	14810	8445	79150	79830	49320
k_0+4	13575	20350	123720	119470	138450	56880
k_0+5	19114	26890	186190	176860	185740	65440
k_0+6	25660	34450	243640	256320	252210	75000
k_0+7	33213	43010	343460	343550	330740	85580
k_0+8	41774	52570	417860	419640	414340	97160
k_0+9	51341	63150	514380	504180	515420	103100
k_0+10	61916	74730	615490	612470	620760	122840
k_0+11	73497	85460	726210	724660	732580	148360
k_0+12	84514	96420	833510	822080	841510	181730

表 4.3 和表 4.4 给出了特征值 $\beta_{k,n}$ 的部分值.

表 4.3　特征值 $(n = 1, 2, 3, 5, 7, 9)$

k	$\beta_{k,1}$	$\beta_{k,2}$	$\beta_{k,3}$	$\beta_{k,5}$	$\beta_{k,7}$	$\beta_{k,9}$
k_0	514	545	350	717	650	1285
k_0+1	2022	2052	1350	4864	1650	2801
k_0+2	4543	4573	2350	8118	2650	5336
k_0+3	8065	8095	3350	11194	3650	8864
k_0+4	12600	12630	4350	18278	4650	13388

续表

k	$\beta_{k,1}$	$\beta_{k,2}$	$\beta_{k,3}$	$\beta_{k,5}$	$\beta_{k,7}$	$\beta_{k,9}$
k_0+5	18136	18166	5350	21303	5650	18927
k_0+6	24685	24715	7350	32506	6650	25469
k_0+7	32235	32265	8350	35328	7650	33023
k_0+8	40799	40829	9350	50816	8650	41582
k_0+9	50363	50393	10350	53301	9650	51151
k_0+10	60941	60971	11350	72341	10650	61725
k_0+11	72520	72549	12350	79321	11650	73307
k_0+12	82517	82630	21350	80278	12650	83183

表 4.4 特征值 ($n = 10, 15, 17, 19, 21, 23$)

k	$\beta_{k,10}$	$\beta_{k,15}$	$\beta_{k,17}$	$\beta_{k,19}$	$\beta_{k,21}$	$\beta_{k,23}$
k_0	1121	2730	3340	4310	5960	6280
k_0+1	2066	4230	4860	5730	6390	6790
k_0+2	3274	6760	7370	8640	9120	11230
k_0+3	4999	10270	10910	12850	14560	17710
k_0+4	13012	14830	15450	17480	19870	21430
k_0+5	18272	20350	20980	23880	26270	28490
k_0+6	20604	26870	27500	29540	31500	34640
k_0+7	46711	34440	35080	37280	40390	48630
k_0+8	50137	42990	43640	46740	49860	51370
k_0+9	65069	52570	53200	58270	61240	65470
k_0+10	72427	63160	63810	66570	69880	71250
k_0+11	82923	74730	75360	78360	80490	81530
k_0+12	95612	820380	83340	86780	91340	98350

图 4.2 给出了当 $n = 1, 3, 7, 10$ 时计算特征值 $\alpha_{k,n}$ 的特征曲线, 波数 $\alpha_0 = 3.14$.

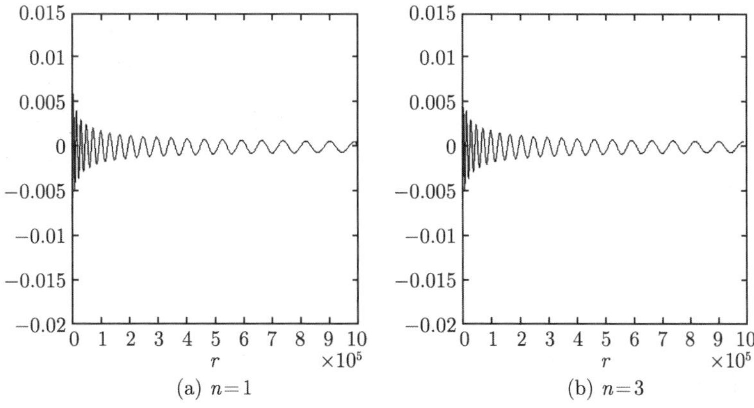

(a) $n=1$ (b) $n=3$

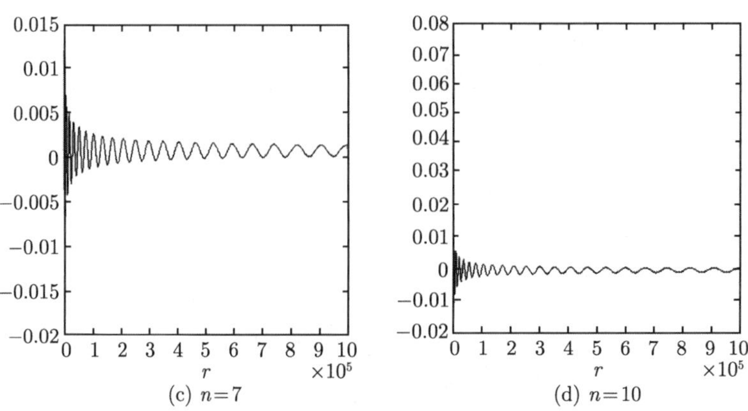

(c) $n=7$　　(d) $n=10$

图 4.2　特征曲线

图 4.3 给出了 $n=1,2,4,10$ 计算的特征值 $\beta_{k,n}$ 的特征曲线, 波数 $\alpha_0=3.14$.

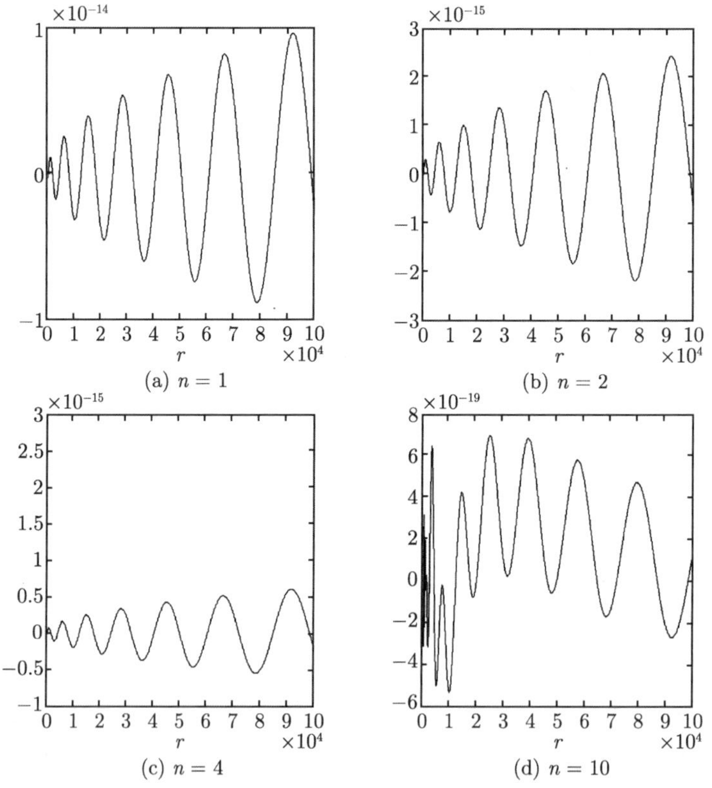

(a) $n=1$　　(b) $n=2$

(c) $n=4$　　(d) $n=10$

图 4.3　特征曲线

图 4.4 给出了 $\alpha_{k_0+1,1}=2024$ 对应的两个线性独立的特征函数 $U^1_{k_0+1,1}$、$U^2_{k_0+1,1}$ 及其等值线图形.

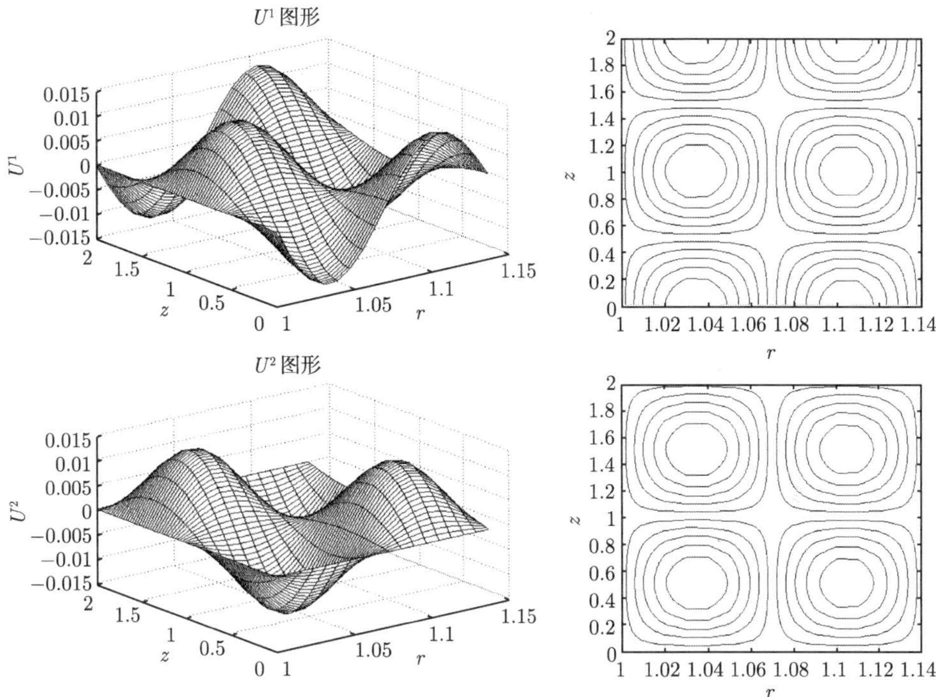

图 4.4　$\alpha_{k_0,1} = 2024$ 对应的两个线性独立的特征函数 $U^1_{k_0+1,1}, U^2_{k_0+1,1}$ 及其等值线图形

图 4.5 给出了 $\alpha_{k_0,2} = 543$ 对应的两个线性独立的特征函数 $U^1_{k_0,2}, U^2_{k_0,2}$ 及其等值线图形.

图 4.6 给出了 $\alpha_{k_0,4} = 661$ 对应的两个线性独立的特征函数 $U^1_{k_0,4}, U^2_{k_0,4}$ 及其等值线图形.

图 4.7 给出了 $\alpha_{k_0+4,4} = 12747$ 对应的两个线性独立的特征函数 $U^1_{k_0+4,4}, U^2_{k_0+4,4}$ 及其等值线图形.

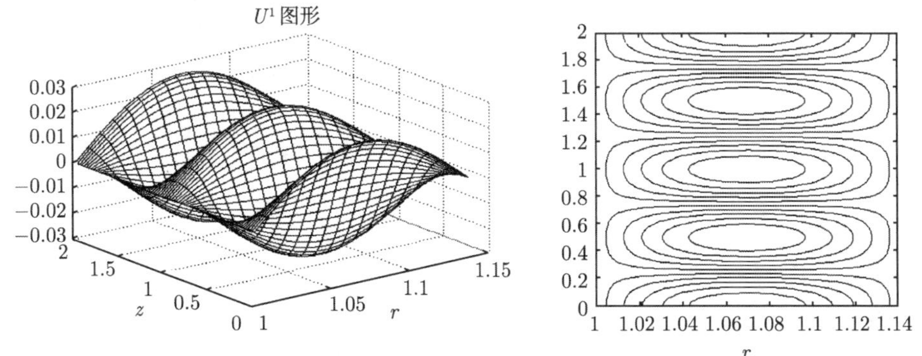

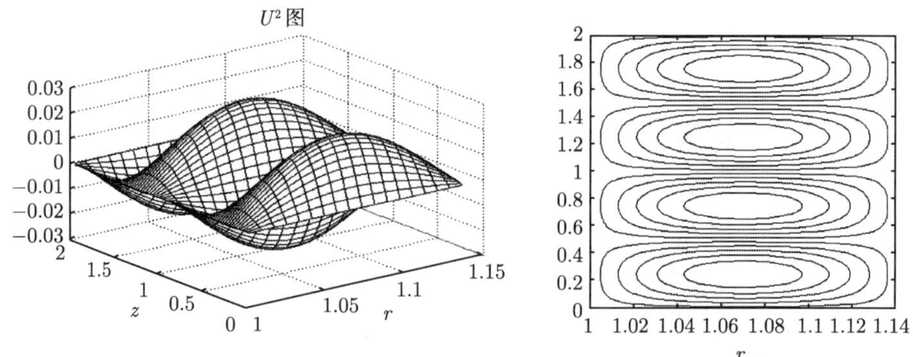

图 4.5　$\alpha_{k_0,2} = 543$ 对应的两个线性独立的特征函数 $U^1_{k_0,2}, U^2_{k_0,2}$ 及其等值线图形

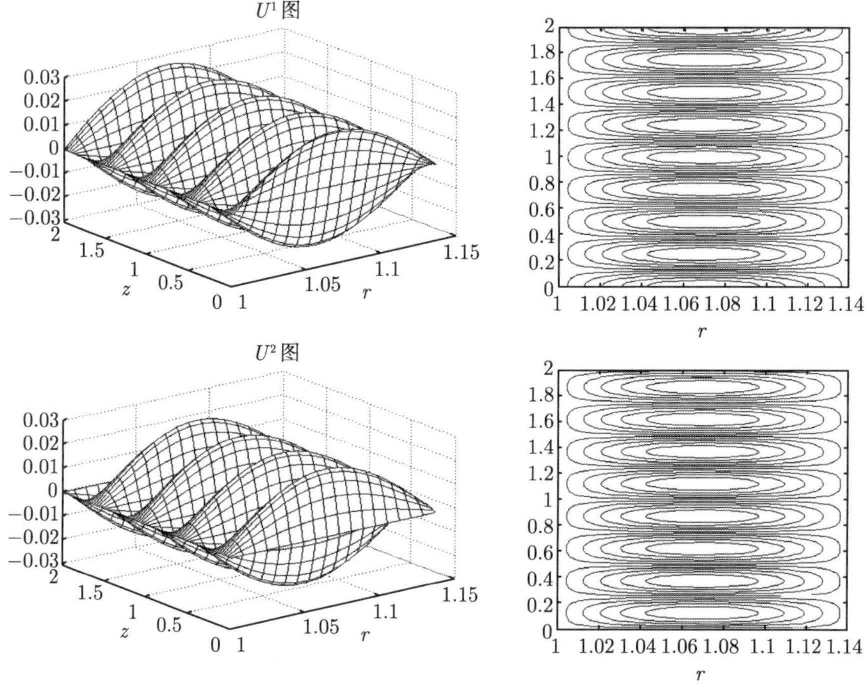

图 4.6　$\alpha_{k_0,4} = 661$ 对应的两个线性独立的特征函数 $U^1_{k_0,4}, U^2_{k_0,4}$ 及其等值线图形

图 4.8 给出了 $\alpha_{k_0+1,5} = 2261$ 对应的两个线性独立的特征函数 $\psi^1_{k_0+1,5}, \psi^2_{k_0+1,5}$ 及其等值线图形.

图 4.9 给出了 $\beta_{k_0+3,1} = 8065$ 对应的两个线性独立的特征函数 $\psi^1_{k_0+3,1}, \psi^2_{k_0+3,1}$ 及其等值线图形.

图 4.10 给出了 $\beta_{k_0+3,2} = 8095$ 对应的两个线性独立的特征函数 $\psi^1_{k_0+3,2}, \psi^2_{k_0+3,2}$ 及其等值线图形.

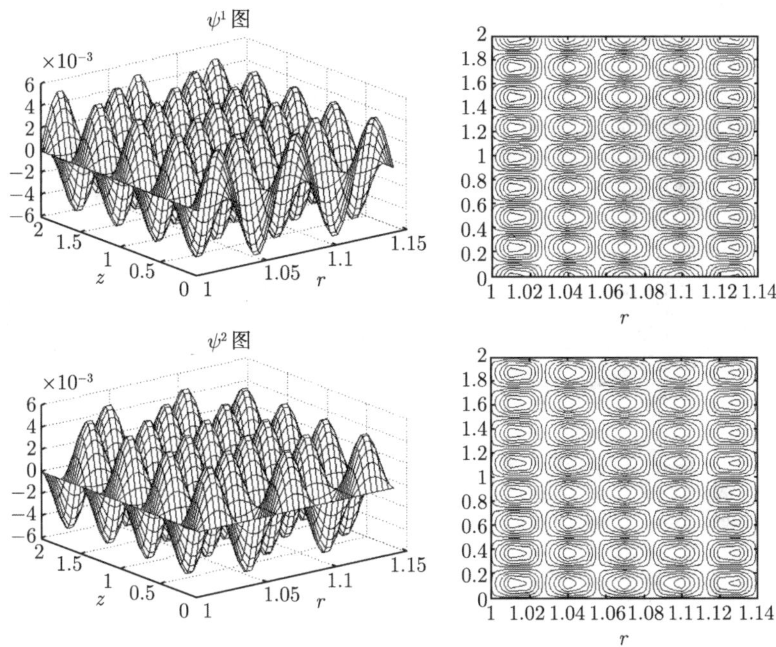

图 4.7　$\alpha_{k_0+4,4}=12747$ 对应的两个线性独立的特征函数 $U^1_{k_0+4,4}, U^2_{k_0+4,4}$ 及其等值线图形

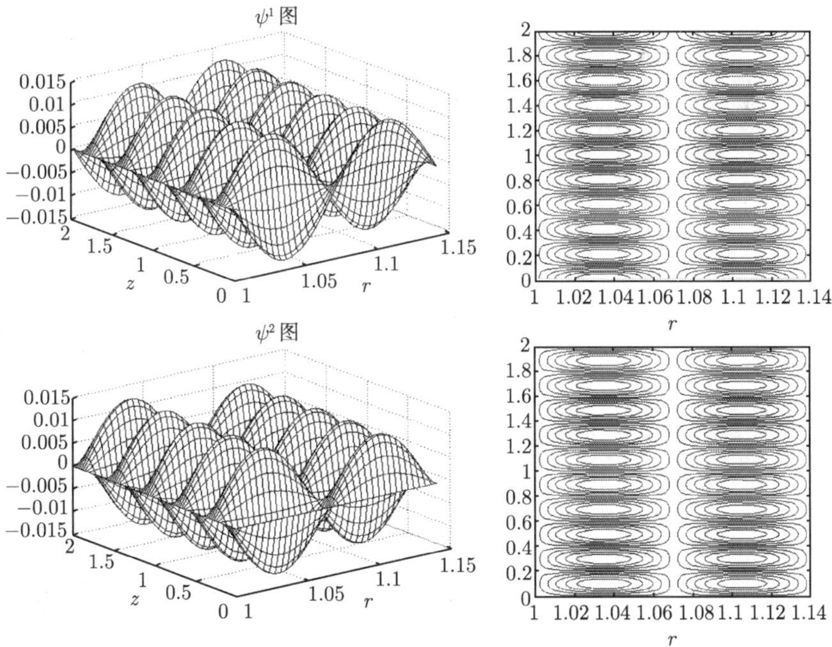

图 4.8　$\alpha_{k_0+1,5}=2261$ 对应的两个线性独立的特征函数 $U^1_{k_0+1,5}, U^2_{k_0+1,5}$ 及其等值线图形

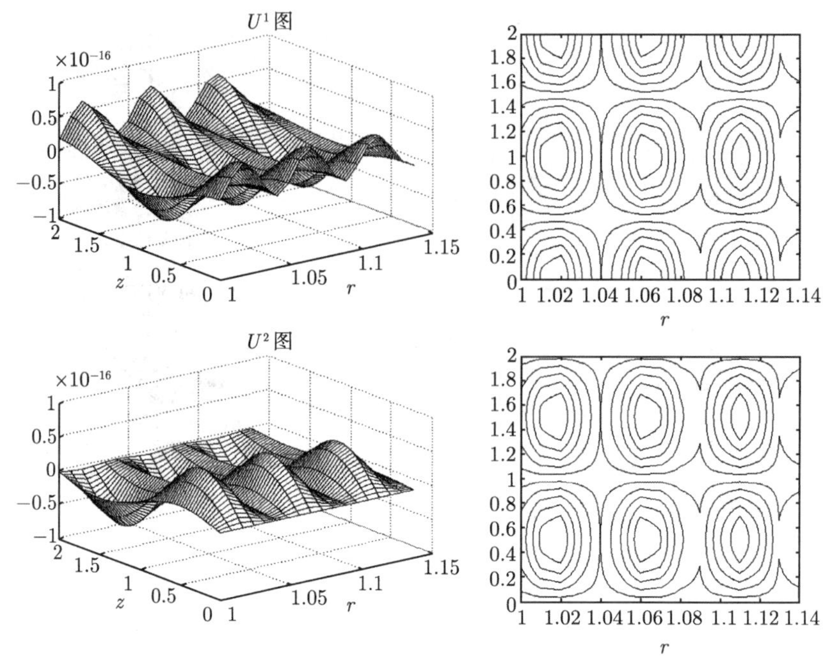

图 4.9　$\beta_{k_0,1}=8065$ 对应的两个线性独立的特征函数 $\psi^1_{k_0+3,1},\psi^2_{k_0+3,1}$ 及其等值线图形

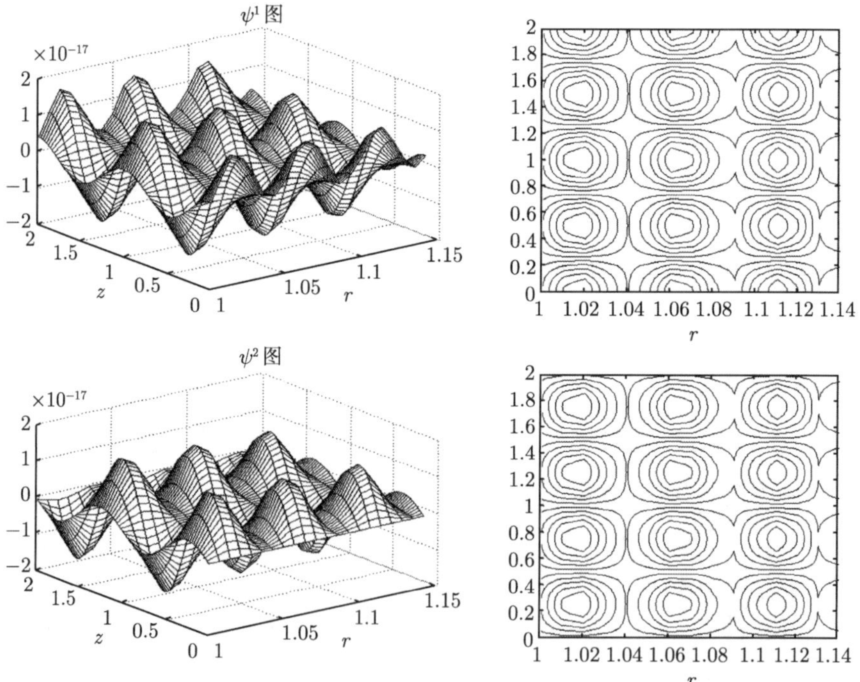

图 4.10　$\beta_{k_0,2}=8095$ 对应的两个线性独立的特征函数 $\psi^1_{k_0+3,2},\psi^2_{k_0+3,2}$ 及其等值线图形

图 4.11 给出了 $\beta_{k_0+10,2} = 72549$ 对应的两个线性独立的特征函数 $\psi^1_{k_0+10,2}$, $\psi^2_{k_0+10,2}$ 及其等值线图形.

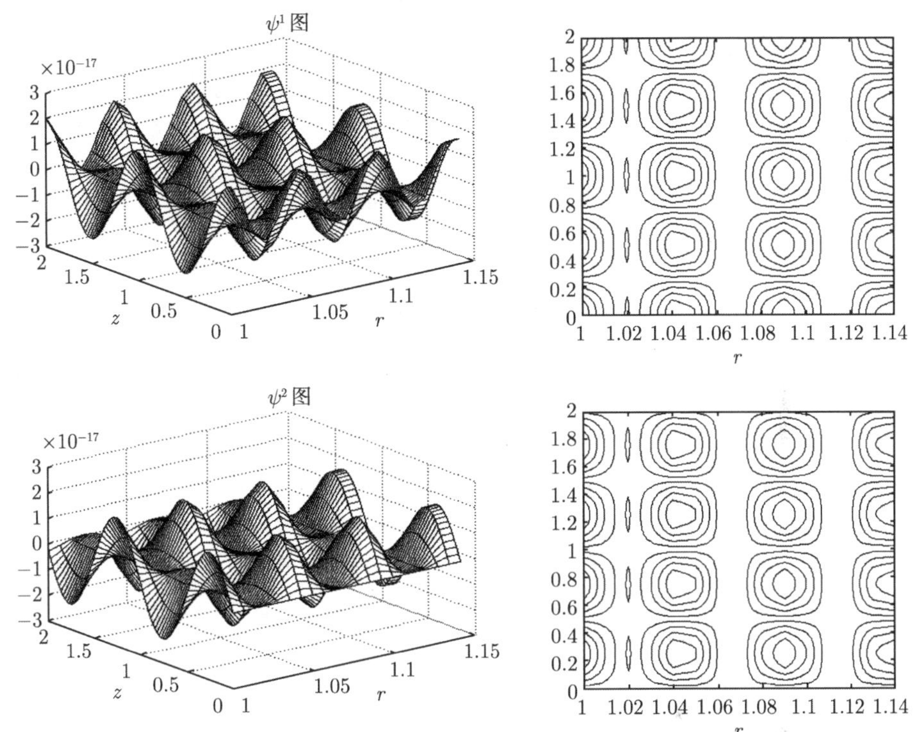

图 4.11 $\beta_{k_0+10,2}=72549$ 对应的两个线性独立的特征函数 $\psi^1_{k_0+10,2}, \psi^2_{k_0+10,2}$ 及其等值线图形

图 4.12 给出了 $\beta_{k_0+10,3} = 11350$ 对应的两个线性独立的特征函数 $\psi^1_{k_0+10,3}$, $\psi^2_{k_0+10,3}$ 及其等值线图形.

图 4.13 给出了 $\beta_{k_0+6,9} = 25469$ 对应的两个线性独立的特征函数 $\psi^1_{k_0+6,9}, \psi^2_{k_0+6,9}$ 及其等值线图形.

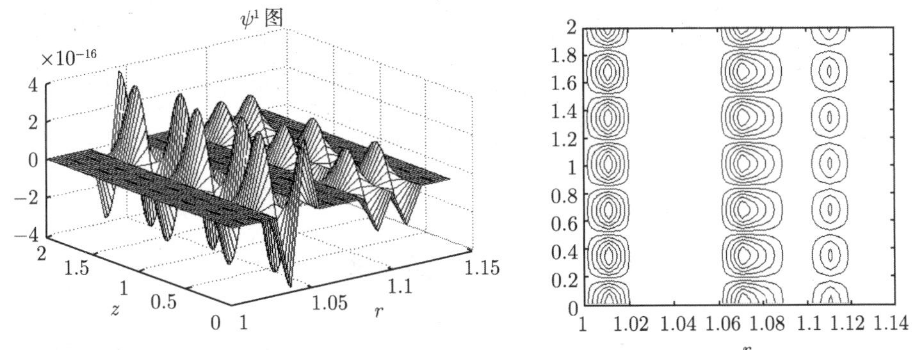

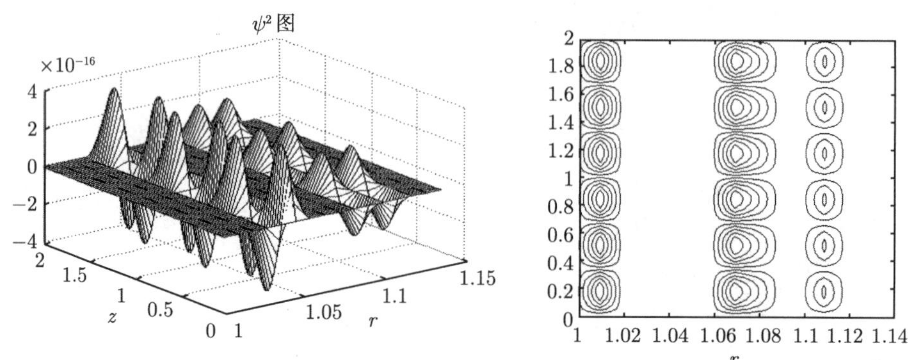

图 4.12　$\beta_{k_0+10,3} = 11350$ 对应的两个线性独立的特征函数 $\psi^1_{k_0+10,3}, \psi^2_{k_0+10,3}$ 及其等值线图形

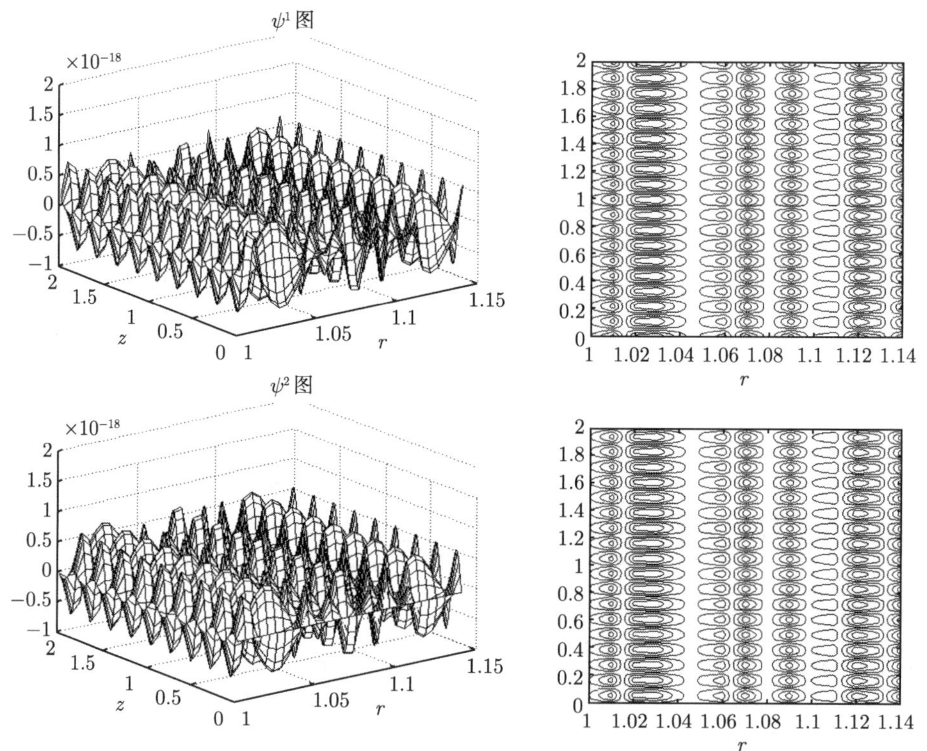

图 4.13　$\beta_{k_0+6,9} = 25469$ 对应的两个线性独立的特征函数 $\psi^1_{k_0+6,9}, \psi^2_{k_0+6,9}$ 及其等值线图形

4.3　特征值的增长性估计

由前面几章的讨论可知, Navier-Stokes 方程解的谱 Galerkin 逼近的误差估计

均由 Stokes 算子特征值的负指数幂给出, 因此讨论 Stokes 算子特征值的增长速度是非常有必要的. 本节讨论特征值的增长性估计, 为此先给出一些记号, 证明几个不等式. 用 $(\cdot,\cdot)$ 表示 $L^2([1,\eta])$ 上如下形式的内积

$$(u,v)=\int_1^\eta ruv\mathrm{d}r,\quad \forall u,v\in L^2([1,\eta]). \tag{4.3.1}$$

引入算子 $T: Tv=-\dfrac{\mathrm{d}^2v}{\mathrm{d}r^2}-\dfrac{1}{r}\dfrac{\mathrm{d}v}{\mathrm{d}r}+\dfrac{\mu r^2+1}{r^2}v$, 以及如下记号

$$(Gv,Gw)=\left[(v',w')+\mu(v,w)+\left(\frac{v}{r},\frac{w}{r}\right)\right]=\mu\int_1^\eta rvw\mathrm{d}r+\int_1^\eta r\frac{\mathrm{d}v}{\mathrm{d}r}\cdot\frac{\mathrm{d}w}{\mathrm{d}r}\mathrm{d}r+\int_1^\eta\frac{1}{r}wv\mathrm{d}r, \tag{4.3.2}$$

所以

$$\begin{aligned}(Gw,Gw)&=\left[(w',w')+\mu(w,w)+\left(\frac{w}{r},\frac{w}{r}\right)\right]\\&=\mu\int_1^\eta rww\mathrm{d}r+\int_1^\eta r\frac{\mathrm{d}w}{\mathrm{d}r}\cdot\frac{\mathrm{d}w}{\mathrm{d}r}\mathrm{d}r+\int_1^\eta\frac{1}{r}ww\mathrm{d}r.\end{aligned}$$

容易验证

$$(Tv,w)=(v',w')+\left(\frac{1}{r}v,\frac{1}{r}w\right)+\mu(v,w),\quad \forall v,w\in H^2([1,\eta])\cap H_0^1([1,\eta]), \tag{4.3.3}$$

$$(G^2v,w)=(Gv,Gw),\quad \forall v,w\in H_0^2([1,\eta]), \tag{4.3.4}$$

$$(G^2v,w)=(v,G^2w),\quad \forall v,w\in H_0^2([1,\eta]). \tag{4.3.5}$$

引理 4.3.1 (1) 设 $w\in C^1([1,\eta]), w|_{r=1}=0$, 则

$$w^2(r)\leqslant 2(w,w)^{\frac{1}{2}}\cdot(w',w')^{\frac{1}{2}}, \tag{4.3.6}$$

$$\left(\frac{w}{r}\right)^2\leqslant 2\left(\frac{w}{r},\frac{w}{r}\right)^{\frac{1}{2}}\cdot(w',w')^{\frac{1}{2}}, \tag{4.3.7}$$

(2) 设 $w\in C^2([1,\eta]), \left.\dfrac{\mathrm{d}w}{\mathrm{d}r}\right|_{r=1}=0$, 则

$$\left[\frac{\mathrm{d}w}{\mathrm{d}r}\right]^2\leqslant 2\left(\frac{\mathrm{d}w}{\mathrm{d}r},\frac{dw}{dr}\right)^{\frac{1}{2}}\cdot\left(\frac{\mathrm{d}^2w}{\mathrm{d}r^2},\frac{\mathrm{d}^2w}{\mathrm{d}r^2}\right)^{\frac{1}{2}}. \tag{4.3.8}$$

证明 $\forall v\in C^1([1,\eta]), v|_{r=1}=0$, 有

$$v^2(r)=\int_1^r\frac{\mathrm{d}v^2}{\mathrm{d}s}\mathrm{d}s=2\int_1^r v\frac{\mathrm{d}v}{\mathrm{d}s}\mathrm{d}s=2\int_1^r r\frac{v}{\sqrt{r}}\frac{1}{\sqrt{r}}\frac{\mathrm{d}v}{\mathrm{d}s}\mathrm{d}s,$$

由 Cauchy-Schwarz 不等式[63]可得

$$v^2(r) \leqslant 2\left(\frac{v}{\sqrt{r}}, \frac{v}{\sqrt{r}}\right)^{\frac{1}{2}} \cdot \left(\frac{v'}{\sqrt{r}}, \frac{v'}{\sqrt{r}}\right)^{\frac{1}{2}} \leqslant 2(v,v)^{\frac{1}{2}}(v',v')^{\frac{1}{2}}. \tag{4.3.9}$$

(1) 由 (4.3.9) 式直接可得 (4.3.6). 注意到 $r \geqslant 1$, 及 Cauchy-Schwarz 不等式可得

$$\left(\frac{w}{r}\right)^2 = w^2 \leqslant 2\int_1^r r\frac{w}{r}\frac{\mathrm{d}w}{\mathrm{d}s}\mathrm{d}s \leqslant 2\left(\frac{w}{r}, \frac{w}{r}\right)^{\frac{1}{2}} \cdot \left(\frac{\mathrm{d}w}{\mathrm{d}r}, \frac{\mathrm{d}w}{\mathrm{d}r}\right)^{\frac{1}{2}},$$

即证得 (4.3.7) 成立.

(2) 在 (4.3.9) 式中令 $v = \dfrac{\mathrm{d}w}{\mathrm{d}r}$, 可得 (4.3.8) 式. 这样就证明了引理的结论, 证毕.

Stokes 算子的特征值具有如下增长性估计.

定理 4.3.1　Stokes 算子在圆柱间隙区域 Ω 上的特征值有如下估计

(1) $\alpha_{k,n} \geqslant \dfrac{k^2}{(\eta^2-1)^2} + \dfrac{\alpha_0^2 n^2 \eta^2 + 1}{\eta^2}, \quad k, n = 1, 2, \cdots;$　(4.3.10)

(2) 当 $\alpha_0^2 n^2 \geqslant 3, \eta \leqslant \sqrt{3}$ 时, $\beta_{k,n} \geqslant \dfrac{k^2}{9(\eta^2-1)^2} + \alpha_0^2 n^2, \quad k, n = 1, 2, \cdots.$　(4.3.11)

证明　首先证明 (4.3.10) 式, 对于固定的 $\mu > 0$, 设 Sturm-Liouville 问题 (4.2.5) 的特征值和特征函数为 (λ_i, w_i), $i = 1, 2, \cdots$, 由定理 4.1.1, 则有

$$0 < \lambda_1 < \lambda_2 \leqslant \cdots, \tag{4.1.13}$$

$$(w_i, w_j) = \delta_{ij}, \tag{4.1.14}$$

则 $Tw_i = \lambda_i w_i, i = 1, 2, \cdots$.

设 $w = \sum\limits_{i=1}^{k} y_i w_i$, $y_i \in R$, 由 (4.1.14) 式可得 $(w, w) = \sum\limits_{i=1}^{k} y_i^2$, 由 (4.3.3) 和 (4.1.13) 式可得

$$\begin{aligned}(w', w') &= (Tw, w) - \mu(w, w) - \left(\frac{w}{r}, \frac{w}{r}\right) \leqslant (Tw, w) - \frac{\mu\eta^2+1}{\eta^2}(w, w) \\ &= \sum_{i=1}^{k} y_i^2\lambda_i - \frac{\mu\eta^2+1}{\eta^2}\sum_{i=1}^{k} y_i^2 \leqslant \left(\lambda_k - \frac{\mu\eta^2+1}{\eta^2}\right)\sum_{i=1}^{k} y_i^2.\end{aligned}$$

因此, 由 (4.3.6) 式得

$$w^2(r) \leqslant 2\left(\lambda_k - \frac{\mu\eta^2+1}{\eta^2}\right)^{\frac{1}{2}}\left(\sum_{i=1}^{k} y_i^2\right).$$

令 $y_i = w_i(r)$, 可得

$$\sum_{i=1}^{k} w_i^2(r) \leqslant 2\left(\lambda_k - \frac{\mu\eta^2+1}{\eta^2}\right)^{\frac{1}{2}}, \tag{4.3.12}$$

(4.3.12) 两端同乘 r 并在 $[1,\eta]$ 上积分, 由 (4.1.14) 式可得

$$k \leqslant 2\left(\lambda_k - \frac{\mu\eta^2+1}{\eta^2}\right)^{\frac{1}{2}} \int_1^{\eta} r\mathrm{d}r = \left(\lambda_k - \frac{\mu\eta^2+1}{\eta^2}\right)^{\frac{1}{2}} (\eta^2-1),$$

故

$$\lambda_k \geqslant \frac{k^2}{(\eta^2-1)^2} + \frac{\mu\eta^2+1}{\eta^2}, \quad k,n=1,2,\cdots,$$

当取 $\mu = \alpha_0^2 n^2$ 时, $\lambda_k = \alpha_{k,n}$, 从而得到估计式 (4.3.10).

下面证明 (4.3.11) 式, 对于任意固定的 $\mu > 0$, 设特征值问题 (4.2.12) 的特征值和特征函数为 $(\lambda_i, w_i), i=1,2,\cdots$, 并且

$$0 < \lambda_1 < \lambda_2 \leqslant \cdots, \tag{4.3.13}$$

由 (4.2.20) 规范化则有

$$(Gw_i, Gw_j) = \delta_{ij}, \tag{4.3.14}$$

则 $G^4 w_i = \lambda_i G^2 w_i$, $i=1,2,\cdots$.

设 $w = \sum\limits_{i=1}^{k} y_i w_i, y_i \in R$, 由 (4.3.6) 得

$$\mu w^2 \leqslant 2\mu(w,w)^{\frac{1}{2}} \left(\frac{\mathrm{d}w}{\mathrm{d}r}, \frac{\mathrm{d}w}{\mathrm{d}r}\right)^{\frac{1}{2}} = 2[\mu(w,w)]^{\frac{1}{2}} \left[\mu\left(\frac{\mathrm{d}w}{\mathrm{d}r}, \frac{\mathrm{d}w}{\mathrm{d}r}\right)\right]^{\frac{1}{2}},$$

上式与 (4.3.7) 和 (4.3.8) 三式相加, 并利用柯西不等式

$$ac+bd+ef \leqslant (a^2+b^2+e^2)^{\frac{1}{2}}(c^2+d^2+f^2)^{\frac{1}{2}},$$

可得

$$\begin{aligned}
&\left(\frac{\mathrm{d}w}{\mathrm{d}r}\right)^2 + \mu w^2 + \left(\frac{w}{r}\right)^2 \leqslant 2[\mu(w,w)]^{\frac{1}{2}} \cdot \left[\mu\left(\frac{\mathrm{d}w}{\mathrm{d}r}, \frac{\mathrm{d}w}{\mathrm{d}r}\right)\right]^{\frac{1}{2}} \\
&+2\left(\frac{w}{r}, \frac{w}{r}\right)^{\frac{1}{2}} \cdot \left(\frac{\mathrm{d}w}{\mathrm{d}r}, \frac{\mathrm{d}w}{\mathrm{d}r}\right)^{\frac{1}{2}} + 2\left(\frac{\mathrm{d}w}{\mathrm{d}r}, \frac{\mathrm{d}w}{\mathrm{d}r}\right)^{\frac{1}{2}} \cdot \left(\frac{\mathrm{d}^2w}{\mathrm{d}r^2}, \frac{\mathrm{d}^2w}{\mathrm{d}r^2}\right)^{\frac{1}{2}} \\
&\leqslant 2\left[\left(\frac{\mathrm{d}w}{\mathrm{d}r}, \frac{\mathrm{d}w}{\mathrm{d}r}\right) + \mu(w,w) + \left(\frac{w}{r}, \frac{w}{r}\right)\right]^{\frac{1}{2}} \left[\left(\frac{\mathrm{d}^2w}{\mathrm{d}r^2}, \frac{\mathrm{d}^2w}{\mathrm{d}r^2}\right) + (\mu+1)\left(\frac{\mathrm{d}w}{\mathrm{d}r}, \frac{\mathrm{d}w}{\mathrm{d}r}\right)\right]^{\frac{1}{2}}.
\end{aligned} \tag{4.3.15}$$

由于

$$
\begin{aligned}
&(G^4w,w)=(G^2G^2w,w)=(G^2w,G^2w)\\
&=\left(-w''-\frac{w'}{r}+\mu w+\frac{w}{r^2},-w''-\frac{w'}{r}+\mu w+\frac{w}{r^2}\right)\\
&=\left(w''+\frac{w'}{r},w''+\frac{w'}{r}\right)+\left(\left(\mu+\frac{1}{r^2}\right)w,(\mu+\frac{1}{r^2})w\right)\\
&\quad-2\mu(w'',w)-2\left(w'',\frac{w}{r^2}\right)-2\mu\left(\frac{w'}{r},w\right)-2\left(\frac{w'}{r},\frac{w}{r^2}\right)\\
&=(w'',w'')+2\left(w'',\frac{w'}{r}\right)+\left(\frac{w'}{r},\frac{w'}{r}\right)+\mu^2(w,w)+2\mu\left(\frac{w}{r},\frac{w}{r}\right)+\left(\frac{w}{r^2},\frac{w}{r^2}\right)\\
&\quad+2\mu(\frac{w'}{r},w)+2\mu(w',w')-2\left(w'',\frac{w}{r^2}\right)-2\mu\left(\frac{w'}{r},w\right)-2\left(\frac{w'}{r},\frac{w}{r^2}\right)
\end{aligned}
\tag{4.3.16}
$$

$$
(G^2w,w)=(Gw,Gw)=(w',w')+\mu(w,w)+\left(\frac{w}{r},\frac{w}{r}\right),\tag{4.3.17}
$$

所以

$$
\begin{aligned}
&(G^4w,w)-\mu(G^2w,w)\\
&=(w'',w'')+2\left(w'',\frac{w'}{r}\right)+\left(\frac{w'}{r},\frac{w'}{r}\right)\\
&\quad+\mu\left(\frac{w}{r},\frac{w}{r}\right)+\left(\frac{w}{r^2},\frac{w}{r^2}\right)+\mu(w',w')-2\left(w'',\frac{w}{r^2}\right)-2\left(\frac{w'}{r},\frac{w}{r^2}\right)\\
&=[(w'',w'')+\mu(w',w')+(w',w')]+\left(\frac{w'}{r},\frac{w'}{r}\right)+\mu\left(\frac{w}{r},\frac{w}{r}\right)\\
&\quad+\left(\frac{w}{r^2},\frac{w}{r^2}\right)-2\left(w'',\frac{w}{r^2}\right)-2\left(\frac{w'}{r},\frac{w}{r^2}\right)-(w',w')\\
&=[(w'',w'')+\mu(w',w')+(w',w')]+\mu\left(\frac{w}{r},\frac{w}{r}\right)\\
&\quad-3\left(\frac{w}{r^2},\frac{w}{r^2}\right)+3\left(\frac{w'}{r},\frac{w'}{r}\right)-(w',w').
\end{aligned}
\tag{4.3.18}
$$

由 $\mu\geqslant 3$ 得

$$
\mu\left(\frac{w}{r},\frac{w}{r}\right)-3\left(\frac{w}{r^2},\frac{w}{r^2}\right)=\int_1^\eta\left(\mu-\frac{3}{r^2}\right)\left(\frac{w}{r}\right)^2r\mathrm{d}r\geqslant 0,\tag{4.3.19}
$$

且当 $\eta\leqslant\sqrt{3}$ 时, 有

$$
3\left(\frac{w'}{r},\frac{w'}{r}\right)-(w',w')=\int_1^\eta\left(\frac{3}{r^2}-1\right)w'^2r\mathrm{d}r\geqslant 0,\tag{4.3.20}
$$

因此

$$
(G^4w,w)-\mu(G^2w,w)\geqslant[(w'',w'')+\mu(w',w')+(w',w')].
$$

由 (4.3.15) 可得

$$\left(\frac{\mathrm{d}w}{\mathrm{d}r}\right)^2+\mu w^2+\left(\frac{w}{r}\right)^2\leqslant 2(Gw,Gw)^{\frac{1}{2}}[(G^2w,G^2w)-\mu(Gw,Gw)]^{\frac{1}{2}}, \tag{4.3.21}$$

由于

$$\begin{aligned}
&(G^4w,w)-\mu(G^2w,w)\\
&=\left(G^4\sum_{i=1}^k y_iw_i,\sum_{i=1}^k y_iw_i\right)-\mu\left(G^2\sum_{i=1}^k y_iw_i,\sum_{i=1}^k y_iw_i\right)\\
&=\left(\sum_{i=1}^k y_i\lambda_iG^2w_i,\sum_{i=1}^k y_iw_i\right)-\mu\left(G^2\sum_{i=1}^k y_iw_i,\sum_{i=1}^k y_iw_i\right)\\
&=\sum_{i=1}^k y_i^2\lambda_i(G^2w_i,w_i)-\mu\sum_{i=1}^k y_i^2\lambda_i(G^2w_i,w_i)\\
&\leqslant(\lambda_k-\mu)\sum_{i=1}^k y_i^2(G^2w_i,w_i)=(\lambda_k-\mu)\sum_{i=1}^k y_i^2
\end{aligned} \tag{4.3.22}$$

以及 $(G^2w,w)=(Gw,Gw)=\sum\limits_{i=1}^k y_i^2$, 所以

$$w'^2+\mu w^2+\left(\frac{w}{r}\right)^2\leqslant 2\left(\sum_{i=1}^k y_i^2\right)^{\frac{1}{2}}(\lambda_k-\mu)^{\frac{1}{2}}\left(\sum_{i=1}^k y_i^2\right)^{\frac{1}{2}}=2(\lambda_k-\mu)^{\frac{1}{2}}\left(\sum_{i=1}^k y_i^2\right),$$

故

$$w'^2\leqslant 2(\lambda_k-\mu)^{\frac{1}{2}}\left(\sum_{i=1}^k y_i^2\right), \tag{4.3.23}$$

$$\mu w^2\leqslant 2(\lambda_k-\mu)^{\frac{1}{2}}\left(\sum_{i=1}^k y_i^2\right), \tag{4.3.24}$$

$$\left(\frac{w}{r}\right)^2\leqslant 2(\lambda_k-\mu)^{\frac{1}{2}}\left(\sum_{i=1}^k y_i^2\right). \tag{4.3.25}$$

在 (4.3.23) 中取 $y_i=w_i'$, 则有 $\sum\limits_{i=1}^k w_i'^2\leqslant 2(\lambda_k-\mu)^{\frac{1}{2}}$,

在 (4.3.24) 中取 $y_i=w_i$, 则有 $\mu\sum\limits_{i=1}^k w_i^2\leqslant 2(\lambda_k-\mu)^{\frac{1}{2}}$,

在 (4.3.25) 中取 $y_i=\dfrac{w_i}{r}$, 则有 $\sum\limits_{i=1}^k\left(\dfrac{w_i}{r}\right)^2\leqslant 2(\lambda_k-\mu)^{\frac{1}{2}}$.

上面三式相加得 $\sum\limits_{i=1}^k\left[w_i'^2+\mu w_i^2+\left(\dfrac{w_i}{r}\right)^2\right]\leqslant 6(\lambda_k-\mu)^{\frac{1}{2}}$, 两端乘 r 在 $[1,\eta]$ 上

积分, 并利用 (4.3.14) 可得

$$k \leqslant 6(\lambda_k-\mu)^{\frac{1}{2}}\int_1^\eta r\mathrm{d}r = 3(\lambda_k-\mu)^{\frac{1}{2}}(\eta^2-1),$$

因此

$$\lambda_k \geqslant \frac{k^2}{9(\eta^2-1)^2}+\mu, \quad k,n=1,2,\cdots,$$

取 $\mu=\alpha_0^2n^2$ 有, $\lambda_k=\beta_{k,n}$, 当 $\alpha_0^2n^2\geqslant 3$ 时得到估计式 (4.3.11), 证毕.

4.4 Couette-Taylor 流的谱 Galerkin 逼近

这部分我们将讨论 Couette-Taylor 流的谱 Galerkin 逼近及其误差估计, 由于 z 方向的周期性, 只需在 Ω_0 上讨论即可. 引入记号

$$B_1(u,v)=\frac{\partial(u,v)}{\partial(z,r)}=\begin{vmatrix}\dfrac{\partial u}{\partial z} & \dfrac{\partial v}{\partial z}\\ \dfrac{\partial u}{\partial r} & \dfrac{\partial v}{\partial r}\end{vmatrix}, \quad B_2(u,v)=\frac{u}{r}\frac{\partial v}{\partial z},$$

则定常 (与时间无关) 的流函数方程 (4.1.9) 和 (4.1.10) 可写成如下形式

$$\frac{1}{Re}L^2U+B_1(\psi,U+u_\phi^*)+B_2(U+u_\phi^*,\psi)-B_2(\psi,U+u_\phi^*)=0, \tag{4.4.1}$$

$$\frac{1}{Re}L^4\psi+B_1(\psi,L^2\psi)-B_2(L^2\psi,\psi)-B_2(\psi,L^2\psi)-2B_2(U+u_\phi^*,U+u_\phi^*)=0. \tag{4.4.2}$$

引入空间

$$H=\{\overrightarrow{v}\in[L^2(\Omega_0)]^3;\mathrm{div}\overrightarrow{v}=0,\overrightarrow{v}\cdot\overrightarrow{n}=0\}, \quad V=\{\overrightarrow{v}\in[H_0^1(\Omega_0)]^3;\mathrm{div}\overrightarrow{v}=0\},$$

其中, $\overrightarrow{n}$ 为 $\partial\Omega_0$ 的外法线方向. 分别以 $|\cdot|$, $\|\cdot\|$ 记 H,V 中的范数, 定义有限维特征子空间

$$U_{L_1,N_1}=\mathrm{span}\{U_{kn}^\sigma,k=1,2,\cdots,L_1,n=1,2,\cdots,N_1,\sigma=1,2\},$$

$$\Psi_{L_2,N_2}=\mathrm{span}\{\psi_{pq}^\tau,p=1,2,\cdots,L_2,q=1,2,\cdots,N_2,\tau=1,2\},$$

则方程 (4.4.1) 和 (4.4.2) 的谱 Galerkin 逼近方程为求 $U\in U_{L_1,N_1},\psi\in\Psi_{L_2,N_2}$, 使得

$$\begin{aligned}&\frac{1}{Re}a_1(U,v)+b_1(\psi,U+u_\phi^*,v)+b_2(U+u_\phi^*,\psi,v)\\&-b_2(\psi,U+u_\phi^*,v)=0, \quad \forall v\in U_{L_1,N_1},\end{aligned} \tag{4.4.3}$$

$$\frac{1}{Re}a_2(\psi,w)+b_1(\psi,L^2\psi,w)-b_2(L^2\psi,\psi,w)-b_2(\psi,L^2\psi,w)$$
$$-2b_2(U+u_\phi^*,U+u_\phi^*,w)=0,\quad \forall w\in\Psi_{L_2,N_2}, \tag{4.4.4}$$

其中

$$a_1(v,w)=((Lv,Lw))=\int_{\Omega_0} rLv\cdot Lw\mathrm{d}r\mathrm{d}z,$$

$$a_2(v,w)=\int_{\Omega_0} rL^2v\cdot L^2w\mathrm{d}r\mathrm{d}z,$$

$$b_i(u,v,w)=\int_{\Omega_0} rB_i(u,v)\cdot w\mathrm{d}r\mathrm{d}z,\quad i=1,2.$$

如果设

$$U=\sum_{i=1}^{L_1}\sum_{j=1}^{N_1}\sum_{\sigma=1}^{2}x_{ij}^\sigma U_{ij}^\sigma,\quad \psi=\sum_{l=1}^{L_2}\sum_{m=1}^{N_2}\sum_{\tau=1}^{2}z_{lm}^\tau\psi_{lm}^\tau,$$
$$v=U_{kn}^d,\quad w=\psi_{pq}^e,$$

利用 (4.2.3) 和 (4.2.4) 及正交性公式 (4.2.17)、(4.2.18), (4.4.3)、(4.4.4) 可化为如下的代数方程组

$$\left\{\begin{array}{l} -\dfrac{P_{kn}\pi\alpha_{k,n}}{\alpha_0 Re}x_{kn}^d+\displaystyle\sum_{i=1}^{L_1}\sum_{j=1}^{N_1}\sum_{l=1}^{L_2}\sum_{m=1}^{N_2}\sum_{\sigma=1}^{2}\sum_{\tau=1}^{2}C_{i,j,l,m,k,n}^{\sigma\tau d}x_{ij}^\sigma z_{lm}^\tau \\ +\displaystyle\sum_{l=1}^{L_2}\sum_{m=1}^{N_2}\sum_{\tau=1}^{2}D_{l,m,k,n}^{\tau d}z_{lm}^\tau=0, \\ k=1,2,\cdots,\quad L_1,n=1,2,\cdots,\quad N_1,\sigma=1,2,\quad \tau=1,2,\quad d=1,2. \\ \\ \dfrac{Q_{pq}\pi\beta_{p,q}}{\alpha_0 Re}z_{pq}^e+\displaystyle\sum_{i=1}^{L_2}\sum_{j=1}^{N_2}\sum_{l=1}^{L_2}\sum_{m=1}^{N_2}\sum_{\sigma=1}^{2}\sum_{\tau=1}^{2}E_{i,j,l,m,p,q}^{\sigma\tau e}z_{ij}^\sigma z_{lm}^\tau \\ +\displaystyle\sum_{i=1}^{L_1}\sum_{j=1}^{N_1}\sum_{l=1}^{L_2}\sum_{m=1}^{N_2}\sum_{\sigma=1}^{2}\sum_{\tau=1}^{2}H_{i,j,l,m,p,q}^{\sigma\tau e}x_{ij}^\sigma x_{lm}^\tau \\ +\displaystyle\sum_{i=1}^{L_1}\sum_{j=1}^{N_1}\sum_{\sigma=1}^{2}T_{i,j,p,q}^{\sigma e}x_{ij}^\sigma=F_{p,q}^e, \\ p=1,2,\cdots,\quad L_2,q=1,2,\cdots,\quad N_2,\sigma=1,2,\quad \tau=1,2,\quad e=1,2, \end{array}\right. \tag{4.4.5}$$

其中

$$C_{i,j,l,m,k,n}^{\sigma\tau d}=b_1(\psi_{lm}^\tau,U_{ij}^\sigma,U_{kn}^d)+b_2(U_{ij}^\sigma,\psi_{lm}^\tau,U_{kn}^d)-b_2(\psi_{lm}^\tau,U_{ij}^\sigma,U_{kn}^d),$$

$$D_{l,m,k,n}^{\tau d}=b_1(\psi_{lm}^\tau,u_\phi^*,U_{kn}^d)+b_2(u_\phi^*,\psi_{lm}^\tau,U_{kn}^d)-b_2(\psi_{lm}^\tau,u_\phi^*,U_{kn}^d),$$

$$E_{i,j,l,m,p,q}^{\sigma\tau e}=b_1(\psi_{ij}^\sigma,L^2\psi_{lm}^\tau,\psi_{pq}^e)-b_2(\psi_{ij}^\sigma,L^2\psi_{lm}^\tau,\psi_{pq}^e)-b_2(L^2\psi_{ij}^\sigma,\psi_{lm}^\tau,\psi_{pq}^e),$$

$$H^{\sigma\tau e}_{i,j,l,m,p,q} = -2b_2(U^\sigma_{ij}, U^\tau_{lm}, \psi^e_{pq}),$$

$$T^{\sigma e}_{i,j,p,q} = -2b_2(u^*_\phi, U^\sigma_{ij}, \psi^e_{pq}) - 2b_2(U^\sigma_{ij}, u^*_\phi, \psi^e_{pq}),$$

$$F^e_{p,q} = 2b_2(u^*_\phi, u^*_\phi, \psi^e_{pq}).$$

上述系数函数中大部分为零, 下面以

$$U_{ij} = W_{ij}(r)\sin(j\alpha_0 z), \quad \psi_{lm} = w_{lm}(r)\sin(m\alpha_0 z)$$

为例, 证明如下结论, 当取其他特征函数时也有类似的结论 (以下省略上标 σ, τ, d, e).

定理 4.4.1　(1) 只有当 $m \pm j = \pm n$ 时, $C_{i,j,l,m,k,n}$ 才可能不为零; 只有当 $m \pm j = \pm q$ 时, $E_{i,j,l,m,p,q}, H_{i,j,l,m,p,q}$ 才可能不为零.

(2) $D_{l,m,k,n}$, $T_{i,j,p,q}$, $F_{p,q}$ 对任何 m, n, j, q 恒为零.

证明　(1) 仅以 $C_{i,j,l,m,k,n}$ 为例证明, 其余证明完全类似. 容易验证

$$\begin{aligned}
&b_1(\psi_{lm}, U_{ij}, U_{kn}) = \int_{\Omega_0} rB_1(\psi_{ij}, U_{lm})U_{kn}\mathrm{d}r\mathrm{d}z\\
=&m\alpha_0\int_{\Omega_0} rw_{lm}(r)\cos(m\alpha_0 z)\frac{\partial W_{ij}(r)}{\partial r}\sin(j\alpha_0 z)W_{kn}(r)\sin(n\alpha_0 z)\mathrm{d}r\mathrm{d}z\\
&-j\alpha_0\int_{\Omega_0} rW_{ij}(r)\cos(j\alpha_0 z)\frac{\partial w_{lm}(r)}{\partial r}\sin(m\alpha_0 z)W_{kn}(r)\sin(n\alpha_0 z)\mathrm{d}r\mathrm{d}z\\
=&m\alpha_0\int_1^\eta rw_{lm}(r)\frac{\partial W_{ij}(r)}{\partial r}W_{kn}(r)\mathrm{d}r\int_0^{\frac{2\pi}{\alpha_0}}\cos(m\alpha_0 z)\sin(j\alpha_0 z)\sin(n\alpha_0 z)\mathrm{d}z\\
&-j\alpha_0\int_1^\eta rW_{ij}(r)\frac{\partial w_{lm}(r)}{\partial r}W_{kn}(r)\mathrm{d}r\int_0^{\frac{2\pi}{\alpha_0}}\cos(j\alpha_0 z)\sin(m\alpha_0 z)\sin(n\alpha_0 z)\mathrm{d}z,
\end{aligned}$$

同理 $b_2(U_{ij}, \psi_{lm}, U_{kn})$, $b_2(\psi_{lm}, U_{ij}, U_{kn})$ 也是类似形式的积分, 故只有当 $m \pm j = \pm n$ 时, $C_{i,j,l,m,k,n}$ 才可能不为零; 其余项均为零.

同样可证 $E_{i,j,l,m,p,q}, H_{i,j,l,m,p,q}$ 的情形.

(2) 由于

$$\begin{aligned}
&b_1(\psi_{lm}, u^*_\phi, U_{kn}) = \int_{\Omega_0} rB_1(\psi_{lm}, u^*_\phi)U_{kn}\mathrm{d}r\mathrm{d}z\\
=&m\alpha_0\int_{\Omega_0} rw_{lm}(r)\cos(m\alpha_0 z)\frac{\partial u^*_\phi}{\partial r}W_{kn}(r)\sin(n\alpha_0 z)\mathrm{d}r\mathrm{d}z\\
=&m\alpha_0\int_1^\eta rw_{lm}(r)\frac{\partial u^*_\phi}{\partial r}W_{kn}(r)\mathrm{d}r\int_0^{\frac{2\pi}{\alpha_0}}\cos(m\alpha_0 z)\sin(n\alpha_0 z)\mathrm{d}z \equiv 0,
\end{aligned}$$

同样有 $b_2(u_\phi^*,\psi_{lm},U_{kn})\equiv 0, b_2(\psi_{lm},u_\phi^*,U_{kn})\equiv 0$, 所以有 $D_{l,m,k,n}\equiv 0$,

同理有 $T_{i,j,p,q}, F_{p,q}$ 恒为零. 证毕.

下面讨论定常的 Navier-Stokes 方程非奇异解的谱 Galerkin 逼近的存在性、唯一性和收敛性.

记

$$\Lambda=\left\{\overline{\alpha}_{k,n}=\frac{1}{Re}\alpha_{k,n},\overline{\beta}_{k,n}=\frac{1}{Re}\beta_{k,n};k=1,2,\cdots,L_0,n=1,2,\cdots,N_0\right\}.$$

设 Stokes 算子的特征值由小到大排列依次为

$$\lambda_1<\lambda_2<\cdots<\lambda_m<\lambda_{m+1}<\cdots$$

且 $\lambda_i\in\Lambda,\ i=1,2,\cdots,m,\ \lambda_{m+1}\notin\Lambda$.

首先给出如下引理.

引理 4.4.1 选取适当的 L_0、N_0, 使得

$$\overline{\alpha}_{L_0,1}\leqslant\overline{\alpha}_{1,N_0+1}\leqslant\overline{\alpha}_{L_0+1,1},\quad \overline{\beta}_{L_0,1}\leqslant\overline{\beta}_{1,N_0+1}\leqslant\overline{\beta}_{L_0+1,1},\tag{4.4.6}$$

则

$$\lambda_{m+1}>M_0,\tag{4.4.7}$$

其中

$$M_0=c_1L_0^2+c_2N_0^2,\quad c_1=\frac{1}{18Re(\eta^2-1)^2},\quad c_2=\frac{\alpha_0^2}{2Re}.$$

证明 由 (4.2.10) 和 (4.2.15) 可得 $\lambda_{m+1}=\min\{\overline{\alpha}_{1,N_0+1},\overline{\alpha}_{L_0+1,1},\overline{\beta}_{1,N_0+1},\overline{\beta}_{L_0+1,1}\}$, 由 (4.4.6) 得

$$\lambda_{m+1}=\min\{\overline{\alpha}_{1,N_0+1},\overline{\beta}_{1,N_0+1}\}.\tag{4.4.8}$$

在定理 4.3.1 中取 $n=N_0$, 结合 (4.2.10) 和 (4.2.15) 则有

$$\overline{\alpha}_{1,N_0+1}>\frac{\alpha_0^2N_0^2}{Re},\quad \overline{\beta}_{1,N_0+1}>\frac{\alpha_0^2N_0^2}{Re},$$

故有

$$\lambda_{m+1}>\frac{\alpha_0^2N_0^2}{Re},\tag{4.4.9}$$

由 (4.4.6) 及定理 4.3.1 得

$$\overline{\alpha}_{1,N_0+1}\geqslant\overline{\alpha}_{L_0,1}>\frac{L_0^2}{Re(\eta^2-1)^2},\quad \overline{\beta}_{1,N_0+1}\geqslant\overline{\beta}_{L_0,1}>\frac{L_0^2}{9Re(\eta^2-1)^2},$$

结合 (4.4.8) 式得

$$\lambda_{m+1} > \frac{L_0^2}{9Re(\eta^2-1)^2}, \tag{4.4.10}$$

(4.4.9) 和 (4.4.10) 两式相加得 (4.4.7), 证毕.

关于谱 Galerkin 逼近方程 (4.4.3) 和 (4.4.4) 解的存在性, 唯一性和收敛性, 有如下定理.

定理 4.4.2　设 $\vec{u}$ 是 Navier-Stokes 方程 (4.1.3) 和 (4.1.4) 在定常情形下的非奇异解, 则存在 $\varepsilon > 0$, $L_1, N_1 \in N$, 当 $L_0 > L_1, N_0 > N_1$, 且使得当 (4.4.7) 成立时, 谱 Galerkin 逼近方程 (4.4.3) 和 (4.4.4) 存在唯一解 U, ψ, 使得 $\|\vec{u} - \vec{u}_{L_0,N_0}\| \leqslant \varepsilon$, 且

$$\|\vec{u} - \vec{u}_{L_0,N_0}\| \leqslant c_1 M_0^{-\frac{1}{2}}, \quad |\vec{u} - \vec{u}_{L_0,N_0}| \leqslant c_2 M_0^{-1}, \tag{4.4.11}$$

其中

$$\vec{u}_{L_0,N_0} = \left(-\frac{\partial\psi}{\partial z}, U + u_\phi^*, \left(\frac{\partial}{\partial r} + \frac{1}{r}\right)\psi\right),$$

$$M_0 = c_1 L_0^2 + c_2 N_0^2,$$

$$c_1 = \frac{1}{18Re(\eta^2-1)^2}, \quad c_2 = \frac{\alpha_0^2}{2Re}.$$

证明　定理的存在性可由文献 [2] 和 [8] 中关于 Navier-Stokes 方程的非奇异解的谱 Galerkin 逼近的理论得到, 误差估计则由引理 4.4.1 及文献 [2] 和 [8] 得到. 证毕.

4.5 算　　例

在实际计算中, 我们选取 $\alpha_0 = 3.14$, $\eta = 1.14$, $\omega_2 = 0$, 即考虑外圆柱不动, 内圆柱旋转, 柱间隙为中间隙的情形. 计算发现, 如果选取基函数太少, 比如, 模数为 20 以下, 则不可能模拟实际的流动. 如果选取 $L_0 = 20, N_0 = 4$, 即选取 160 个模式, 则可以模拟低雷诺数的情形; 对于雷诺数较大, 超过临界雷诺数时, 则有较大误差. 如果选取 $L_0 = 50, N_0 = 4$, 则可以较准确地模拟雷诺数较大时的流动.

计算结果表明, 当雷诺数较小时, 基本 Couette 流是唯一的、稳定的, 即流体绕圆筒的轴线做水平圆周运动. 当雷诺数增长到某个临界值时 (≈ 118), Couette 流开始不稳定, 并出现新的定常流动, 这种流动是轴对称的, 沿着轴线方向规则地分布着漩涡, 相邻的漩涡是反向的, 称为 Taylor 涡流. 当雷诺数 Re 继续增大时, Taylor 涡流也失去稳定性, 转变为更复杂的流动, 直至湍流. 图 4.14 给出了子午面上流函数的等值线图 ($L_0 = 50, N_0 = 4$), 计算结果和 Taylor 的实验结果[30]基本相符.

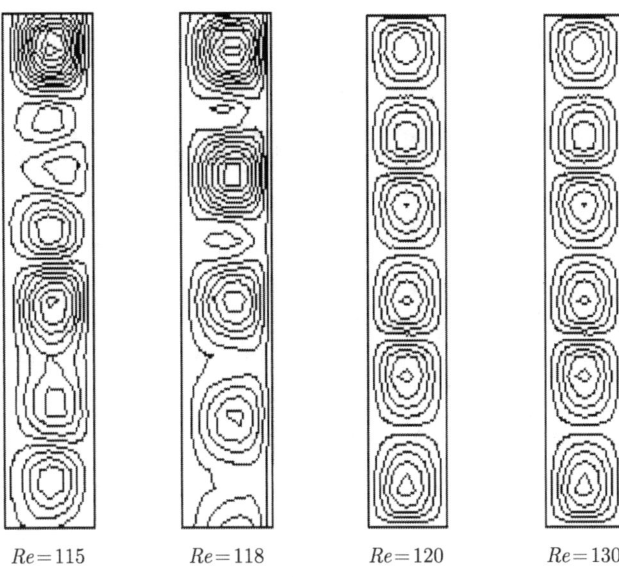

图 4.14　Taylor 涡流

第 5 章　同心球间旋转流动的低模分析及数值仿真

本章对同心球间旋转流动的 Navier-Stokes 方程谱展开后进行模态截断, 讨论所得到的类 Lorenz 型方程组的静态分歧问题及其动力学行为和数值仿真等问题. 5.1 节简要介绍 Lorenz 方程组以及用 Lorenz 截断法讨论无穷维动力系统问题的意义. 5.2 节介绍 Navier-Stokes 方程的球坐标形式及其谱展开的模态截断方法. 5.3 节讨论同心球间旋转流动的类 Lorenz 型方程组的静态分歧问题, 包括寻找静态奇异点, 确定其类型, 并计算出解分支等问题. 5.4 节讨论同心球间旋转流动低模系统的动力学行为及其数值仿真问题.

5.1　低模分析方法的历史及其在旋转流动问题中的应用简介

对两同心旋转球间流动的研究一直还停留在实验和数值模拟上, 该问题虽然是轴对称的 (图 5.1), 但它毕竟是一个三维流动问题, 其对应的 Navier-Stokes 方程属于无穷维动力系统, 而且在球坐标系下的 Navier-Stokes 方程非常复杂, 所以理论上探讨同心旋转球间流动的 Navier-Stokes 方程的解的存在性、唯一性及正则性等问题极为困难.

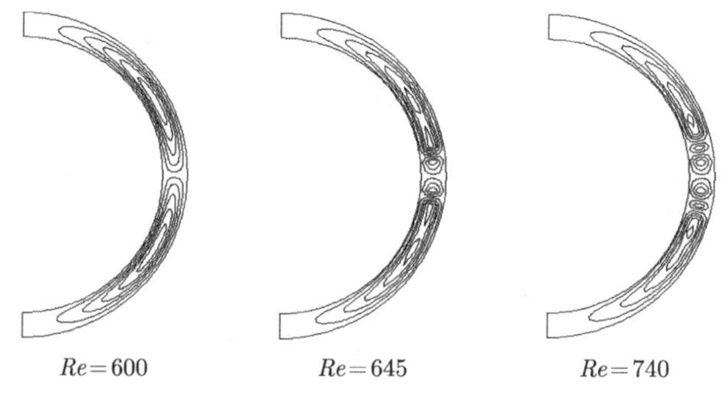

图 5.1　同心旋转球间子午面上的 Taylor 涡

无穷维动力系统复杂的动力学行为通常源于简单的起源, 并可由简单方程来分辨. 作为较早发现的混沌模型——Lorenz 方程组是两个平行板间 Bénard 热对流问题 (局部区域小气候问题, 其示意图见图 5.2) 所对应的无穷维动力系统的简化模型. 1963 年美国气象学家 E. Lorenz 在研究大气对流 (Bénard 流) 现象时, 从 Navier-Stokes 方程和热传导方程的耦合方程出发, 经过无量纲化并做傅里叶展开,

截取第一、二项, 得到傅里叶系数满足的一组常微分方程组,

$$\begin{cases} \dot{x} = -\sigma(x-y), \\ \dot{y} = -xz + rx - y, \\ \dot{z} = xy - bz, \end{cases} \tag{5.1.1}$$

方程组 (5.1.1) 称为 Lorenz 方程组 (见文献 [52]~[54]). 关于 Lorenz 方程已有许多人做了广泛的研究[38], 而且还在继续发展中, Lorenz 模型在 $\sigma = 10$, $r = 28$, $b = \dfrac{8}{3}$ 参数下出现混沌, 表现为奇怪吸引子.

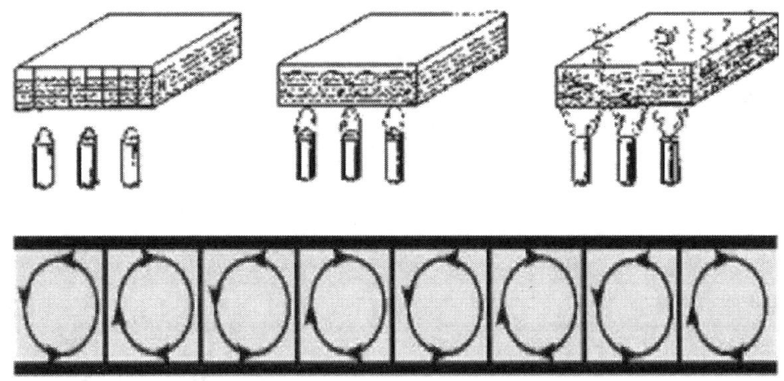

图 5.2　Lorenz 实验装置示意图

Lorenz 系统的发现开启了无穷维动力系统模型简化研究的先河, 时至今日相关的研究仍然层出不穷. 由于它是非线性的, 纯粹分析还是困难的, 许多结果是通过数值分析在计算机上算出来的. 对两球间及两筒间的旋转流动, 也存在类似于 Lorenz 方程组的典型方程组, 即在谱展开式中, 取少数几个模式 (基函数), 得到一个类 Lorenz 型方程组, 进而讨论其平衡点的稳定性及吸引子的存在性、分岔、混沌等非线性现象. 这样做的意义在于: 不但克服了谱方法得到的庞大的常微分方程组性质不好把握的困难, 而且得到的类 Lorenz 型方程组包含了非常丰富而有意义的内容, 这对探讨 Navier-Stokes 方程的分歧、湍流等非线性现象是十分有意义的. 虽然像这样粗疏地截断处理原来的非线性方程是不够严谨的, 但是这种用简单模型去反映复杂问题某些特性的方法, 是一种有价值的尝试. 而且经典的湍流理论认为湍流是一种具有有限个自由度的运动, 这在 Navier-Stokes 方程全局吸引子分数维的有限性已获得强有力的支持, 因此采用低模分析方法来讨论旋转流动的无穷维动力系统问题是切实可行的.

文献 [55] 和 [56] 将 Lorenz 截断法用于球 Couette 流的研究, 讨论了其平衡点的稳定性、吸引子的存在性等, 本章将给出 Navier-Stokes 方程的球坐标形式及其

谱展开后的模态截断方法, 讨论一些同心球间旋转流动的低模系统的静态分岔问题及其动力学行为和数值仿真问题.

5.2 Navier-Stokes 方程的球坐标形式及其谱展开的模态截断方法

5.2.1 流函数–涡度方程

首先介绍球坐标下 Navier-Stokes 方程的流函数-涡度形式[32,67], 引入 Stokes 流 u^*, 把边界条件齐次化.

两同心旋转球间的 Navier-Stokes 方程为

$$\frac{\partial u}{\partial t}+(u\cdot\nabla)u+\nabla p-\frac{1}{Re}\nabla^2 u=0, \tag{5.2.1}$$

$$\nabla\cdot u=0, \tag{5.2.2}$$

边界条件为

$$u|_{r=1}=\sin\theta\vec{e}_\phi,\quad u|_{r=\eta}=\omega\eta\sin\theta\vec{e}_\phi, \tag{5.2.3}$$

其中, $(\vec{e}_r,\vec{e}_\phi,\vec{e}_\theta)$ 是球坐标的局部标架.

应用恒等式

$$\frac{1}{2}\mathrm{grad}|u|^2=u\times(\nabla\times u)+(u\cdot\nabla)u,$$

(5.2.1) 化为

$$\frac{\partial u}{\partial t}-u\times(\nabla\times u)+\nabla\left(p+\frac{1}{2}|u|^2\right)-\frac{1}{Re}\nabla^2 u=0,$$

两边取旋度, 记 $\zeta=\nabla\times u$, 则有

$$\frac{\partial\zeta}{\partial t}-\nabla\times(u\times(\nabla\times u))-\frac{1}{Re}\nabla\times(\nabla^2 u)=0.$$

因为 $u_\phi=u\cdot\vec{e}_\phi$, $\zeta_\phi=\zeta\cdot\vec{e}_\phi$ 以及轴对称性, 可得

$$\frac{\partial u_\phi}{\partial t}-(u\times\zeta)\cdot\vec{e}_\phi-\frac{1}{Re}\nabla^2 u\cdot\vec{e}_\phi=0, \tag{5.2.4}$$

$$\frac{\partial\zeta_\phi}{\partial t}-\nabla\times(u\times\zeta)\cdot\vec{e}_\phi-\frac{1}{Re}\nabla\times(\nabla^2 u)\cdot\vec{e}_\phi=0. \tag{5.2.5}$$

引进流函数 ψ, 使得子午流为

$$u_r=\frac{1}{r^2\sin\theta}\frac{\partial}{\partial\theta}(r\sin\theta\psi),\quad u_\theta=\frac{-1}{r\sin\theta}\frac{\partial}{\partial r}(r\sin\theta\psi), \tag{5.2.6}$$

运用张量分析, 经计算得

$$\zeta_r = \frac{-1}{r^2 \sin\theta}\frac{\partial}{\partial\theta}(r\sin\theta u_\phi), \quad \zeta_\theta = \frac{1}{r\sin\theta}\frac{\partial}{\partial r}(r\sin\theta u_\phi), \quad \zeta_\phi = L^2\psi, \tag{5.2.7}$$

其中

$$L^2 = \frac{\partial^2}{\partial r^2}(r\cdot) + \frac{1}{r^2}\cdot\frac{\partial}{\partial\theta}\left(\frac{1}{\sin\theta}\cdot\frac{\partial}{\partial\theta}(\sin\theta\cdot)\right),$$

把 (5.2.6) 和 (5.2.7) 代入 (5.2.4) 和 (5.2.5) 中得到轴对称的定常 Navier-Stokes 方程的流函数-涡度形式为[32,67]

$$\frac{\partial u_\phi}{\partial t} - \frac{1}{Re}L^2 u_\phi + \frac{1}{r^3\sin^2\theta}\cdot\frac{\partial(r\sin\theta u_\phi, r\sin\theta\psi)}{\partial(r,\theta)} = 0, \tag{5.2.8}$$

$$\frac{\partial\zeta_\phi}{\partial t} + \frac{1}{r^3\sin^2\theta}\frac{\partial(r\sin\theta\zeta_\phi, r\sin\theta\psi)}{\partial(r,\theta)} + 2(U+u_\phi^*)N(U+u_\phi^*) + 2\zeta_\phi N\psi - \frac{1}{Re}L^2\zeta_\phi = 0, \tag{5.2.9}$$

$$L^2\psi = \zeta_\phi, \tag{5.2.10}$$

其中, $N = \frac{\cot\theta}{r}\cdot\frac{\partial}{\partial r} - \frac{1}{r^2}\cdot\frac{\partial}{\partial\theta}$.

边界条件为

$$\begin{cases} u_\phi|_{r=1} = \sin\theta, \quad u_\phi|_{r=\eta} = \eta\omega\sin\theta, \\ \psi|_{r=1} = \psi|_{r=\eta} = \dfrac{\partial\psi}{\partial r}|_{r=1} = \dfrac{\partial\psi}{\partial r}|_{r=\eta} = 0, \\ \psi|_{\theta=0} = \psi_{\theta=\pi} = 0. \end{cases} \tag{5.2.11}$$

为了将边界条件齐次化, 引入 Stokes 流 u^*,

$$u^* = u_\phi^*\vec{e}_\phi, \quad u_\phi^* = (\alpha r + \beta r^{-2})\sin\theta,$$

其中

$$\alpha = (\eta^3\omega - 1)/(\eta^3 - 1), \quad \beta = \eta^3(1-\omega)/(\eta^3 - 1).$$

设 $u_\phi = U + u_\phi^*$, 容易验证 u_ϕ^* 满足边界条件 $u_\phi^*|_{r=1} = \sin\theta$, $u_\phi^*|_{r=\eta} = \eta\omega\sin\theta$, 且 $L^2u_\phi^* = 0$, 这样得到 U 和 ψ 的方程

$$\frac{\partial U}{\partial t} + \frac{1}{r^3\sin^2\theta}\frac{\partial(r\sin\theta(U+u_\phi^*), r\sin\theta\psi)}{\partial(r,\theta)} - \frac{1}{Re}L^2U = 0, \tag{5.2.12}$$

$$\frac{\partial L^2\psi}{\partial t} + \frac{1}{r^2\sin\theta}\frac{\partial(L^2\psi, r\sin\theta\psi)}{\partial(r,\theta)} + (2(U+u_\phi^*)NU + 2UNu_\phi^* + L^2\psi N\psi) - \frac{1}{Re}L^4\psi = f, \tag{5.2.13}$$

其中

$$f=-2u_{\phi}^{*}Nu_{\phi}^{*}=-6\beta(\alpha r^{-3}+\beta r^{-6})\sin\theta\cos\theta,$$

齐次边界条件为

$$\begin{cases} U|_{r=1}=U|_{r=\eta}=0, \\ \psi|_{r=1}=\left.\dfrac{\partial\psi}{\partial r}\right|_{r=1}=\psi|_{r=\eta}=\left.\dfrac{\partial\psi}{\partial r}\right|_{r=\eta}=0. \end{cases} \tag{5.2.14}$$

5.2.2 谱 Galerkin 逼近方程及类 Lorenz 方程组的获取

引入记号

$$B_1(u,v)=\frac{1}{r^3\sin^2\theta}\cdot\frac{\partial(r\sin\theta u,r\sin\theta v)}{\partial(r,\theta)},$$

$$B_2(u,v)=u\cdot Nv,$$

则流函数-涡度方程 (5.2.12) 和 (5.2.13) 可写成如下形式

$$\frac{\partial U}{\partial t}-\frac{1}{Re}L^2U+B_1(U+u_{\phi}^{*},\psi)=0, \tag{5.2.15}$$

$$\frac{\partial L^2\psi}{\partial t}-\frac{1}{Re}L^4\psi+B_1(\psi,\psi)+2B_2(U+u_{\phi}^{*},U+u_{\phi}^{*})+2B_2(L^2\psi,\psi)=0. \tag{5.2.16}$$

定义有限维特征子空间

$$U_{L_0,N_0}=\operatorname{span}\{u_{\phi(l,n)},l=1,2,\cdots,L_0,n=1,2,\cdots,N_0\},$$

$$\psi_{L_0,N_0}=\operatorname{span}\{\psi_{l,n},l=1,2,\cdots,L_0,n=1,2,\cdots,N_0\},$$

其中, $u_{\phi(l,n)}$、$\psi_{l,n}$ 为 Stokes 算子的特征函数[31]. 则方程 (5.2.15) 和 (5.2.16) 的谱 Galerkin 逼近方程为求 $U\in U_{L_0,N_0}$, $\psi\in\Psi_{L_0,N_0}$, 使得

$$\left(\frac{\partial U}{\partial t},v\right)+\frac{1}{Re}a_1(U,v)+b_1(U+u_{\phi}^{*},\psi,v)=0,\quad \forall v\in U_{L_0,N_0} \tag{5.2.17}$$

$$\begin{aligned}&\left(\frac{\partial L^2\psi}{\partial t},w\right)-\frac{1}{Re}a_2(\psi,w)+b_1(L^2\psi,\psi,w)+2b_2(U+u_{\phi}^{*},U+u_{\phi}^{*},w)\\&+2b_2(L^2\psi,\psi,w)=0,\quad \forall w\in\Psi_{L_0,N_0},\end{aligned} \tag{5.2.18}$$

其中

$$(u,v)=\int_{\Omega}r^2\sin\theta uv\mathrm{d}r\mathrm{d}\theta,$$

$$a_1(v,w)=((Lv,Lw))=\int_{\Omega}\left[\sin\theta\frac{\partial}{\partial r}(rv)\frac{\partial}{\partial r}(rw)+\frac{\partial}{\partial\theta}(\sin\theta v)\frac{\partial}{\partial\theta}(\sin\theta w)\right]\mathrm{d}r\mathrm{d}\theta,$$

$$a_2(v,w)=\int_{\Omega}r^2\sin\theta L^2v\cdot L^2w\mathrm{d}r\mathrm{d}\theta,$$

$$b_i(u,v,w)=\int_{\Omega}r^2\sin\theta B_i(u,v)\cdot w\mathrm{d}r\mathrm{d}\theta,\quad i=1,2.$$

如果设

$$U=\sum_{i=1}^{L_0}\sum_{j=1}^{N_0}x_{i,j}u_{\phi(i,j)},\quad \psi=\sum_{i=1}^{L_0}\sum_{j=1}^{N_0}z_{i,j}\psi_{i,j},$$

利用 Stokes 算子特征函数的正交性[31], (5.2.17) 和 (5.2.18) 可化为如下的微分方程组

$$\begin{aligned}&\frac{\mathrm{d}x_{l,n}}{\mathrm{d}t}+\frac{P_{l,n}\alpha_{l,n}}{Re}x_{l,n}+\sum_{i=1}^{L_0}\sum_{j=1}^{N_0}\sum_{k=1}^{L_0}\sum_{m=1}^{N_0}C_{i,j,k,m,l,n}x_{i,j}z_{k,m}\\&+\sum_{k=1}^{L_0}\sum_{m=1}^{N_0}D_{k,m,l,n}z_{k,m}=0,\quad l=1,2,\cdots,L_0,n=1,2,\cdots,N_0,\\&\frac{\mathrm{d}z_{l,n}}{\mathrm{d}t}-\frac{Q_{l,n}\beta_{l,n}}{Re}z_{l,n}+\sum_{i=1}^{L_0}\sum_{j=1}^{N_0}\sum_{k=1}^{L_0}\sum_{m=1}^{N_0}E_{i,j,k,m,l,n}\cdot x_{i,j}z_{k,m}\\&+\sum_{i=1}^{L_0}\sum_{j=1}^{N_0}\sum_{k=1}^{L_0}\sum_{m=1}^{N_0}H_{i,j,k,m,l,n}\cdot x_{i,j}x_{k,m}+\sum_{i=1}^{L_0}\sum_{j=1}^{N_0}T_{i,j,l,n}z_{i,j}=F_{l,n},\\&l=1,2,\cdots,L_0,\quad n=1,2,\cdots,N_0,\end{aligned}\tag{5.2.19}$$

其中

$$C_{i,j,k,m,l,n}=b_1(u_{\phi(i,j)},\psi_{k,m},u_{\phi(l,n)}),$$

$$D_{k,m,l,n}=b_1(u_\phi^*,\psi_{k,m},u_{\phi(l,n)}),$$

$$E_{i,j,k,m,l,n}=b_1(L^2\psi_{i,j},\psi_{k,m},\psi_{l,n})+2b_2(L^2\psi_{i,j},\psi_{k,m},\psi_{l,n}),$$

$$H_{i,j,k,m,l,n}=2b_2(u_{\phi(i,j)},u_{\phi(k,m)},\psi_{l,n}),$$

$$T_{i,j,l,n}=2b_2(u_\phi^*,u_{\phi(i,j)},\psi_{l,n})+2b_2(u_{\phi(i,j)},u_\phi^*,\psi_{l,n}),$$

$$F_{l,n}=-2b_2(u_\phi^*,u_\phi^*,\psi_{l,n}).$$

由此可见, 对同心球间旋转流动的 Navier-Stokes 方程谱展开后得到的微分方程组 (5.2.19) 是非常庞大的, 我们进行五模态截断, 即取如下五个模式进行讨论,

$$\begin{cases}U=x_1u_{\phi(2,1)}(r,\theta)+x_2u_{\phi(4,1)}(r,\theta),\\\psi=y_1\psi_{1,1}(r,\theta)+y_2\psi_{2,1}(r,\theta)+y_3\psi_{3,1}(r,\theta),\end{cases}\tag{5.2.20}$$

得到如下五模类 Lorenz 型方程组

$$
\begin{cases}
\dot{x_1} = -\dfrac{1}{Re}a_1x_1 + b_1y_1 + b_2y_3 + c_1x_1y_2 + c_2x_2y_2, \\
\dot{x_2} = -\dfrac{1}{Re}a_2x_2 + b_3y_3 + c_3x_1y_2 + c_4x_2y_2, \\
\dot{y_1} = -\dfrac{1}{Re}d_1y_1 + e_1x_1 + e_2x_2 + h_1y_1y_2 + h_2y_2y_3, \\
\dot{y_2} = -\dfrac{1}{Re}d_2y_2 + f + g_1x_1^2 + g_2x_1x_2 + g_3x_2^2 + h_3y_1^2 + h_4y_1y_3 + h_5y_2^2 + h_6y_3^2, \\
\dot{y_3} = -\dfrac{1}{Re}d_3y_3 + e_3x_1 + e_4x_2 + h_7y_1y_2 + h_8y_2y_3,
\end{cases}
\tag{5.2.21}
$$

其中, $a_i, b_i, c_i, d_i, e_i, f, g_i, h_i$ 为相应的积分常数.

当然还有许多模式可以选择, 但模式的选取首先要求能反映基本流动, 即类 Lorenz 型方程组中应出现非线性项, 否则研究没有任何意义, 其次要求简单以便于分析, 即尽可能选取低频率“信号”. Lorenz 模型方程的建立, 不仅希望显示存在复杂的动力学行为, 更重要的是能够反映实验中定性甚至定量的特征, 即用有限维动力系统特征去反映无穷维动力系统的动力学特征.

5.3 同心球间旋转流动类 Lorenz 型方程组的分歧分析

5.3.1 类 Lorenz 型方程组 I 的分歧分析

取如下三模态进行讨论, 设

$$
\begin{cases}
u_\phi = xU_{2,1}(r,\theta), \\
\psi = y\psi_{2,1}(r,\theta) + z\psi_{3,1}(r,\theta),
\end{cases}
\tag{5.3.1}
$$

得到如下的常微分方程组[55]

$$
\begin{cases}
\dot{x} = -\dfrac{1}{Re}ax - bz + cxy, \\
\dot{y} = -\dfrac{1}{Re}d_1y - f - h_1z^2 - gx^2, \\
\dot{z} = -\dfrac{1}{Re}d_2z - ex + h_2yz,
\end{cases}
\tag{5.3.2}
$$

其中, $a, b, c, d_1, d_2, e, f, h_1, h_2, g$ 为正常数, 取值如下

$$
\begin{aligned}
&a = 309.681, \quad b = 3.210, \quad c = 1.346, \\
&d_1 = 1218.503, \quad d_2 = 1208.771, \quad e = 2.744, \quad f = 0.110, \\
&h_1 = 1.696, \quad h_2 = 3.305, \quad g = 1.057,
\end{aligned}
\tag{5.3.3}
$$

其中, Re 表示雷诺数.

微分方程组 (5.3.2) 的平衡点应满足如下的代数方程组

$$F(X,Re)=F(x,y,z,Re)=\begin{pmatrix}\dfrac{1}{Re}ax+bz-cxy\\ \dfrac{1}{Re}d_1y+f+h_1z^2+gx^2\\ \dfrac{1}{Re}d_2z+ex-h_2yz\end{pmatrix}=\vec{0}. \tag{5.3.4}$$

方程组 (5.3.4) 有一个解

$$x^*=0,\quad y^*=-\frac{fRe}{d_1},\quad z^*=0. \tag{5.3.5}$$

当 $Re_1<Re<Re_2$ 时, 还有如下两个平衡点:

$$\begin{aligned}x^*&=e^{-1}\left(h_2yz-\frac{1}{Re}d_2z\right),\\ y^*&=\frac{1}{2Re}\left(\frac{a}{c}+\frac{d_2}{h_2}\right)\mp\sqrt{\frac{1}{4Re^2}\left(\frac{a}{c}-\frac{d_2}{h_2}\right)^2+\frac{be}{ch_2}},\\ z^*&=\pm\sqrt{\frac{-f-\dfrac{d_1y}{Re}}{h_1+g\left(-\dfrac{-e^{-1}d_2}{Re}+h_2e^{-1}y\right)^2}}.\end{aligned} \tag{5.3.6}$$

这里, $Re_1\approx 3300, Re_2\approx 608700$[55].

下面讨论方程组 (5.3.4) 的分歧问题, 首先讨论方程组 (5.3.4) 在平衡点 (5.3.5) 的分歧问题, 经计算得

$$D_XF=\begin{pmatrix}\dfrac{1}{Re}a-cy & -cx & b\\ 2gx & \dfrac{1}{Re}d_1 & 2h_1z\\ e & -h_2z & \dfrac{1}{Re}d_2-h_2y\end{pmatrix}, \tag{5.3.7}$$

将 (5.3.5) 代入 (5.3.7) 得

$$D_XF_0=D_XF(x^*,y^*,z^*,Re)=\begin{pmatrix}\dfrac{1}{Re}a+c\dfrac{fRe}{d_1} & 0 & b\\ 0 & \dfrac{1}{Re}d_1 & 0\\ e & 0 & \dfrac{1}{Re}d_2+h_2\dfrac{fRe}{d_1}\end{pmatrix}. \tag{5.3.8}$$

欲使 D_XF_0 奇异, 只要

$$\begin{vmatrix} \frac{1}{Re}a+c\frac{fRe}{d_1} & b \\ e & \frac{1}{Re}d_2+h_2\frac{fRe}{d_1} \end{vmatrix}=0. \tag{5.3.9}$$

因此得到确定方程 (5.3.4) 的奇异点的条件为

$$\left(\frac{1}{Re}a+c\frac{fRe}{d_1}\right)\left(\frac{1}{Re}d_2+h_2\frac{fRe}{d_1}\right)-be=0, \tag{5.3.10}$$

即满足方程 (5.3.10) 的雷诺数 Re 对应方程 (5.3.4) 的奇异点, 变形 (5.3.10) 得

$$(d_1d_2+h_2fRe^2)(ad_1+cfRe^2)-bed_1^2Re^2=0, \tag{5.3.11}$$

即

$$ch_2f^2Re^4+(cd_1d_2+ad_1h_2f-bed_1^2)Re^2+ad_1^2d_2=0, \tag{5.3.12}$$

代入相关数据得

$$0.053827213Re^4-12722769.6339Re^2+555791369214=0. \tag{5.3.13}$$

所以, 求得

$$Re^2=\frac{12722769.6339\pm 12718065.8708}{0.107654426}, \tag{5.3.14}$$

因此得临界雷诺数为

$$\begin{cases} Re_1^0=15372.6854219, \\ Re_2^0=209.029111994. \end{cases} \tag{5.3.15}$$

下面判断奇异点 (x^*,y^*,z^*,Re^0) 的类型. 将 $Re_1^0=15372.6854219$ 及 (5.3.3) 中的相关数据代入 (5.3.8) 中得

$$D_XF_0=\begin{pmatrix} 1.88807611303 & 0 & 3.21 \\ 0 & 0.0792641602 & 0 \\ 2.744 & 0 & 4.66519327678 \end{pmatrix}, \tag{5.3.16}$$

下面计算 $\ker D_XF_0$, 即求解方程组

$$\begin{cases} 1.88807611303x+3.21z=0, \\ 0.0792641602y=0, \\ 2.744x+4.66519327678z=0. \end{cases} \tag{5.3.17}$$

由于 D_XF_0 的秩为 2, 故方程组 (5.3.17) 的基础解系含 1 个解向量[74], 取 $z=1$ 得 $x=-1.70014332244$, 因此得 (5.3.17) 的基础解系

$$\eta^*=\begin{pmatrix}-1.70014332244\\0\\1\end{pmatrix},\tag{5.3.18}$$

所以有

$$\ker D_XF_0=\{\eta=c\eta^*,c\in R\text{ 为任意常数}\}.\tag{5.3.19}$$

由于

$$D_{Re}F=\begin{pmatrix}\dfrac{-1}{Re^2}ax\\\dfrac{-1}{Re^2}d_1y\\\dfrac{-1}{Re^2}d_2z\end{pmatrix},$$

所以有

$$D_{Re}F_0=D_{Re}F(x^*,y^*,z^*,Re_1^0)=\begin{pmatrix}0\\\dfrac{-1}{(Re_1^0)^2}d_1y^*\\0\end{pmatrix}=\begin{pmatrix}0\\\dfrac{-f}{Re_1^0}\\0\end{pmatrix}.\tag{5.3.20}$$

显然有 $D_{Re}F_0\notin\ker D_XF_0$, 而且

$$D_{Re}F_0\in\mathrm{Range}D_XF_0,$$

因此由第 2 章知 $(0,y^*,0,Re_1^0)$ 是方程组 (5.3.4) 的简单分歧点, 同理可得 $(0,y^*,0,Re_2^0)$ 也是方程组 (5.3.4) 的简单分歧点.

把平衡点 (5.3.6) 代入 (5.3.7) 中得

$$D_XF_0=\begin{pmatrix}\dfrac{1}{Re}a-cy^* & -cx^* & b\\2gx^* & \dfrac{1}{Re}d_1 & 2h_1z^*\\e & -h_2z^* & \dfrac{1}{Re}d_2-h_2y^*\end{pmatrix}.\tag{5.3.21}$$

经计算可知 D_XF_0 是可逆的, 故平衡点 (x^*,y^*,z^*) 是方程组 (5.3.4) 的正则点.

下面求简单分岐点处的解分支, 文献 [69] 给出了简单分岐点的解分支的结构如下

$$\begin{cases} X(t) = X_0 + t\alpha\eta^* + t\beta v_0 + t^2 v, \\ Re(t) = Re^0 + t\beta, \end{cases} \tag{5.3.22}$$

其中, $X_0 = (0, y^*, 0)^{\mathrm{T}}$; Re^0 为 Re_1^0 或 Re_2^0; $t \in R$ 为参数; α, β 为 t 的函数; $v \in \mathrm{Range} D_X F_0$, 且与 v_0 正交, 而 v_0 则由如下方程给出

$$D_X F_0 v_0 + D_{Re} F_0 = 0. \tag{5.3.23}$$

令 $v_0 = (v_1, v_2, v_3)^{\mathrm{T}}$, 取 Re^0 为 Re_1^0, 由 (5.3.16) 和 (5.3.20) 得 (5.3.23), 即为

$$\begin{cases} 1.88807611303 v_1 + 3.21 v_3 = 0, \\ 0.0792641602 v_2 = \dfrac{f}{Re_1^0} = 0.00000715555, \\ 2.744 v_1 + 4.66519327678 v_3 = 0. \end{cases} \tag{5.3.24}$$

令 $v_3 = 1$, 解得

$$\begin{cases} v_1 = -1.70014332244, \\ v_2 = 0.00009027472, \\ v_3 = 1, \end{cases}$$

即

$$v_0 = \begin{pmatrix} -1.70014332244 \\ 0.00009027472 \\ 1 \end{pmatrix}.$$

从而得解分支

$$\begin{cases} X(t) = (0, y^*, 0)^{\mathrm{T}} + t\alpha\eta^* + t\beta v_0 + t^2 v, \\ Re(t) = Re_1^0 + t\beta. \end{cases} \tag{5.3.25}$$

同理可求简单分岐点 $(0, y^*, 0, Re_2^0)$ 的解分支, 这里不再给出.

5.3.2 类 Lorenz 型方程组 II 的分歧分析

如果取如下三个模式进行讨论,

$$\begin{cases} u_\phi = x U_{4,1}(r, \theta), \\ \psi = y \psi_{2,1}(r, \theta) + z \psi_{1,1}(r, \theta). \end{cases} \tag{5.3.26}$$

得到如下类 Lorenz 型方程组[56]

$$\begin{cases} \dot{x} = -\dfrac{1}{Re}ax + cxy, \\ \dot{y} = -\dfrac{1}{Re}d_1 y - f + h_1 z^2 - gx^2, \\ \dot{z} = -\dfrac{1}{Re}d_2 z - h_2 yz, \end{cases} \tag{5.3.27}$$

其中, $a, c, d_1, d_2, f, h_1, h_2, g$ 为正常数, 取值如下

$$\begin{aligned} &a = 321.49507, \quad c = 2.0114144\mathrm{e}^{-3}, \\ &d_1 = 1213.506545, \quad d_2 = 1216.789556, \\ &h_1 = 2.08655677\mathrm{e}^{-3}, \quad h_2 = 1.759190156\mathrm{e}^{-2}, \\ &f = 0.109707566, \quad g = 2.8087033\mathrm{e}^{-3}. \end{aligned} \tag{5.3.28}$$

微分方程组 (5.2.27) 的平衡点应满足如下的代数方程组

$$F(X, Re) = F(x, y, z, Re) = \begin{pmatrix} \dfrac{1}{Re}ax - cxy \\ \dfrac{1}{Re}d_1 y + f - h_1 z^2 + gx^2 \\ \dfrac{1}{Re}d_2 z + h_2 yz \end{pmatrix} = \vec{0}. \tag{5.3.29}$$

方程组 (5.3.29) 有三个解

$$x^* = 0, \quad y^* = -\frac{fRe}{d_1}, \quad z^* = 0, \tag{5.3.30}$$

$$x^* = 0, \quad y^* = -\frac{d_2}{h_2 Re}, \quad z^* = \pm\sqrt{\frac{f}{h_1} - \frac{1}{Re^2}\frac{d_1 d_2}{h_1 h_2}}. \tag{5.3.31}$$

下面讨论方程 (5.3.29) 的分歧问题, 经计算得

$$D_X F = \begin{pmatrix} \dfrac{1}{Re}a - cy & -cx & 0 \\ 2gx & \dfrac{1}{Re}d_1 & -2h_1 z \\ 0 & h_2 z & \dfrac{1}{Re}d_2 + h_2 y \end{pmatrix}. \tag{5.3.32}$$

首先讨论方程 (5.3.29) 在平衡点 (5.3.30) 的分歧问题, 由 (5.3.32) 得

$$D_XF_0 = D_XF(x^*,y^*,z^*,Re) = \begin{pmatrix} \dfrac{1}{Re}a + c\dfrac{fRe}{d_1} & 0 & 0 \\ 0 & \dfrac{1}{Re}d_1 & 0 \\ 0 & 0 & \dfrac{1}{Re}d_2 - h_2\dfrac{fRe}{d_1} \end{pmatrix}. \tag{5.3.33}$$

欲使 D_XF_0 奇异, 只要

$$\begin{vmatrix} \dfrac{1}{Re}a + c\dfrac{fRe}{d_1} & 0 \\ 0 & \dfrac{1}{Re}d_2 - h_2\dfrac{fRe}{d_1} \end{vmatrix} = 0. \tag{5.3.34}$$

因此得到确定方程 (5.3.29) 的奇异点的条件

$$\left(\frac{1}{Re}a + c\frac{fRe}{d_1}\right)\left(\frac{1}{Re}d_2 - h_2\frac{fRe}{d_1}\right) = 0. \tag{5.3.35}$$

即满足方程 (5.3.35) 的雷诺数 Re 对应方程 (5.3.29) 的奇异点, 由于对任意的 $Re > 0$, $\dfrac{1}{Re}a + c\dfrac{fRe}{d_1} > 0$, 所以只有

$$\frac{1}{Re}d_2 - h_2\frac{fRe}{d_1} = 0, \tag{5.3.36}$$

因此得方程组 (5.3.29) 的奇异点的条件为

$$Re^2 = \frac{d_1d_2}{h_2f}. \tag{5.3.37}$$

由于 D_XF_0 的秩为 2, 故 $\ker D_XF_0$ 的基必含 1 个解向量, 且具有如下形式

$$\eta^* = \begin{pmatrix} 0 \\ 0 \\ 1 \end{pmatrix}, \tag{5.3.38}$$

所以有

$$\ker D_XF_0 = \{\eta = c\eta^*, c \in R\ \text{为任意常数}\}.$$

由于 $D_{Re}F = \begin{pmatrix} \dfrac{-1}{Re^2}ax \\ \dfrac{-1}{Re^2}d_1y \\ \dfrac{-1}{Re^2}d_2z \end{pmatrix}$, 所以有

$$D_{Re}F_0 = D_{Re}F(x^*, y^*, z^*, Re^0) = \begin{pmatrix} 0 \\ \dfrac{-1}{(Re^0)^2}d_1y^* \\ 0 \end{pmatrix} = \begin{pmatrix} 0 \\ \dfrac{f}{Re} \\ 0 \end{pmatrix}. \tag{5.3.39}$$

显然有 $D_{Re}F_0 \notin \ker D_XF_0$, 且有

$$D_{Re}F_0 \in \mathrm{Range}D_XF_0,$$

因此 $(0, y^*, 0, Re^0)$ 是方程组 (5.3.29) 的简单分歧点, 按上述简单分歧点处解分支的结构, 可求出其解分支, 这里不再给出.

把平衡点 (5.3.31) 代入 (5.3.32) 中, 得 $D_XF_0 = D_XF(x^*, y^*, z^*, Re)$ 是可逆的, 所以平衡点 (5.3.31) 是方程组 (5.3.29) 的正则点.

5.4　同心球间旋转流动的低模系统的动力学行为及其数值仿真

5.4.1　类 Lorenz 型方程组及平衡点的稳定性

文献 [91] 得到如下三模类 Lorenz 型方程组:

$$\begin{cases} \dot{x} = -\dfrac{1}{Re}ax + cxy, \\ \dot{y} = -\dfrac{1}{Re}d_1y - f + h_1z^2 - gx^2, \\ \dot{z} = -\dfrac{1}{Re}d_2z - h_2yz. \end{cases} \tag{5.4.1}$$

其中, $a, c, d_1, d_2, f, h_1, h_2, g$ 为正常数. 下面讨论类 Lorenz 型方程组 (5.4.1) 的动态分岔问题, 首先给出方程组 (5.4.1) 的平衡点并进行稳定性分析, 所谓微分方程组

(5.4.1) 的平衡点应满足如下的代数方程组:

$$F(\overline{X}, Re) = F(x, y, z, Re) = \begin{pmatrix} -\dfrac{1}{Re}ax + cxy \\ -\dfrac{1}{Re}d_1 y - f + h_1 z^2 - gx^2 \\ -\dfrac{1}{Re}d_2 z - h_2 yz \end{pmatrix} = \vec{0}. \tag{5.4.2}$$

方程组 (5.4.2) 有三个解,

$$S_0: \quad x^* = 0, \quad y^* = -\frac{fRe}{d_1}, \quad z^* = 0, \tag{5.4.3}$$

$$S_\pm: \quad x^* = 0, \quad y^* = -\frac{d_2}{h_2 Re}, \quad z^* = \pm\sqrt{\frac{f}{h_1} - \frac{1}{Re^2}\frac{d_1 d_2}{h_1 h_2}}. \tag{5.4.4}$$

它们就是类 Lorenz 型方程组 (5.4.1) 的平衡点. 平衡点 (5.4.3) 代表了球 Couette 流的基本流, 平衡点 (5.4.4) 代表了球 Couette 流的另一种非基本流的流动状态. 把方程组 (5.4.1) 在平衡点附近线性化, 经计算得

$$D_{\overline{X}}F = \begin{pmatrix} -\dfrac{1}{Re}a + cY & cX & 0 \\ -2gX & -\dfrac{1}{Re}d_1 & 2h_1 Z \\ 0 & -h_2 Z & -\dfrac{1}{Re}d_2 - h_2 Y \end{pmatrix}. \tag{5.4.5}$$

其中, (X, Y, Z) 分别为平衡点的三个分量.

下面讨论平衡点 $S_0, S_\pm$ 的稳定性, 将平衡点 S_0 的三个分量 (X, Y, Z) 代入 (5.4.5), 则得到矩阵 (5.4.5) 的特征方程为

$$\det\begin{vmatrix} \lambda + \dfrac{1}{Re}a + c\dfrac{fRe}{d_1} & 0 & 0 \\ 0 & \lambda + \dfrac{1}{Re}d_1 & 0 \\ 0 & 0 & \lambda + \dfrac{1}{Re}d_2 - h_2\dfrac{fRe}{d_1} \end{vmatrix} = 0. \tag{5.4.6}$$

矩阵 (5.4.5) 的三个特征值分别为

$$\lambda_1 = -\frac{1}{Re}a - \frac{fc}{d_1}Re, \quad \lambda_2 = -\frac{1}{Re}d_1, \quad \lambda_3 = -\frac{1}{Re}d_2 + \frac{fh_2}{d_1}Re.$$

这里特征值 λ_1, λ_2 均为负实数. 对特征值 λ_3, 当 $Re < \sqrt{\dfrac{d_1 d_2}{fh_2}}$ 时, $\lambda_3 < 0$, S_0 稳定; 当 $Re > \sqrt{\dfrac{d_1 d_2}{fh_2}}$ 时, $\lambda_3 > 0$, S_0 不稳定.

对 $S_{\pm}$, 当 $Re \geqslant \sqrt{\dfrac{d_1 d_2}{f h_2}}$ 时, 有 $\dfrac{f}{h_1} - \dfrac{1}{Re^2}\dfrac{d_1 d_2}{h_1 h_2} \geqslant 0$, 此时 $S_{\pm}$ 出现. 将平衡点 $S_{\pm}$ 的各个分量 (X, Y, Z) 代入矩阵 (5.4.5), 与前面的做法相同, 得到 (5.4.5) 的三个特征值

$$\lambda_1 = -\frac{1}{Re}a - \frac{cd_2}{Reh_2}, \quad \lambda_{2,3} = \frac{1}{2}\left[-\frac{d_1}{Re} \pm \sqrt{\frac{d_1^2}{Re^2} - 8(fh_2 - \frac{d_1 d_2}{Re^2})}\,\right],$$

当 $Re < \sqrt{\dfrac{d_1 d_2}{f h_2}}$ 时, 有正的特征值, 此时 $S_{\pm}$ 不出现; 反之, 当 $Re > \sqrt{\dfrac{d_1 d_2}{f h_2}}$ 时, $S_{\pm}$ 稳定.

5.4.2 吸引子的存在性和全局稳定性分析

为了讨论类 Lorenz 型方程组 (5.4.1) 的动力学行为, 把它改写成如下形式:

$$\begin{cases} \dfrac{1}{c}\dot{x} + \dfrac{a}{cRe}x = xy, \\ \dfrac{1}{g}\dot{y} + \dfrac{d_1}{gRe}y = -\dfrac{f}{g} + \dfrac{h_1}{g}z^2 - x^2, \\ \dfrac{h_1}{gh_2}\dot{z} + \dfrac{d_2 h_1}{gh_2 Re}z = -\dfrac{h_1}{g}yz, \end{cases} \tag{5.4.7}$$

在以上三个方程两边分别乘以 x, y, z 后相加, 得

$$\frac{1}{2}\frac{\mathrm{d}}{\mathrm{d}t}\left(\frac{1}{c}x^2 + \frac{1}{g}y^2 + \frac{h_1}{gh_2}z^2\right) + \frac{1}{Re}\left(\frac{a}{c}x^2 + \frac{d_1}{g}y^2 + \frac{d_2 h_1}{gh_2}z^2\right) = -\frac{f}{g}y \leqslant \frac{f^2}{2\epsilon g^2} + \frac{\epsilon y^2}{2},$$

所以

$$\frac{1}{2}\frac{\mathrm{d}}{\mathrm{d}t}\left(\frac{1}{c}x^2 + \frac{1}{g}y^2 + \frac{h_1}{gh_2}z^2\right) + \frac{1}{Re}\left(\frac{a}{c}x^2 + \left(\frac{d_1}{g} - \frac{\epsilon Re}{2}\right)y^2 + \frac{d_2 h_1}{gh_2}z^2\right) \leqslant \frac{f^2}{2\epsilon g^2}, \tag{5.4.8}$$

其中, $\epsilon > 0$ 是一个常数. 若取 ϵ 使之满足 $\epsilon < \dfrac{2d_1}{gRe}$, 那么 $\dfrac{d_1}{g} - \dfrac{\epsilon Re}{2} > 0$, 记 $M_1 = \max\left\{\dfrac{1}{g}, \dfrac{d_1}{g} - \dfrac{\epsilon Re}{2}\right\}$, $M_2 = \max\left\{\dfrac{h_1}{gh_2}, \dfrac{d_2 h_1}{gh_2}\right\}$, 则由

$$\frac{d_1}{g} - \frac{\epsilon Re}{2} \geqslant \frac{\frac{1}{g}}{M_1}\left(\frac{d_1}{g} - \frac{\epsilon Re}{2}\right) = S_1\frac{1}{g}, \quad \frac{d_2 h_1}{gh_2} \geqslant \frac{\frac{h_1}{gh_2}}{M_2}\frac{d_2 h_1}{gh_2} = S_2\frac{h_1}{gh_2},$$

$$S_1 = \frac{1}{M_1}\left(\frac{d_1}{g} - \frac{\epsilon Re}{2}\right), \quad S_2 = \frac{1}{M_2}\left(\frac{d_2 h_1}{gh_2}\right),$$

有

$$\frac{a}{c}x^2 + \left(\frac{d_1}{g} - \frac{\epsilon Re}{2}\right)y^2 + \frac{d_2 h_1}{gh_2}z^2 \geqslant \frac{a}{c}x^2 + S_1\frac{1}{g}y^2 + S_2\frac{h_1}{gh_2}z^2. \tag{5.4.9}$$

再取 $M=\min\{a,S_1,S_2\}$, 于是

$$\frac{a}{c}x^2+S_1\frac{1}{g}y^2+S_2\frac{h_1}{gh_2}z^2\geqslant M\left(\frac{1}{c}x^2+\frac{1}{g}y^2+\frac{h_1}{gh_2}z^2\right), \tag{5.4.10}$$

取

$$|\ u\ |^2=\frac{1}{c}x^2+\frac{1}{g}y^2+\frac{h_1}{gh_2}z^2,$$

不难验证,$|\ u\ |$ 是一个范数, 于是从 (5.4.9) 和 (5.4.10) 式得到

$$\frac{\mathrm{d}}{\mathrm{d}t}\ |\ u\ |^2+2\frac{M}{Re}\ |\ u\ |^2\leqslant\frac{f^2}{\epsilon g^2},$$

运用 Gronwall 不等式[63], 有

$$|\ u(t)\ |^2\leqslant|\ u(0)\ |^2\exp\left(-2\frac{Mt}{Re}\right)+\frac{Re}{2M}\frac{f^2}{\epsilon g^2}\left(1-\exp\left(-2\frac{Mt}{Re}\right)\right), \tag{5.4.11}$$

故

$$\limsup_{t\to 0}\ |\ u(t)\ |\leqslant\rho_0,\quad \rho_0=\sqrt{\frac{Re}{2M\epsilon}}\frac{f}{g}. \tag{5.4.12}$$

不等式 (5.4.11) 说明, 若记 $B(O,\rho)$ 为 H (H 一般是 Hilbert 空间, 这里就是普通的三维欧氏空间) 中以 O 为中心, $\rho\geqslant\rho_0$ 为半径的球, 则 $B(O,\rho)$ 是方程组 (5.4.1) 的初值问题所确定的算子半群 $S(t)$ 的一个不变集, 即若 $u_0\in B(O,\rho)$,

$$|\ S(t)u_0\ |^2\leqslant\rho^2\exp\left(-2\frac{Mt}{Re}\right)+\rho_0^2\left(1-\exp\left(-2\frac{Mt}{Re}\right)\right)\leqslant\rho^2,$$

故 $S(t)B(O,\rho)\subset B(O,\rho)$. 并且当 $\rho>\rho_0$ 时, 这些球是吸收集. 实际上, 任一有界集 D, 都有

$$S(t)D\subset B(O,\rho),\quad t\longrightarrow+\infty,$$

故方程组 (5.4.1) 存在吸引子[63,92].

下面进行 (5.4.1) 解的全局稳定性分析, 取 Lyapunov 函数为

$$V(x,y,z)=\frac{1}{c}x^2+\frac{1}{g}y^2+\frac{h_1}{gh_2}z^2>0.$$

令 $V(x,y,z)=k$, 显然当 k 是一正常数时, 上式表示 H 上的一椭球面, 记为 E. 求 V 的导数:

$$\begin{aligned}\frac{\mathrm{d}V}{\mathrm{d}t}&=-\frac{2}{Re}\left(\frac{a}{c}x^2+\frac{d_1}{g}y^2+\frac{d_2h_1}{gh_2}z^2\right)+\frac{f}{g}y\\&=-2\left(\frac{a}{cRe}x^2+\frac{d_1}{gRe}y^2-\frac{f}{g}y+\frac{d_2h_1}{gh_2Re}z^2\right).\end{aligned} \tag{5.4.13}$$

显然, $\frac{a}{cRe}x^2+\frac{d_1}{gRe}y^2-\frac{f}{g}y+\frac{d_2h_1}{gh_2Re}z^2=0$ 表示 H 中一椭球面, 记此椭球面为 C, 由 (5.4.13) 得: 在 C 域以外, $\frac{\mathrm{d}V}{\mathrm{d}t}<0$; 在 C 上, $\frac{\mathrm{d}V}{\mathrm{d}t}=0$; 在 C 域内, $\frac{\mathrm{d}V}{\mathrm{d}t}>0$. 于是, 若把 k 取得充分大, E 即可包围 C. 这样, 从式 (5.4.13) 可知, 在 C 外面, $\frac{\mathrm{d}V}{\mathrm{d}t}<0$, $V\frac{\mathrm{d}V}{\mathrm{d}t}<0$. 由 Lyapunov 定理[86,87]的分析得知, (5.4.1) 在 E 外的解轨线都将进入 E 内. 可见, E 就是类 Lorenz 系统 (5.4.1) 的捕捉区. 虽然这时类 Lorenz 系统平衡点 S_0 不稳定, 但系统仍具有全局稳定性: 系统最终要收缩到捕捉区内, 而区内又无收点, 因此系统只能在区内不停地振荡. 于是轨线最终要在捕捉区内形成一个不变集合, 这就是所谓的奇怪吸引子.

5.4.3　数值仿真

下面对类 Lorenz 型方程组 (5.4.1) 的动力学行为进行数值模拟, 通过计算得方程组 (5.4.1) 的系数如下:

$$a=321.49507,\quad c=2.0114144\mathrm{e}^{-3},\quad d_1=1213.506545,\quad d_2=1216.789556,$$

$$h_1=2.08655677\mathrm{e}^{-3},\quad h_2=1.759190156\mathrm{e}^{-2},\quad f=0.109707566,\quad g=2.8087033\mathrm{e}^{-3}.$$

随着雷诺数 Re 的增大, 类 Lorenz 方程组 (5.4.1) 平衡点的稳定性发生了变化, 出现了 Hopf 分岔和混沌等非线性现象. 下面就来详细叙述数值模拟系统 (5.4.1) 的动力学行为.

(1) 通过数值计算得方程组 (5.4.1) 在 $Re<7513.95\cdots$ 时, 平衡点 S_0 稳定, 解轨线为螺旋线, 趋于平衡点 S_0, 见图 5.3 和图 5.4.

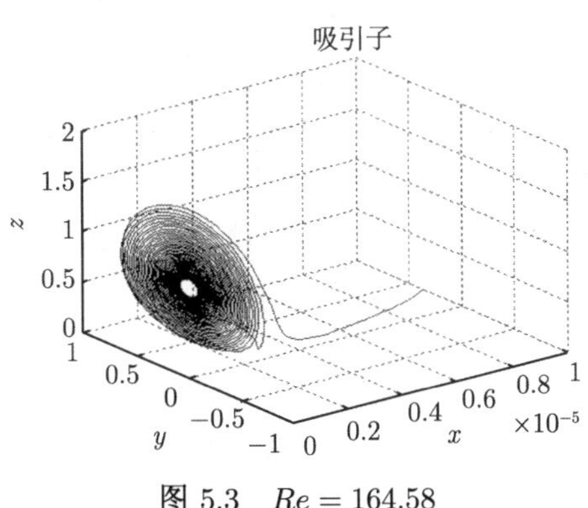

图 5.3　$Re=164.58$

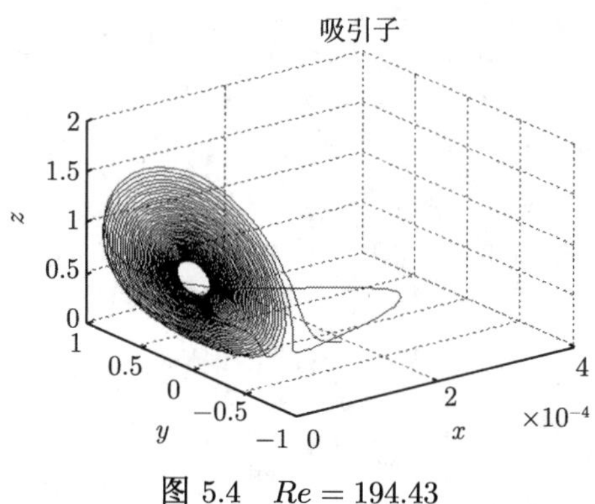

图 5.4　$Re = 194.43$

(2) 当 $Re \geqslant 7513.95\cdots$ 时, 平衡点 S_0 开始不稳定, 围绕平衡点 S_0 出现奇怪吸引子, 如图 5.5~图 5.8 所示.

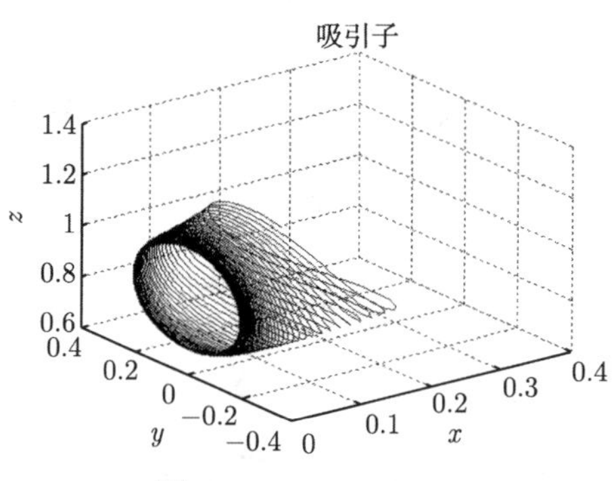

图 5.5　$Re = 7835.76$

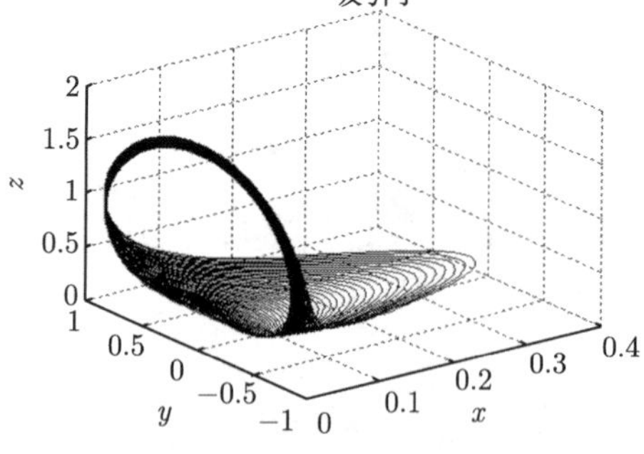

吸引子

图 5.6　$Re = 8132.69$

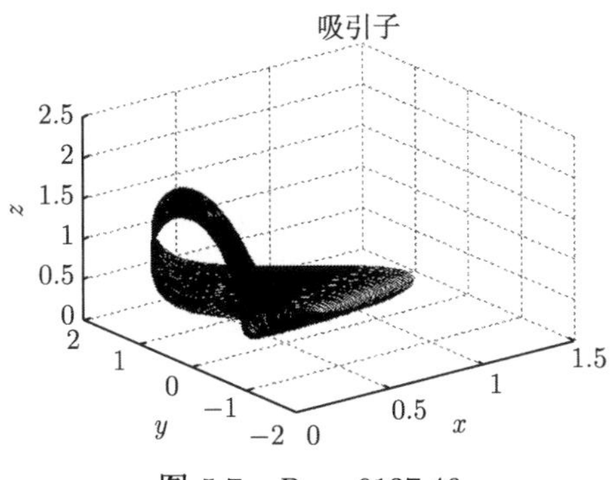

图 5.7 $Re = 9137.46$

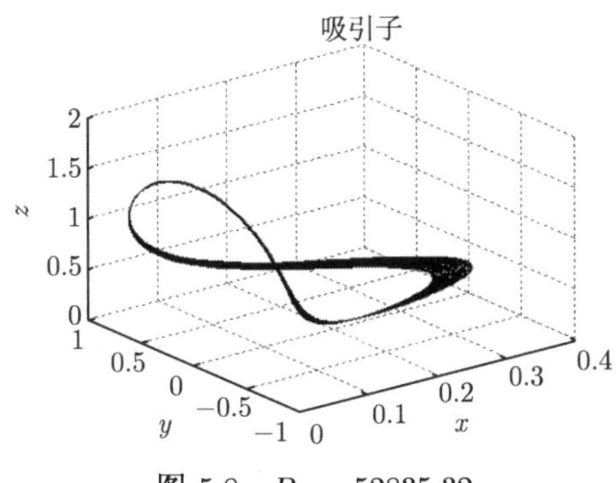

图 5.8 $Re = 52835.32$

(3) 当 Re 进一步增大时, 有一对特征值实部接近于 0, 即出现一对纯虚特征值, 系统 (5.4.1) 发生了 Hopf 分岔. 解轨线为单闭轨线, 即出现极限环, 如图 5.9 和图 5.10 所示.

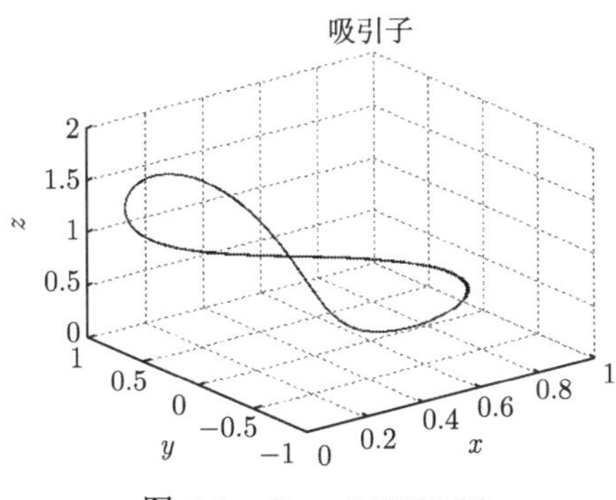

图 5.9 $Re = 648836.26$

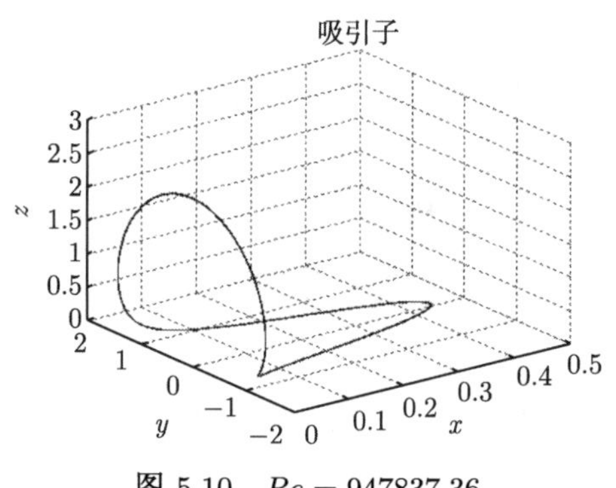

图 5.10　$Re = 947837.36$

5.5　结　　论

本章讨论了同心球间旋转流动的类 Lorenz 型方程组的动力学行为及其数值模拟问题, 包括线性稳定性分析、全局吸引子的存在性及其全局稳定性分析等内容, 数值模拟了雷诺数变化时类 Lorenz 系统的动力学行为. 关于全局吸引子的存在性证明和全局稳定性分析的讨论方法对其他相关文献中的非线性模型也是适用的.

第 6 章　同轴圆筒间旋转流动的低模分析及混沌控制与同步及其数值仿真

本章对同轴圆筒间旋转流动的 Navier-Stokes 方程谱展开后进行模态截断, 讨论所得到的类 Lorenz 型方程组的静态分歧问题及其动力学行为和混沌控制与同步及数值仿真等相关问题. 6.1 节介绍同轴圆筒间 Couette-Taylor 流问题低模分析方法的历史沿革和 Navier-Stokes 方程的柱坐标形式及其谱展开的模态截断形式. 6.2 节讨论同轴圆筒间旋转流动的类 Lorenz 型方程组的静态分歧问题, 包括寻找静态奇异点, 确定其类型等问题. 6.3 节讨论同轴圆筒间旋转流动的几个低模系统吸引子的存在性及其 Hausdorff 维数上界的估计和数值仿真. 6.4 节探讨同轴圆筒间旋转流动的 Couette-Taylor 流的部分动力学行为及仿真问题, 讨论 Couette-Taylor 流低模态类 Lorenz 型方程组的动力学行为, 包括定态的失稳、极限环的出现、分岔与混沌的演变和全局稳定性分析等, 通过线性稳定性分析和数值模拟等方法给出了三维模型的分岔与混沌等动力学行为及其演化历程, 并借此解释了实验中观察到的 Couette-Taylor 流的部分涡流的演化过程. 基于系统的分岔图、Lyapunov 指数谱、功率谱、Poincaré截面和返回映射等揭示了系统混沌行为的普适特征. 6.5 节将讨论旋转流动的低模系统的混沌控制与同步及其数值仿真问题.

6.1　Navier-Stokes 方程的柱坐标形式及其谱展开的模态截断方法

6.1.1　轴对称方程和 Stokes 算子谱展开

同轴圆筒间的 Couette-Taylor 流问题是典型的旋转流动问题, 它提供了从层流到湍流过渡得非常好的例子. 国内外众多学者对其复杂的动力学行为进行了大量深入的研究, 相关文献非常丰富 (如文献 [38,39,41,42,57,63,76~87]). 实验中观察到的丰富的动力学行为已在前几章介绍过, 但要数值仿真如此复杂的流动现象往往是比较困难的, 因此为获得旋转流体系统的动力学行为, 对其进行低维分析是非常有意义的. 文献 [57] 将 Lorenz 截断法用于同轴圆筒间旋转流动的 Couette-Taylor 流问题, 得到了一些令人振奋的结果, 但或许是模态过于简单而且任意, 文献 [57] 并没有发现混沌现象, 文献 [58] 用 Stokes 算子的特征函数进行模态截断, 不但使得截断的任意性降低, 而且结论更加精细. 文献 [76] 运用特征谱方法探讨这一问题, 截取了一个三模系统, 证明了其吸引子的存在性, 讨论了系统的全局稳定性和吸引子的 Hausdorff 维数上界的估计. 本节继续研究此三模系统的动力学行为, 并解释和仿真实验中观察到的 Couette-Taylor 流的部分涡流的演化过程. 我们给出的模态截断方法克服了文献 [57] 将窄间隙和宽间隙分开讨论的不足, 讨论起来更加精炼.

Navier-Stokes 方程的柱坐标形式已在第 4 章介绍过, 但为了推导过程的完整性和系统性, 在这里重新给出, 并且形式上有所不同, 但本质上是一样的. 考虑两个无限长同轴旋转圆柱间的流体流动, 内筒半径为 r_1, 角速度为 Ω_1; 外筒半径为 r_2, 角速度为 Ω_2. 假设满足周期边界条件.

柱坐标系下的 Navier-Stokes 方程可表示为

$$\begin{cases}\dfrac{\partial u_r}{\partial t}-\nu\left(\nabla^2 u_r-\dfrac{u_r}{r^2}-\dfrac{2}{r^2}\dfrac{\partial u_\varphi}{\partial\varphi}\right)\\ +u_r\dfrac{\partial u_r}{\partial r}+\dfrac{u_\varphi}{r}\dfrac{\partial u_r}{\partial\varphi}+u_z\dfrac{\partial u_r}{\partial z}-\dfrac{1}{r}u_\varphi^2+\dfrac{\partial p}{\partial r}=0,\\ \dfrac{\partial u_\varphi}{\partial t}-\nu\left(\nabla^2 u_\varphi-\dfrac{u_\varphi}{r^2}+\dfrac{2}{r^2}\dfrac{\partial u_r}{\partial\varphi}\right)\\ +u_r\dfrac{\partial u_\varphi}{\partial r}+\dfrac{u_\varphi}{r}\dfrac{\partial u_\varphi}{\partial\varphi}+u_z\dfrac{\partial u_\varphi}{\partial z}+\dfrac{1}{r}u_r u_\varphi+\dfrac{\partial p}{\partial\varphi}=0,\\ \dfrac{\partial u_z}{\partial t}-\nu\nabla^2 u_z+u_r\dfrac{\partial u_z}{\partial r}+\dfrac{u_\varphi}{r}\dfrac{\partial u_z}{\partial\varphi}+u_z\dfrac{\partial u_z}{\partial z}+\dfrac{\partial p}{\partial z}=0,\\ \dfrac{\partial u_r}{\partial r}+\dfrac{1}{r}u_r+\dfrac{1}{r}\dfrac{\partial u_\varphi}{\partial\varphi}+\dfrac{\partial u_z}{\partial z}=0,\\ u_\varphi|_{r=r_1}=1,\quad u_r|_{r=r_1}=u_z|_{r=r_1}=0,\\ u_\varphi|_{r=r_2}=U,\quad u_r|_{r=r_2}=u_z|_{r=r_2}=0,\\ u(t,r,\varphi,z)=u\left(t,r,\varphi,z+\dfrac{2\pi}{k}\right),\end{cases}\tag{6.1.1}$$

其中, k 表示波数[92]; $\nabla^2=\dfrac{\partial^2}{\partial r^2}+\dfrac{1}{r}\dfrac{\partial}{\partial r}+\dfrac{1}{r^2}\dfrac{\partial^2}{\partial\varphi^2}+\dfrac{\partial^2}{\partial z^2}$; $u=(u_r,u_\varphi,u_z)$ 表示流体运动速度; ν 表示黏性系数. 引入基本流 $u^0=(0,V(r),0)$,

$$\begin{cases}V(r)=\Omega_1\dfrac{r_1^2(1-\mu)}{r(1-\eta^2)}-\Omega_1\eta^2\left(1-\dfrac{\mu}{\eta^2}\right)\dfrac{r}{(1-\eta^2)},\\ \mu=\dfrac{\Omega_2}{\Omega_1},\\ \eta=\dfrac{r_1}{r_2}.\end{cases}\tag{6.1.2}$$

基本流满足方程 (6.1.1), 考虑轴对称性, 引入 Stokes 流函数 $\psi^{[94]}$.

$$\begin{cases} u_r = -\dfrac{\partial \psi}{\partial z}, \\ u_z = D_* \psi, \end{cases} \tag{6.1.3}$$

其中

$$D_* = \frac{\partial}{\partial r} + \frac{1}{r}. \tag{6.1.4}$$

轴对称流体的速度表示为$u = \left(-\dfrac{\partial \psi}{\partial z}, V(r) + v, D_* \psi\right)$, 连续性方程自动满足, 将 (6.1.3) 式代入 (6.1.1) 以消除 p, 得

$$\begin{cases} L_1\psi = \dfrac{\partial D^2\psi}{\partial t} - \dfrac{\partial(\psi, D^2\psi)}{\partial(z,r)} + \dfrac{1}{r}\dfrac{\partial}{\partial z}(\psi D^2\psi) - D^4\psi \\ \qquad + \dfrac{2Re}{1-\eta^2}\left[\dfrac{1-\mu}{r^2} - \left(1 - \dfrac{\mu}{\eta^2}\right)\right]\dfrac{\partial v}{\partial z} + \dfrac{1}{r}\dfrac{\partial v^2}{\partial z} = 0, \\ L_2 v = \dfrac{\partial v}{\partial t} + \dfrac{\partial v}{\partial z} D_*\psi - \dfrac{\partial \psi}{\partial z} D_* v - D^2 v + \dfrac{2Re}{1-\eta^2}\left(1 - \dfrac{\mu}{\eta^2}\right)\dfrac{\partial \psi}{\partial z} = 0. \end{cases} \tag{6.1.5}$$

其中

$$Re = \frac{\Omega_1 r_1^2}{\nu}, \quad D^2 = \frac{\partial^2}{\partial r^2} + \frac{1}{r}\frac{\partial}{\partial r} + \frac{1}{r^2}\frac{\partial^2}{\partial \varphi^2} + \frac{\partial^2}{\partial z^2} - \frac{1}{r^2} = \frac{1}{\partial r} D_* + \frac{\partial^2}{\partial z^2},$$

而且当 $r = r_1$ 或 r_2 处有

$$\psi = \frac{\partial \psi}{\partial r} = 0, \quad v = 0. \tag{6.1.6}$$

考虑如下 Stokes 算子的特征值问题:

$$\begin{cases} -\nu \Delta u + \nabla p = \lambda u, \\ \operatorname{div} u = 0, \\ u|_{\partial\Omega} = 0, \end{cases} \tag{6.1.7}$$

其中, $\partial\Omega$ 指内筒外表面、外筒内表面及上下底面. (6.1.7) 在柱坐标下表示为

$$\begin{cases} -\nu\left(\nabla^2 u_r - \dfrac{u_r}{r^2} - \dfrac{2}{r^2}\dfrac{\partial u_\varphi}{\partial r}\right) + \dfrac{\partial p}{\partial r} = \lambda u_r, \\ -\nu\left(\nabla^2 u_\varphi - \dfrac{u_\varphi}{r^2} + \dfrac{2}{r^2}\dfrac{\partial u_r}{\partial \varphi}\right) + \dfrac{\partial p}{\partial \varphi} = \lambda u_\varphi, \\ -\nu \nabla^2 u_z + \dfrac{\partial p}{\partial z} = \lambda u_z, \\ \dfrac{\partial u_r}{\partial r} + \dfrac{u_r}{r} + \dfrac{1}{r}\dfrac{\partial u_\varphi}{\partial \varphi} + \dfrac{\partial u_z}{\partial z} = 0. \end{cases} \tag{6.1.8}$$

由轴对称性可知, u_r, u_φ, u_z 对 φ 的偏导数为 0. 以下将 $\dfrac{\lambda}{\nu}$ 记为 λ, 将 (6.1.8) 分离成两个问题:

问题 1: $$\begin{cases} -\left(L-\dfrac{1}{r^2}\right)u_\varphi=\lambda u_\varphi, \\ u_\varphi|_\Gamma=0, \end{cases}$$

问题 2: $$\begin{cases} -\left(L-\dfrac{1}{r^2}\right)u_r+\dfrac{1}{\nu}\dfrac{\partial p}{\partial r}=\lambda u_r, \\ -Lu_z+\dfrac{1}{\nu}\dfrac{\partial p}{\partial z}=\lambda u_z, \\ \dfrac{\partial u_r}{\partial r}+\dfrac{1}{r}u_r+\dfrac{\partial u_z}{\partial z}=0, \\ u_r|_\Gamma=u_z|_\Gamma=0, \end{cases}$$

其中, $L=\dfrac{\partial^2}{\partial r^2}+\dfrac{1}{r}\dfrac{\partial}{\partial r}+\dfrac{\partial^2}{\partial z^2}$. 用 (6.1.3) 式的流函数 ψ 来消去 p. 将 (6.1.3) 式代入问题 2 有

$$\begin{cases} -\left(L-\dfrac{1}{r^2}\right)\left(L-\dfrac{1}{r^2}\right)\psi=\lambda\left(L-\dfrac{1}{r^2}\right)\psi, \\ \psi|_\Gamma=0, \\ \dfrac{\partial\psi}{\partial r}|_\Gamma=0. \end{cases} \tag{6.1.9}$$

关于算子 L 有如下结论.

定理 6.1.1 $-\left(L-\dfrac{1}{r^2}\right)$ 是正定对称及自伴算子.

定理的证明只需用分部积分法, 下面求解问题 1 和问题 2.

设 $u_\varphi(r,z)=R(r)Z(z)$, 代入问题 1, 得如下常微分方程组:

$$\begin{cases} R''(r)+\dfrac{1}{r}R'(r)+\left(\lambda-\mu^2-\dfrac{1}{r^2}\right)R=0, \\ Z''(z)+\mu^2Z(z)=0, \\ R(\eta)=R(1)=0, \quad Z(z)=Z\left(z+\dfrac{2\pi}{k}\right). \end{cases} \tag{6.1.10}$$

解之得到, $\mu=\dfrac{n\pi}{k}$, $n=0,1,2,\cdots$.

定理 6.1.2 方程组 (6.1.10) 中 $\lambda>\mu^2$.

证明 (反证) 设 $\lambda\leqslant\mu^2$. $R''(r)=-\dfrac{1}{r}R'(r)+\left(\dfrac{1}{r^2}+\mu^2-\lambda\right)R(r)$. 由连续函

数介质定理及 $R(\eta)=R(1)=0$ 知, 必有一点 $\xi\in(\eta,1)$, 使 $R'(\xi)=0$. 当 $R(\xi)>0$ 时, ξ 必为局部极大值点, 然而 $R''(\eta)>0$; 当 $R(\xi)<0$ 时, ξ 必为局部极小值点, 然而 $R''(\eta)<0$, 与极值的性质矛盾. 故得证.

有了定理 6.1.2, 问题 1 的解可用第一类、第二类 Bessel 函数表示. 即由 $W^1_{n,l}(r)=J_1(\sqrt{\lambda_{n,l}-\mu^2{}_n}r)$, $W^2_{n,l}(r)=Y_1(\sqrt{\lambda_{n,l}-\mu^2{}_n}r)$ 分别与 $\cos(naz),\sin(naz)$ 的乘积线性表出, 经推导得 (6.1.10) 中第一个方程的解为

$$W_{n,l}(r)=c_1\begin{vmatrix} J_1(\sqrt{\lambda_{n,l}-\alpha_0^2n^2}r) & Y_1(\sqrt{\lambda_{n,l}-\alpha_0^2n^2}r) \\ J_1(\sqrt{\lambda_{n,l}-\alpha_0^2n^2}\eta) & Y_1(\sqrt{\lambda_{n,l}-\alpha_0^2n^2}\eta) \end{vmatrix}. \tag{6.1.11}$$

对于问题 2 引入流函数 ψ 后, 方程 (6.1.8) 有如下性质:

定理 6.1.3　记 $M=L-\dfrac{1}{r^2}$, L 的定义如前, 则 M 是自伴的.

将 $\psi=R(r)Z(z)$ 代入 (6.1.9), 则要么 $\left(L-\dfrac{1}{r^2}\right)\psi=0$ 成立, 要么 $\left(L-\dfrac{1}{r^2}+\lambda\right)\psi=0$ 成立. 对于 $\left(L-\dfrac{1}{r^2}\right)\psi=0$, 根据文献 [72] 解得 $R^1_{n,l}(r)=I_1(\mu_n r), R^2_{n,l}(r)=K_1(\mu_n r)$, $\mu_n=\dfrac{n\pi}{k}$.

定理 6.1.4　方程 $(M+\lambda)MR=0, R(\eta)=R(1)=0, R'(\eta)=R'(1)=0$ 的解若存在, 则 $\lambda>\mu_n^2$.

证明　由定理 6.1.3 及 $(M+\lambda)R=0$ 知

$$(MMR,R)=(MR,MR)=-\lambda(MR,R).$$

因为 $-(MR,R)=-\displaystyle\int_\eta^1\left[R'^2+\left(\mu_n^2+\frac{1}{r^2}\right)R^2\right]r\mathrm{d}r$,

$$\begin{aligned}(MR,MR)=&\int_\eta^1\left(R''+\frac{1}{r}R'\right)^2r\mathrm{d}r+\int_\eta^1\left(\mu_n^2+\frac{1}{r^2}\right)R^2r\mathrm{d}r\\&-2\mu_n^2\int_\eta^1R''Rr\mathrm{d}r-2\int_\eta^1\frac{1}{r^3}R'Rr\mathrm{d}r-2\int_\eta^1\frac{R''R}{r}\mathrm{d}r\\=&\int_\eta^1\left[\left(R''+\frac{1}{r}R\right)^2+\frac{2}{r}R'^2\right]r\mathrm{d}r+\int_\eta^1\mu_n^2R'^2r\mathrm{d}r\\&+\int_\eta^1\left(\mu_n^2+\frac{1}{r^2}\right)^2R^2r\mathrm{d}r.\end{aligned}$$

很显然, $\lambda=\dfrac{(MR,MR)}{-(MR,R)}\geqslant\mu_n^2+\delta$, δ 为正数. 故定理成立.

根据文献 [72] 解出 $(M+\lambda)R=0$, 即

$$R_{n,l}^3(r)=J_1(\sqrt{\lambda_{n,l}-\mu^2{}_n}r),\quad R_{n,l}^4(r)=Y_1(\sqrt{\lambda_{n,l}-\mu^2{}_n}r).$$

经推导得 (6.1.9) 的解 (即问题 2 化成流函数的形式) 可由

$$R_{n,l}(r)=c_2\begin{vmatrix} R_{n,l}^1(r) & R_{n,l}^2(r) & R_{n,l}^3(r) & R_{n,l}^4(r) \\ R_{n,l}^1(\eta) & R_{n,l}^2(\eta) & R_{n,l}^3(\eta) & R_{n,l}^4(\eta) \\ \dfrac{\mathrm{d}R_{n,l}^1(1)}{\mathrm{d}r} & \dfrac{\mathrm{d}R_{n,l}^2(1)}{\mathrm{d}r} & \dfrac{\mathrm{d}R_{n,l}^3(1)}{\mathrm{d}r} & \dfrac{\mathrm{d}R_{n,l}^4(1)}{\mathrm{d}r} \\ \dfrac{\mathrm{d}R_{n,l}^1(\eta)}{\mathrm{d}r} & \dfrac{\mathrm{d}R_{n,l}^2(\eta)}{\mathrm{d}r} & \dfrac{\mathrm{d}R_{n,l}^3(\eta)}{\mathrm{d}r} & \dfrac{\mathrm{d}R_{n,l}^4(\eta)}{\mathrm{d}r} \end{vmatrix} \tag{6.1.12}$$

分别与 $\cos(naz),\sin(naz)$ 的乘积线性表出.

6.1.2 模态方程的截取

研究 Couette-Taylor 流问题时应当选合适的试验解, 文献 [57] 中选取了 Chandrasckhar 函数 $C_m(x)$ 作为试验解[92]. 我们选取 6.1 节求出的特征函数, 即 $W_{n,l}^i(r)$ $(i=1,2)$, $R_{n,l}^j(r)(j=1,2,3,4)$ 与 $\cos(naz),\sin(naz)$ 的乘积作为试验解.

令 $Q_{n,l}(r)=R_{n,l}(r)$, 为方便简记 $Q_{n,l}$; $P_{n,l}(r)=W_{n,l}(r)$, 为方便简记 $P_{n,l}$ 以 a_n 记 $\dfrac{n\pi}{k}$, a 记 $\dfrac{\pi}{k}(n=0,1,2,\cdots,\ l=1,2,\cdots)$.

于是

$$\begin{aligned}\psi=&\sum_{l=1}^{\infty}\sum_{n=0}^{\infty}Z_{n,l}^1(t)Q_{n,l}(r)\cos(naz)\\&+\sum_{l=1}^{\infty}\sum_{n=0}^{\infty}Z_{n,l}^2(t)Q_{n,l}(r)\sin(naz),\\ v=&\sum_{l=1}^{\infty}\sum_{n=0}^{\infty}X_{n,l}^1(t)P_{n,l}(r)\sin(naz)\\&+\sum_{l=1}^{\infty}\sum_{n=0}^{\infty}X_{n,l}^2(t)P_{n,l}(r)\cos(naz),\end{aligned}$$

若选取

$$\begin{aligned}\psi&=Z_{1,1}^1(t)Q_{1,1}(r)\cos(az),\\ v&=X_{1,1}^1(t)P_{1,1}\sin(az)-X_{0,1}^2(t)P_{0,1},\end{aligned}$$

将 $Z_{1,1}^1$, $X_{1,1}^1$, $X_{0,1}^2$, $Q_{1,1}$, $P_{1,1}$, $P_{0,1}$ 分别记为 Z, X, Y, Q, P_1, P_2, 将 ψ,v 代入 (6.1.5) 式, 对 (6.1.5) 式用 Galerkin 逼近. 即以 $\Delta\psi = Q\cos(az)$ 与 $L_1\psi$ 做内积, 又以 $\Delta v_1 = P_1\sin(az), \Delta v_2 = P_2$ 分别与 $L_2 v$ 做内积, 经大量复杂运算得到三模态方程:

$$\left\{\begin{array}{l} \dot{X} = -C_1X + C_2ReZ - C_3YZ, \\ \dot{Y} = -C_4Y + C_5XZ, \\ \dot{Z} = C_6RX - C_7Z - C_8XY. \end{array}\right. \tag{6.1.13}$$

令

$$S_1(r) = \frac{1}{1-\eta^2}\left[\frac{1-\mu}{r^2} - \left(1-\frac{\mu}{\eta^2}\right)\right],$$

$$S_2(r) = \frac{1}{1-\eta^2}\left(1-\frac{\mu}{\eta^2}\right).$$

(6.1.13) 式中 $C_i(i=1,2,\cdots,8)$ 只与 P_1,P_2,Q 有关. 其中

$$C_1 = \frac{\displaystyle\int_\eta^1 \left(\frac{P_1}{r^2} - \frac{P_1'}{r} - P_1'' + a^2P_1\right)P_1 r\mathrm{d}r}{\displaystyle\int_\eta^1 P_1^2 r\mathrm{d}r}, \quad C_2 = \frac{2a\displaystyle\int_\eta^1 S_2(r)P_1Qr\mathrm{d}r}{\displaystyle\int_\eta^1 P_1^2 r\mathrm{d}r},$$

$$C_3 = a\frac{\displaystyle\int_\eta^1 P_1Q\left(P_2' - \frac{P_2}{r}\right)r\mathrm{d}r}{\displaystyle\int_\eta^1 P_1^2 r\mathrm{d}r}, \quad C_4 = \frac{\displaystyle\int_\eta^1 \left(\frac{P_2}{r^2} - \frac{P_2'}{r} - P_2''\right)P_2 r\mathrm{d}r}{\displaystyle\int_\eta^1 P_2^2 r\mathrm{d}r},$$

$$C_5 = -\frac{a}{2}\frac{\displaystyle\int_\eta^1 \left(P_1Q^{(1)} + QP_1' + 2\frac{P_1Q}{r}\right)P_2 r\mathrm{d}r}{\displaystyle\int_\eta^1 P_2^2 r\mathrm{d}r},$$

$$C_6 = -2a\frac{\displaystyle\int_\eta^1 P_1QS_1(r)r\mathrm{d}r}{\displaystyle\int_\eta^1 \left(Q^{(2)} + \frac{Q^{(1)}}{r} - a^2Q - \frac{Q}{r^2}\right)Qr\mathrm{d}r},$$

$$C_7 = -\frac{\displaystyle\int_\eta^1 \left(Q^{(4)} + \frac{2Q^{(3)}}{r} - \frac{3Q^{(2)}}{r^2} - 2a^2Q^{(2)} + \frac{3Q^{(1)}}{r^3} - 2a\frac{Q^{(1)}}{r} - \frac{3Q}{r^4} + 2a\frac{Q}{r^2} + a^4Q\right)Qr\mathrm{d}r}{\displaystyle\int_\eta^1 \left(Q^{(2)} + \frac{Q^{(1)}}{r} - a^2Q - \frac{Q}{r^2}\right)Qr\mathrm{d}r},$$

$$C_8 = 2a\frac{\displaystyle\int_\eta^1 P_1P_2Qr\mathrm{d}r}{\displaystyle\int_\eta^1\left(Q^{''}+\frac{Q^{'}}{r}-a^2Q-\frac{Q}{r^2}\right)Qr\mathrm{d}r}.$$

6.2 同轴圆筒间旋转流动类 Lorenz 型方程组的分岔分析

6.1 节通过三个模式截断, 得到如下三模态常微分方程组:

$$(\mathrm{I})\quad\begin{cases}\dot{X}=-c_1X+c_2ReZ-c_3YZ,\\ \dot{Y}=-c_4Y+c_5XZ,\\ \dot{Z}=c_6ReX-c_7Z-c_8XY.\end{cases}\tag{6.2.1}$$

本节对其静态分岔问题进行分析. 为讨论微分方程组 (6.2.1) 非零平衡点的分岔问题, 引入如下变换[58]:

$$\begin{cases}t=s\tau,\\ X=s_2y,\\ Y=s_3z,\\ Z=s_1x.\end{cases}\tag{6.2.2}$$

其中

$$s=\frac{1}{c_1},\quad s_1=\frac{c_1}{\sqrt{c_3c_5}},\quad s_2=\frac{c_1c_7}{c_6\sqrt{c_3c_5}Re},\quad s_3=\frac{c_1c_7}{c_3c_6Re}.$$

则 (6.2.1) 化为

$$\begin{cases}\dot{x}=-\sigma(x-y)+\tau yz,\\ \dot{y}=-xz+rx-y,\\ \dot{z}=xy-bz,\end{cases}\tag{6.2.3}$$

其中

$$r=\frac{c_2c_6}{c_1c_7}Re^2,\quad \tau=\frac{c_7^2c_8}{c_6^2c_3Re^2},\quad b=\frac{c_4}{c_1}(0<b<1),\quad \sigma=\frac{c_7}{c_1}(\sigma>0).$$

方程组 (6.2.3) 的非零平衡点为

$$S_+=\left(x_+,\frac{rbx_+}{b+x_+^2},\frac{rx_+^2}{b+x_+^2}\right),\quad S_-=\left(x_-,\frac{rbx_-}{b+x_-^2},\frac{rx_-^2}{b+x_-^2}\right),\tag{6.2.4}$$

这里 x_+, x_- 满足

$$\sigma x^4+(2\sigma b-\sigma br-b\tau r^2)x^2+(\sigma b^2-\sigma b^2r)=0,\tag{6.2.5}$$

当然要求 $x_\pm^2>0$ 才有意义, 有关非零平衡点存在的条件请参见 6.3 节.

下面讨论微分方程组 (6.2.1) 在定常情形下非零平衡点 (6.2.4) 的分歧问题, 微分方程组 (6.2.3) 的非零平衡点应满足如下的代数方程组:

$$F(X,Re)=F(x,y,z,Re)=\begin{pmatrix}-\sigma(x-y)+\tau yz\\-xz+rx-y\\xy-bz\end{pmatrix}=\vec{0}. \tag{6.2.6}$$

经计算得

$$D_XF=\begin{pmatrix}-\sigma & \sigma+\tau z & \tau y\\-z+r & -1 & -x\\y & x & -b\end{pmatrix}, \tag{6.2.7}$$

将非零平衡点 (6.2.4) 代入 (6.2.7), 则有

$$D_XF_0=D_XF(x_\pm,y_\pm,z_\pm,Re)=\begin{pmatrix}-\sigma & \sigma+\tau z_\pm & \tau y_\pm\\-z_\pm+r & -1 & -x_\pm\\y_\pm & x_\pm & -b\end{pmatrix}. \tag{6.2.8}$$

从而得 (6.2.4) 为 (6.2.6) 的奇异点的条件如下:

$$\begin{vmatrix}-\sigma & \sigma+\tau z_\pm & \tau y_\pm\\-z_\pm+r & -1 & -x_\pm\\y_\pm & x_\pm & -b\end{vmatrix}=0,$$

其中

$$y_\pm=\frac{rbx_\pm}{b+x_\pm^2},\quad z_\pm=\frac{rx_\pm^2}{b+x_\pm^2}.$$

展开得

$$-\sigma\begin{vmatrix}-1 & -x_\pm\\x_\pm & -b\end{vmatrix}-(\sigma+\tau z_\pm)\begin{vmatrix}-z_\pm+r & -x_\pm\\y_\pm & -b\end{vmatrix}+\tau y_\pm\begin{vmatrix}-z_\pm+r & -1\\y_\pm & x_\pm\end{vmatrix}=0,$$

即

$$-\sigma x_\pm^2-(\sigma-\tau r)x_\pm y_\pm+\tau y_\pm^2-b\tau z_\pm^2-2\tau x_\pm y_\pm z_\pm+(br\tau-b\sigma)z_\pm+b\sigma(r-1)=0. \tag{6.2.9}$$

由 (6.2.9) 所确定的雷诺数记为 Re^0.

由于

$$\begin{vmatrix}-1 & -x_\pm\\x_\pm & -b\end{vmatrix}=x_\pm^2+b>0, \tag{6.2.10}$$

所以 (6.2.8) 的秩为 2, 从而 $\ker D_X F_0$ 的基必含 1 个非零解向量, 另外

$$\begin{vmatrix} -\sigma & \sigma+\tau z_{\pm} \\ -z_{\pm}+r & -1 \end{vmatrix} = \sigma - \sigma z_{\pm} - \tau z_{\pm}^2 + r\sigma + r\tau z_{\pm} \neq 0. \tag{6.2.11}$$

否则 $z_{\pm}$ 与 $x_{\pm}$ 无关, 与前面矛盾, 则 $\ker D_X F_0$ 的基必有如下形式 $\eta^* = (a_1, a_2, a_3)^{\mathrm{T}}$, 且 $a_3 \neq 0$, 否则必有 $a_1 = a_2 = a_3 = 0$, 这与 (6.2.9) 矛盾. 计算可得 $D_{Re}F_0$ 必有如下形式

$$D_{Re}F_0 = (a_4, a_5, 0)^{\mathrm{T}},$$

因此有 $D_{Re}F_0 \notin \ker D_X F_0$, 而由 (6.2.11) 必有

$$D_{Re}F_0 \in \mathrm{Range} D_X F_0,$$

所以非零平衡点 (6.2.4) 为方程组 (6.2.6) 的简单分歧点.

6.3 同轴圆筒间旋转流动的低模系统吸引子的存在性及其 Hausdorff 维数上界的估计和数值仿真

同轴圆柱间旋转流动的 Couette-Taylor 流动存在着多种演化到湍流的方式, 提供了从层流到湍流过渡得非常好的例子. 目前的研究主要是利用分岔理论来解释和分析实验中观察到的流动发展到湍流前的各种涡流及其相互演化的过程, 以及从层流过渡到湍流的方式及仿真等, 而对流动发展到湍流之后的混沌吸引子的存在性及仿真等问题目前很少有文献涉及. 由以往的实验研究可知, 随雷诺数的增大, 这种流动最终总要演化成湍流, 也就是说混沌总是要发生的, 所以探讨其混沌吸引子的存在性问题不仅在理论上有价值, 而且在实践上也有直接意义. 文献 [76] 运用特征谱方法截取了一个三模系统, 讨论了系统的动力学行为. 本节研究了与此三模系统类似的几个三模系统, 给出了系统平衡点存在的条件, 讨论了其奇怪吸引子的存在性, 给出其 Hausdorff 维数上界的估计, 数值模拟了系统阵发混沌、倒分岔和滞后现象等动力学行为发生的全过程, 数值仿真了系统的分岔图、最大 Lyapunov 指数、Poincaré截面、功率谱以及返回映射等指标, 从而揭示了这些低模系统混沌行为的普适特征.

6.3.1 低模系统 I 吸引子的存在性及其 Hausdorff 维数上界的估计和数值仿真

1. 系统 I 的稳定性分析

关于系统 (6.2.1) 零平衡点的稳定性问题有如下结论:

定理 6.3.1 设 $p = C_1C_7 - C_2C_6R^2$. 当 $p > 0$ 时, 系统 (6.2.1) 的零平衡点稳定; 当 $p = 0$ 时, 此系统的零平衡点为临界点; 当 $p < 0$ 时, 此系统的零平衡点不稳定. 临界雷诺数 Re 为 $\sqrt{\dfrac{C_1C_7}{C_2C_6}}$.

证明 零平衡点的特征方程为

$$\begin{vmatrix} -C_1-\lambda & 0 & C_2R \\ 0 & -C_4-\lambda & 0 \\ C_6R & 0 & -C_7-\lambda \end{vmatrix} = 0,$$

所以三个根分别为 λ_1, λ_2, λ_3. 而 $\lambda_1 = -C_4$, λ_2, λ_3 满足:

$$\lambda^2 + (C_1+C_7)\lambda + (C_1C_7 - C_2C_6R^2) = 0,$$

由韦达定理及常微分定性理论定理得证.

下面讨论非零平衡点 S_+, S_- 的存在性, 引入如下变换[57,58]:

$$\begin{cases} t = s\tau, \\ X = s_2y, \\ Y = s_3z, \\ Z = s_1x. \end{cases}$$

设 $C_3C_5 > 0, C_6 \neq 0$, 又记 $s = \dfrac{1}{C_1}$, $s_1 = \dfrac{C_1}{\sqrt{C_3C_5}}$, $s_2 = \dfrac{C_1C_7}{C_6\sqrt{C_3C_5}R}$, $s_3 = \dfrac{C_1C_7}{C_3C_6R}$, 则 (6.2.1) 化为

$$\begin{cases} \dot{x} = -\sigma(x-y) + cyz, \\ \dot{y} = -xz + rx - y, \\ \dot{z} = xy - bz, \end{cases} \tag{6.3.1}$$

其中

$$r = \frac{C_2C_6}{C_1C_7}R^2, \quad c = \frac{C_7^2C_8}{C_6^2C_3R^2}, \quad b = \frac{C_4}{C_1}, \quad \sigma = \frac{C_7}{C_1}.$$

非零平衡点表示为

$$S_+ = \left(x_+, \frac{rbx_+}{b+x_+^2}, \frac{rx_+^2}{b+x_+^2}\right), \quad S_- = \left(x_-, \frac{rbx_-}{b+x_-^2}, \frac{rx_-^2}{b+x_-^2}\right).$$

这里 x_+, x_- 满足:

$$\sigma x^4 + (2\sigma b - \sigma br - bcr^2)x^2 + (\sigma b^2 - \sigma b^2 r) = 0. \tag{6.3.2}$$

记 $\beta=2\sigma b\left(1-\dfrac{cr+\sigma}{2\sigma}r\right)$, $\gamma=\sigma b^2(1-r)$. 所以 $x_+^2=\dfrac{1}{2\sigma}(-\beta+\sqrt{\beta^2-4\sigma\gamma})$, $x_-^2=\dfrac{1}{2\sigma}(-\beta-\sqrt{\beta^2-4\sigma\gamma})$, x_+,x_-表示非零平衡点的 x 坐标. 因此只有 x_+^2 或 x_-^2 大于零时才有意义. 根据线性代数知识, 经过冗长的推导得到了以下结论, 这些是非零平衡点存在的条件:

(1) 当 $C_2C_6\geqslant 0$ 且 $C_3C_8\geqslant 0$ 时, 如果 $r\geqslant\max\{2(\sigma^2+\sqrt{c\sigma}),1\}$, 则 $x_+^2\geqslant 0$;

(2) 当 $C_2C_6\geqslant 0$ 且 $C_3C_8<0$ 时, 如果 $r\geqslant 1$, 则 $x_+^2\geqslant 0$;

(3) 当 $C_2C_6\geqslant 0$ 且 $C_3C_8\geqslant 0$ 时, 如果 $r\geqslant\max\left\{2(\sigma^2+\sqrt{c\sigma}),\dfrac{-\sigma+\sqrt{\sigma^2+8c\sigma}}{2c}\right\}$, 且 $r\leqslant 1$; 或者 $0\leqslant r\leqslant\min\left\{1,\dfrac{-\sigma-\sqrt{\sigma^2+8c\sigma}}{2c}\right\}$, 则 $x_-^2\geqslant 0$;

(4) 当 $C_2C_6\geqslant 0$ 且 $C_3C_8<0$ 时, 如果

$$r\geqslant\frac{-\sigma+\sqrt{\sigma^2+8c\sigma}}{2c},\quad r\leqslant\min\left\{1,\frac{-\sigma-\sqrt{\sigma^2+8c\sigma}}{2c}\right\}.\text{则 } x_-^2\geqslant 0;$$

(5) 当 $C_2C_6\leqslant 0$ 且 $C_3C_8\geqslant 0$ 时, 如果 $r\leqslant\min\left\{1,\dfrac{-\sigma-\sqrt{\sigma^2+8c\sigma}}{2c},2(\sigma^2-\sqrt{c\sigma})\right\}$, 则 $x_-^2\geqslant 0$.

对 (6.3.1) 作变换, 即 x、y 不变, 以 $z+\sigma+r$ 替换 z, 记 $p_0=[\sigma+c(r+\sigma)]$, $|u(t)|=\sqrt{(x^2+y^2+z^2)}$. 得

$$\begin{cases}\dot{x}=-\sigma x+p_0y+cyz, & (1)\\ \dot{y}=-xz-\sigma x-y, & (2)\\ \dot{z}=xy-bz-b(r+\sigma). & (3)\end{cases}\tag{6.3.3}$$

从 c,r 的表达式可以看出 $c\propto Re^{-2}$, $r\propto Re^2$, 故 c,r 与雷诺数 Re 无关, 所以下面定理中 c,r 出现在条件里.

2. 吸引子的存在性

定理 6.3.2　如果 $c\geqslant 0$ 或者 $\sigma+cr\geqslant 0$ 且 $\dfrac{-(\sigma+cr)}{\sigma}<c<\dfrac{-(\sigma+cr)}{2\sigma}$, 三模态方程 (6.3.3) 存在吸引子.

证明　(1) 如果 $c=0$, 则 $x\cdot(1)+y\cdot(2)+z\cdot(3)$, 得 $(0<\epsilon<1)$:

$$\begin{aligned}&\frac{1}{2}\frac{\mathrm{d}}{\mathrm{d}t}(x^2+y^2+z^2)+c(\sigma,1,b,\epsilon)(x^2+y^2+z^2)\\&\leqslant\frac{b(r+\sigma)^2}{2\epsilon}\end{aligned}$$

$$= \frac{\rho_0^2}{2}.$$

其中, $c(\sigma,1,b,\epsilon)=\min\left\{\sigma,1,b\left(1-\frac{\epsilon}{2}\right)\right\}$, 所以

$$|u(t)|^2 \leqslant \frac{b(r+\sigma)^2}{\epsilon}(1-\exp(-2ct))+|u(0)|^2\exp(-2ct).$$

$$\lim_{t\to\infty}|u(t)|\leqslant \rho_0=\sqrt{\frac{b}{\epsilon}}|r+\sigma|.$$

(2) 设 $p_1=\left[\sigma+c(r+2\sigma)\right]$. 如果 $c<0$ 且 $p_0>0$, $p_1<0$ 或者 $c>0$, 则 $\sigma\cdot x\cdot(1)+p_0\cdot y\cdot(2)+p_1\cdot z\cdot(3)$ 得

$$\begin{aligned}&\frac{1}{2}\frac{\mathrm{d}}{\mathrm{d}t}\left[\sigma x^2+p_0y^2+|p_1|z^2\right]+c_1(\sigma,1,b,\epsilon)\left[\sigma x^2+p_0y^2+|p_1|z^2\right]\\ \leqslant&\frac{b|p_1|(r+\sigma)^2}{2\epsilon}\\ =&\rho_1^2/2,\end{aligned}$$

其中, $c_1(\sigma,1,b,\epsilon)=\min\left\{\sigma,1,b\left(1-\frac{\epsilon}{2}\right)\right\}$. 所以

$$|u(t)|_*^2 \leqslant \frac{b(r+\sigma)^2|p_1|}{\epsilon}(1-\exp(-2ct))+|u(0)|_*^2\exp(-2ct).$$

故

$$\lim_{t\to\infty}|u(t)|_*\leqslant \rho_1,$$

其中, $|u|_*=\sqrt{\sigma x^2+p_0y^2+|p_1|z^2}$, 易知 $|u|_*\propto|u|$.

如果 $\sigma+cr\geqslant 0$, 又有 $p_0>0$, $p_1<0$. 即有

$$\frac{-(\sigma+cr)}{\sigma}<c<\frac{-(\sigma+cr)}{2\sigma}.$$

综上所述, 有定理 6.3.2 成立.

3. 吸引子的维数估计

本小节讨论吸引子的维数估计问题, 首先给出相关的预备知识.

定义 6.3.1　设 E 是 Hilbert 空间, $Y\subset E$ 是 E 的一个子集. I 是指标集. 给定 $d\in R_+,\epsilon>0$. $\inf\sum\limits_{i\in I}r_i^d$ 记为 $\mu_H(Y,d,\epsilon)$, r_i 指覆盖 Y 的 E 中的一组开球半径, 且 $r_i\leqslant\epsilon(\forall i\in I)$.

$$\mu_H(Y,d)\triangleq\lim_{\epsilon\to 0}\mu_H(Y,d,\epsilon)=\sup_{\epsilon>0}\mu_H(Y,d,\epsilon).$$

称 $\mu_H(Y,d)$ 为 Y 中 d 维测度 (Housdorff measure).

定义 6.3.2　对于 $d_0 \in [0,\infty)$ 使 $\forall d > d_0$, $\mu_H(Y,d)=0$ 而 $\forall d < d_0$, $\mu_H(Y,d)=+\infty$. 称 d_0 为 Y 的 Housdorff 维数. 记为 $d_H(Y)$[94].

定理 6.3.3　设 H 是 Hilbert 空间, $X \subset H$ 是紧集, S 是 X 到 H 的连续映射, 使 $SX \subset X$. 假定 $\forall u \in X$, $\exists L(u) \in \mathcal{L}(H)$

$$\sup_{\forall u,v\in X, 0<|u-v|_X<\epsilon} \frac{||Su-Sv-L(u)(v-u)||}{||u-v||} \to 0, \quad \epsilon \to 0,$$

其中, $||\cdot||, |\cdot|_X$ 分别表示 H 和 X 中的范数. 又 $\sup\limits_{\forall u\in X} ||L(u)||_{\mathcal{L}(\mathcal{H})} < +\infty$, $\sup\limits_{\forall u\in X} \omega_d(L(u)) < 1$, 对于某个 $d>0$ 满足以上条件的集合 X 的 Housdorff 维数不大于 d[94].

注　ω_d, $\omega_m(L)$, $\alpha_m(L)$, $\Lambda^m H$, $(\cdot,\cdot)_{\Lambda^m H}$ 等的定义参见 R. Temam[94].

对于吸引子的维数估计问题, 有如下结论.

定理 6.3.4　三模态方程 (6.3.3) 吸引子的 Housdorff 维数 $d_H \leqslant 2+s$, $s\in(0,1)$.

证明　方程 (6.3.3) 可以记为抽象形式:

$$u' = F(u) = F(x,y,z) = -\begin{pmatrix} \sigma x - p_0 y - cyz \\ \sigma x + y + xz \\ bz - xy + b(r+\sigma) \end{pmatrix}.$$

设 $U=\xi(t)\in H = R^3$. 则

$$\begin{cases} \dfrac{\mathrm{d}U}{\mathrm{d}t} = F'(u)\cdot U, \\ U(0)=\xi, \end{cases} \tag{6.3.4}$$

$$-F'(u)\cdot U = A_1 U + A_2 U + B(u)U,$$

$$A_1 = \begin{pmatrix} \sigma & 0 & 0 \\ 0 & 1 & 0 \\ 0 & 0 & b \end{pmatrix}, \quad A_2 = \begin{pmatrix} 0 & -\sigma & 0 \\ \sigma & 0 & 0 \\ 0 & 0 & 0 \end{pmatrix},$$

$$B(u) = \begin{pmatrix} 0 & -c(r+\sigma)-cz & -cy \\ z & 0 & x \\ -y & -x & 0 \end{pmatrix}.$$

考虑初值问题 (6.3.4), 对于初值 ξ_1, ξ_2, $\xi_3 \in R^3$ 的解 $U=(U_1,U_2,U_3)$, 在任意时刻 $t>0$, $U_i(t) = L(t,u_0)\xi_i$, u_0 是系统的平衡点. $L(t,u_0)$ 是 R^3 中的线性算子.

$$L(t,u_0): U(0)=\xi(\in R^3) \to U(t)(\in R^3).$$

在 $\Lambda^m H(m=2,3)$ 中考虑:

$$\frac{\mathrm{d}}{\mathrm{d}t}|U_1\Lambda U_2\Lambda U_3| = |U_1\Lambda U_2\Lambda U_3|\mathrm{Tr}F'(u),$$
$$\frac{\mathrm{d}}{\mathrm{d}t}|U_1\Lambda U_2| = |U_1\Lambda U_2|\mathrm{Tr}(F'(u)\cdot Q).$$

这里 $Q=Q_2(t,u_0;\xi_1,\xi_2)$ 是 R^3 到 $\overline{\mathrm{span}\{U_1,U_2\}}$ 的正交投影. Tr 是 R. Teman 在文献 [94] 中引入的.

$$|U_1\Lambda U_2\Lambda U_3(t)| = |\xi_1\Lambda\xi_2\Lambda\xi_3|\exp[-(\sigma+b+1)t],$$

$$\omega_3(L(t,u_0)) = \sup_{\xi_i\in H,|\xi|=1,i=1,2,3}|U_1\Lambda U_2\Lambda U_3(t)|.$$

所以, $\omega_3(L(t,u_0))\leqslant\exp[-(\sigma+b+1)t]$.

这里以 Λ_i, $\mu_i(i=1,2,3)$ 分别记一致 Lyapunov 数和一致 Lyapunov 指数[94]. 则

$$\Lambda_1\Lambda_2\Lambda_3 = \lim_{t\to\infty}\overline{\omega_3(t)}^{1/t} = \exp[-(\sigma+b+1)],$$
$$\mu_1+\mu_2+\mu_3 = -(\sigma+b+1).$$

同理可得

$$|U_1\Lambda U_2| = |\xi_1\Lambda\xi_2|\exp\int_0^t \mathrm{Tr}(F'(u(c))\cdot Q(c))\mathrm{d}c.$$

如果 $|\xi_1\Lambda\xi_2|\neq 0$, 那么 $|U_1\Lambda U_2|\neq 0$, $\forall t>0$.

$$\mathrm{Tr}(A_1+A_2)\cdot Q = \mathrm{Tr}(A_1)\cdot Q\geqslant 1+b+\sigma-m.$$

其中, $m=\max\{1,b,\sigma\}$.

又设 $\varphi_i=(x_i,y_i,z_i)$, $i=1,2,3$ 是 R^3 的三个标准正交基. 故 $x_1y_1+x_2y_2=-x_3y_3$. 所以

$$\begin{aligned}\mathrm{Tr}(B(u)\cdot Q) &= \sum_{i=1}^{2}(B(u)\varphi_i)\varphi_i\\ &= \sum_{i=1}^{2}[(-czx_iy_i-cyx_iz_i+zx_iy_i+xy_iz_i-yx_iz_i-xy_iz_i)-c(r+\sigma)x_iy_i]\\ &= \sum_{i=1}^{2}[(1-c)zx_iy_i+(-1-c)yx_iz_i-c(r+\sigma)x_iy_i]\\ &= -(1-c)zx_3y_3+(1+c)yx_3z_3+c(r+\sigma)x_3y_3.\end{aligned}$$

当 $c\leqslant 0$ 时, 易知 $1-c\geqslant|1+c|$. 则有

$$\begin{aligned}\mathrm{Tr}(B(u)\cdot Q) &= -(1-c)zx_3y_3+(1+c)yx_3z_3+c(r+\sigma)x_3y_3\\ &\leqslant |x_3||1-c|\sqrt{z^2+y^2}\sqrt{y_3^2+z_3^2}+|c(r+\sigma)|\\ &\leqslant \frac{1}{2}|1-c|\sqrt{y^2+z^2}+|c(r+\sigma)|\\ &\leqslant \frac{1}{2}|1-c||u(t)|+|c(r+\sigma)|,\end{aligned}$$

其中, $|u(t)|=\sqrt{x^2+y^2+z^2}$;　$|\varphi_i|=\sqrt{x_i^2+y_i^2+z_i^2}$.

则

$$\mathrm{Tr}(B(u)\cdot Q)\geqslant -\frac{1}{2}(1-c)\rho_0-\delta.$$

其中, ρ_0 是当 $c<0$ 时系统的吸收半径 $(0<\delta\ll 1)$.

所以

$$|U_1\Lambda U_2|\leqslant|\xi_1\Lambda\xi_2|\exp((k_2+\delta)t).$$

其中, $k_2=-(\sigma+b+1)+m+\dfrac{1}{2}\rho_0(1-c)+|c(r+\sigma)|$.

故

$$\omega_2(L(t,u_0))\leqslant\exp((k_2+\delta)t),\quad t\geqslant t_1(\delta).$$

$$\begin{aligned}&\overline{\omega_2(t)}\leqslant\exp((k_2+\delta)t),\\ &\Lambda_1\Lambda_2\leqslant\exp(k_2),\\ &\mu_1+\mu_2<k_2.\end{aligned}$$

设 $d_H=2+s, 0<s<1, t\geqslant t_1(\delta)$, 则 $d_H=2+s\leqslant 2+\dfrac{k_2+\delta}{\sigma+b+1+k_2+\delta}$. 当 $c\geqslant 0$ 时, 估计式略有不同.

$$\begin{aligned}|\mathrm{Tr}(B(u)\cdot Q)| &\leqslant |-(1-c)x_3y_3+(1+c)yx_3z_3|+|c(r+\sigma)|\\ &\leqslant \frac{1}{2}(1+c)|u(t)|+|c(r+\sigma)|.\end{aligned}$$

所以, $\mathrm{Tr}(B(u)\cdot Q)\geqslant -\dfrac{1}{2}(1+c)\rho_0-\delta$. 则 $k_2'=-(\sigma+b+1)+m+\dfrac{1}{2}\rho_0(1+c)$. 于是 $d_H=2+s\leqslant 2+\dfrac{k_2'+\delta}{k_2'+\delta+\sigma+b+1}$.

至此, 得出维数的估计. 证毕.

4. 全局指数吸引集和正向不变集

为研究系统 (6.3.1) 的全局指数吸引集和正向不变集, 把其改写为

$$\begin{cases}\dot{x}=-\sigma(x-y)+\dfrac{c}{r}yz,\\ \dot{y}=-xz+arx-y,\\ \dot{z}=xy-bz,\end{cases}\tag{6.3.5}$$

其中, $a=\dfrac{C_2C_6}{C_1C_7}; c=\dfrac{C_7^2C_8}{C_6^2C_3}; b=\dfrac{C_4}{C_1}; \sigma=\dfrac{C_7}{C_1}; r=Re^2$; Re 是雷诺数.

首先介绍相关概念, 令 $X=(x,y,z)$, 假设 $X(t)=X(t,t_0,X_0)$ 是系统 (6.3.5) 的解, $X(t_0,t_0,X_0)=X_0$ 是系统满足初始条件的解.

定义 6.3.3　若存在正数 $L>0$, 使得当 $V(X_0)>L$, $V(X(t))>L$ 时, 有 $\lim\limits_{t\to+\infty} V(X)\leqslant L$, 则称 $\Omega=\{X\mid V(X(t))\leqslant L\}$ 是系统 (6.3.5) 的全局指数吸引集.

定义 6.3.4　如果对任何 $X_0\in\Omega$ 及任意 $t>t_0$, 都有 $X(t,t_0,X_0)\in\Omega$, 则称 $\Omega=\{X\mid V(X(t))\leqslant L\}$ 是系统 (6.3.5) 的正向不变集.

如果存在常数 $L>0$, $r>0$ 且对任何 $X_0\in R^3$, 使当 $V(X_0)>L$, $V(X(t))>L$, 有下列不等式: $V(X(t))-L\leqslant (V(X_0)-L)\mathrm{e}^{-r(t-t_0)}$ 成立, 则称 $\Omega=\{X\mid V(X(t))\}$ 为系统 (6.3.5) 的全局指数吸引集. 关于系统 (6.3.1) 的全局稳定性问题有如下结论.

定理 6.3.5　令

$$V=x^2+\left(1+\frac{c}{r}\right)y^2+\left[z-\sigma-\left(1+\frac{c}{r}\right)ar\right]^2,$$

$$L=\frac{b^2\left[\sigma+\left(1+\dfrac{c}{r}\right)ar\right]^2}{2b-1}.$$

当 $V(X_0)\geqslant L$, $V(X(t))\geqslant L$ 时, 系统 (6.3.5) 有下列全局指数估计式 $V(X(t))-L\leqslant (V(X_0)-L)\mathrm{e}^{-(t-t_0)}$, 而且 $\overline{\lim\limits_{t\to+\infty}} V(X(t))\leqslant L$, 即 $\Omega=\{X\mid V(X(t))\leqslant L\}$ 是系统 (6.3.5) 的全局指数吸引集和正向不变集.

证明　构造一个正定的径向无界的 Lyapunov 函数

$$V=x^2+\left(1+\frac{c}{r}\right)y^2+\left(z-\sigma-\left(1+\frac{c}{r}\right)ar\right)^2.$$

计算 V 沿系统 (6.3.5) 的正半轨线关于时间的导数, 有

$$\dot V=2x\dot x+2\left(1+\frac{c}{r}\right)y\dot y+2\left[z-\sigma-\left(1+\frac{c}{r}\right)ar)\right]\dot z=-V+F(X), \tag{6.3.6}$$

其中

$$\begin{aligned}F(X)=F(x,y,z)=&(1-2\sigma)x^2-\left(1+\frac{c}{r}\right)y^2-(1-2b)z^2\\&-2\left[\sigma+\left(1+\frac{c}{r}\right)ar\right](1-b)z+\left[\sigma+\left(1+\frac{c}{r}\right)ar\right]^2.\end{aligned}$$

计算 $F(x,y,z)$ 关于 (x,y,z) 的 Lagrange 极值, 因为 F 为二次函数, 其局部极大值为全局极大值, 因此令

$$\frac{\partial F}{\partial x}=2(1-2\sigma)x=0,$$

$$\frac{\partial F}{\partial y} = -2\left(\left(1+\frac{c}{r}\right)y\right) = 0,$$

$$\frac{\partial F}{\partial z} = 2(1-2b)z - 2\left[\sigma + \left(1+\frac{c}{r}\right)ar\right](1-b) = 0,$$

得 $x=0$, $y=0$, $z=\dfrac{\left[\sigma+\left(1+\frac{c}{r}\right)ar\right](1-b)}{1-2b}$, 再求 $F(X)$ 的二阶导数,

$$\frac{\partial^2 F}{\partial x^2} = 2(1-2\sigma) < 0, \quad 当\sigma > \frac{1}{2}时成立,$$

$$\frac{\partial^2 F}{\partial y^2} = -2\left(1+\frac{c}{r}\right) < 0, \quad 当\left(1+\frac{c}{r}\right) > 0时成立,$$

$$\frac{\partial^2 F}{\partial z^2} = 2(1-2b) < 0, \quad 当\ b > \frac{1}{2}时成立,$$

$$\frac{\partial^2 F}{\partial x \partial y} = \frac{\partial^2 F}{\partial y \partial z} = \frac{\partial^2 F}{\partial z \partial x} = 0.$$

因此

$$\sup_{X\in R^3} F(X) = F(X)\mid_{\left(x=0,y=0,z=\frac{[\sigma+(1+\frac{c}{r})ar](1-b)}{1-2b}\right)} = \frac{b^2\left[\sigma+\left(1+\frac{c}{r}\right)ar\right]^2}{2b-1} = L.$$

于是, 从式 (6.3.6), 有 $\dfrac{\mathrm{d}V}{\mathrm{d}t} \leqslant -V+L$, 从而当 $V(X_0) \geqslant L$ 时有 $V(X(t)) - L \leqslant (V(X_0)-L)\mathrm{e}^{-(t-t_0)}$, 对上式两边取上极限得 $\overline{\lim\limits_{t\to+\infty}} V(X(t)) \leqslant L$. 因此, $\Omega = \{X \mid V(X(t)) \leqslant L\}$ 是系统 (6.3.5) 的全局指数吸引集和正向不变集.

5. 数值仿真

取 $k = 3.14, \mu = 0, \eta = 0.8772$, 经大量繁杂运算得 $\sigma = 4.52$, $b = 1.436$, $r = 1.723Re^2, c = \dfrac{1.843}{Re^2}$, 则 (6.3.1) 化为如下形式:

$$\begin{cases} \dot{x} = -4.52(x-y) + \dfrac{1.843}{Re^2}yz, \\ \dot{y} = -xz + 1.723Re^2 x - y, \\ \dot{z} = xy - 1.436z. \end{cases} \tag{6.3.7}$$

图 6.1~ 图 6.3 给出了系统 (6.3.7) 在不同雷诺数下的吸引子图像, 状态变量 x 的分歧图及其最大 Lyapunov 指数图像, Poincaré截面、返回映射和功率谱, 均显示了系统 (6.3.7) 的混沌特征.

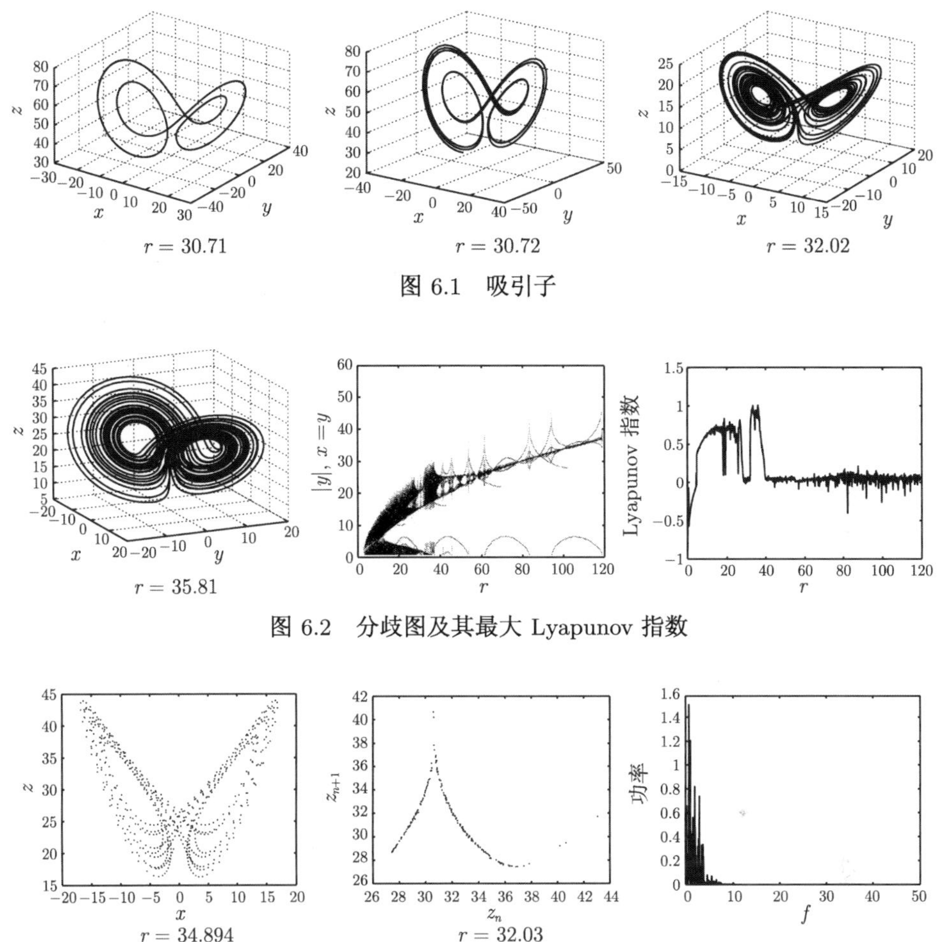

图 6.1　吸引子

图 6.2　分歧图及其最大 Lyapunov 指数

图 6.3　Poincaré截面、返回映射和功率谱

6.3.2　低模系统 II 吸引子的存在性及其 Hausdorff 维数上界的估计和数值仿真

1. 平衡点的稳定性及吸引子的存在性

考虑如下三模态系统:

$$
(\mathrm{II})\quad \begin{cases} \dot{x}= -\sigma(x-y)+cx/r, \\ \dot{y}= -xz+arx-y, \\ \dot{z}= xy-bz, \end{cases} \tag{6.3.8}
$$

其中, 状态变量 x,y,z 均为时间 t 的函数; a, b, c 为常系数; $r=Re$ 为雷诺数, 这里省略了此系统的截取过程. 显然 $S_0=(0,0,0)$ 是其平衡点, 关于 S_0 的稳定性问题有下面的结论.

定理 6.3.6　当 $a\sigma r^2-\sigma r+c<0$ 时, 系统 (6.3.8) 的零平衡点 $S_0=(0,0,0)$ 稳定; 当 $a\sigma r^2-\sigma r+c=0$ 时, 此系统的零平衡点 S_0 为临界点; 当 $a\sigma r^2-\sigma r+c>0$ 时, 此系统的零平衡点 S_0 不稳定.

证明　系统 (6.3.8) 在零平衡点 $S_0=(0,0,0)$ 的特征多项式为

$$\begin{vmatrix} \lambda+\sigma-\dfrac{c}{r} & -\sigma & 0 \\ -ar & \lambda+1 & 0 \\ 0 & 0 & \lambda+b \end{vmatrix}=0. \tag{6.3.9}$$

设三个根分别为 λ_1, λ_2, λ_3, 则 $\lambda_1=-b$, λ_2,λ_3 满足:

$$\lambda^2+\left(1+\sigma-\frac{c}{r}\right)\lambda+\left(\sigma-\frac{c}{r}-a\sigma r\right)=0.$$

由韦达定理及常微分定性理论定理得证.

下面讨论系统 (6.3.8) 非零平衡点 S_+, S_- 的存在性, 通过计算得系统 (6.3.8) 的非零平衡点 $S_+=(x_+,y_+,z)$, $S_-=(x_-,y_-,z)$. 这里 $x_\pm=\pm\sqrt{b\dfrac{a\sigma r^2-r\sigma+c}{r\sigma-c}}$, $y_\pm=\pm\dfrac{1}{r\sigma}\sqrt{b(r\sigma-c)(a\sigma r^2-r\sigma+c)}$, $z=\dfrac{a\sigma r^2-r\sigma+c}{r\sigma}$, 其中 $x^2=b\dfrac{a\sigma r^2-r\sigma+c}{r\sigma-c}$, x_+, x_- 表示非零平衡点的 x 坐标. 因此只有 x_+^2 或 x_-^2 大于零时才有意义, 故 $b\dfrac{a\sigma r^2-r\sigma+c}{r\sigma-c}>0$ 是非零平衡点存在的条件.

下面讨论吸引子的存在性. 首先对 (6.3.8) 作变换[57,76]: x, y 不变, 以 $z+\sigma+ar$ 替换 z, (6.3.8) 变换为

$$\begin{cases} \dot{x}=-\sigma x+\sigma y+\frac{c}{r}x & (1) \\ \dot{y}=-xz-\sigma x-y & (2) \\ \dot{z}=xy-bz-b(ar+\sigma) & (3) \end{cases} \tag{6.3.10}$$

关于吸引子的存在性有下面的结论.

定理 6.3.7　若 $\sigma>\dfrac{c}{r}$, 三模态系统 (6.3.8) 吸引子存在.

证明　对系统 (6.3.10) 作运算, $x\cdot(1)+y\cdot(2)+z\cdot(3)$ 得

$$\frac{1}{2}\frac{\mathrm{d}}{\mathrm{d}t}(x^2+y^2+z^2)+\left(\sigma-\frac{c}{r}\right)x^2+y^2+bz^2=-b(ar+\sigma)z,$$

由已知 $\sigma>\dfrac{c}{r}$, 利用 Young 不等式可得

$$\frac{1}{2}\frac{\mathrm{d}}{\mathrm{d}t}(x^2+y^2+z^2)+\left(\sigma-\frac{c}{r}\right)x^2+y^2+bz^2\leqslant(b-1)z^2+\frac{b^2}{4(b-1)}(ar+\sigma)^2,$$

记 $|u(t)| = \sqrt{(x^2+y^2+z^2)}$, $l = \min\left\{1, b, \sigma - \dfrac{c}{r}\right\}$, 则有

$$|u(t)|^2 \leqslant |u(0)|^2 \exp(-2lt) + \frac{b^2}{4l(b-1)}(ar+\sigma)^2[1-\exp(-2lt)],$$

$$\lim_{t\to\infty} |u(t)| \leqslant \rho_0 = \sqrt{\frac{b(ar+\sigma)}{2\sqrt{l(b-1)}}}.$$

所以, 对充分大的 $\rho(\rho > \rho_0)$, 开球 $B(o,\rho)$ 是系统 (6.3.10) 的初值问题所对应算子半群的泛函不变集和吸引集, 综上所述, 有定理 6.3.7 成立.

2. 吸引子 Hausdorff 维数估计

系统 (6.3.8) 吸引子的 Hausdorff 维数估计问题与文献 [94] 的结论类似, 但由于系统 (6.3.8) 比著名的 Lorenz 方程多一个非线性项 $\dfrac{c}{r}x$, 所以讨论起来要相对复杂些, 具体有如下结论.

定理 6.3.8　三模态方程 (6.3.8) 吸引子的 Hausdorff 维数 $d_H \leqslant 2+s$. $s \in (0,1)$.

证明　(6.3.10) 式可以记为抽象形式:

$$u' = F(u) = F(x,y,z) = -\begin{pmatrix} \sigma x - \sigma y - \dfrac{c}{r}x \\ \sigma x + y + xz \\ bz - xy + b(r+\sigma) \end{pmatrix}.$$

设 $U = \xi(t) \in H = R^3$. 则

$$\begin{cases} \dfrac{\mathrm{d}U}{\mathrm{d}t} = F'(u)\cdot U, \\ U(0) = \xi, \end{cases} \tag{6.3.11}$$

$$-F'(u)\cdot U = A_1 U + A_2 U + B(u)U,$$

$$A_1 = \begin{pmatrix} \sigma - \dfrac{c}{r} & 0 & 0 \\ 0 & 1 & 0 \\ 0 & 0 & b \end{pmatrix}, \quad A_2 = \begin{pmatrix} 0 & -\sigma & 0 \\ \sigma & 0 & 0 \\ 0 & 0 & 0 \end{pmatrix}, \quad B(u) = \begin{pmatrix} 0 & 0 & 0 \\ z & 0 & x \\ -y & -x & 0 \end{pmatrix}.$$

考虑初值问题 (6.3.11), 对于初值 $\xi_1, \xi_2, \xi_3 \in R^3$ 的解 $U = (U_1, U_2, U_3)$, 在任意时刻 $t > 0$, $U_i(t) = L(t, u_0)\xi_i$, u_0 是系统 (6.3.8) 的初值. $L(t, u_0)$ 是 R^3 中的线性算子.

$$L(t, u_0): U(0) = \xi(\in R^3) \to U(t)(\in R^3).$$

在 $\Lambda^m H (m = 2,3)$ 中考虑,

$$\frac{\mathrm{d}}{\mathrm{d}t}|U_1 \Lambda U_2 \Lambda U_3| = |U_1 \Lambda U_2 \Lambda U_3| \mathrm{Tr} F'(u),$$

$$\frac{\mathrm{d}}{\mathrm{d}t}|U_1\Lambda U_2| = |U_1\Lambda U_2|\mathrm{Tr}(F'(u)\cdot Q),$$

这里 $Q = Q_2(t, u_0; \xi_1, \xi_2)$ 是 R^3 到 $\overline{\mathrm{span}\{U_1, U_2\}}$ 的正交投影. Tr 是 R. Teman 在文献 [94] 中引入的.

$$|U_1\Lambda U_2\Lambda U_3(t)| = |\xi_1\Lambda\xi_2\Lambda\xi_3|\exp\left[-\left(\sigma - \frac{c}{r} + b + 1\right)t\right]$$

$$\omega_3(L(t, u_0)) = \sup_{\xi_i\in H, |\xi_i|=1, i=1,2,3}|U_1\Lambda U_2\Lambda U_3(t)|.$$

所以 $\omega_3(L(t, u_0)) \leqslant \exp\left[-\left(\sigma - \frac{c}{r} + b + 1\right)t\right]$.

这里以 $\Lambda_i, \mu_i (i = 1, 2, 3)$ 分别记一致 Lyapunov 数和一致 Lyapunov 指数[94]. 则

$$\Lambda_1\Lambda_2\Lambda_3 = \lim_{t\to\infty}\overline{\omega_3(t)}^{1/t} = \exp\left[-\left(\sigma - \frac{c}{r} + b + 1\right)\right],$$

$$\mu_1 + \mu_2 + \mu_3 = -\left(\sigma - \frac{c}{r} + b + 1\right).$$

同理可得

$$|U_1\Lambda U_2| = |\xi_1\Lambda\xi_2|\exp\int_0^t \mathrm{Tr}(F'(u(\tau))\cdot Q(\tau))\mathrm{d}\tau.$$

如果 $|\xi_1\Lambda\xi_2| \neq 0$, 那么 $|U_1\Lambda U_2| \neq 0$, $\forall t > 0$. 设 $\varphi_i = (x_i, y_i, z_i)$, $i = 1, 2, 3$ 是 R^3 中的一组标准正交基,

$$\begin{aligned}\mathrm{Tr}(A_1 + A_2)\cdot Q = \mathrm{Tr}(A_1)\cdot Q &= \left(\sigma - \frac{c}{r}\right)x_1^2 + y_1^2 + bz_1^2 + \left(\sigma - \frac{c}{r}\right)x_2^2 + y_2^2 + bz_2^2 \\ &\leqslant m(x_1^2 + y_1^2 + z_1^2 + x_2^2 + y_2^2 + z_2^2) \leqslant 2m.\end{aligned}$$

其中, $m = \max\left\{1, b, \sigma - \frac{c}{r}\right\}$. 所以

$$\mathrm{Tr}(A_1 + A_2)\cdot Q \geqslant -2m.$$

由 $\mathrm{Tr}(B(u)\cdot Q) = \sum\limits_{i=1}^{2}(B(u)\varphi_i)\varphi_i = \sum\limits_{i=1}^{2}(zx_iy_i - yx_iz_i)$ 则有

$$\begin{aligned}|\mathrm{Tr}(B(u)\cdot Q)| &\leqslant \sum_{i=1}^{2}|x_i|(|zy_i| + |yz_i|) \leqslant \sum_{i=1}^{2}|x_i|\left(\frac{z^2 + y_i^2}{2} + \frac{y^2 + z_i^2}{2}\right) \\ &\leqslant |u(t)|^2 + \frac{1}{2}(|\varphi_1|^2 + |\varphi_2|^2) \leqslant |u(t)|^2 + 1,\end{aligned}$$

其中, $|\varphi_i| = \sqrt{x_i^2 + y_i^2 + z_i^2} = 1 (i = 1, 2)$.

所以有 $\mathrm{Tr}(B(u)\cdot Q) \geqslant -|u(t)|^2 - 1 \geqslant -\rho_0 - 1 - \delta$. 其中, ρ_0 是系统的吸收半径 $(0 < \delta \ll 1)$.

所以, $|U_1\Lambda U_2| \leqslant |\xi_1\Lambda\xi_2|\exp((k_2+\delta)t)$. 其中, $k_2 = 2m+\rho_0+1$. 故 $\omega_2(L(t,u_0)) \leqslant \exp((k_2+\delta)t),\ t \geqslant t_1(\delta)$.

$$\overline{\omega_2(t)} \leqslant \exp((k_2+\delta)t), \quad \Lambda_1\Lambda_2 \leqslant \exp(k_2), \quad \mu_1+\mu_2 < k_2.$$

令 $k(\delta) = -s\left(\sigma - \dfrac{c}{r} + b + 1\right) + (1-s)(k_2+\delta)$, 则有

$$\begin{aligned}\omega_d(L(t,u_0)) &\leqslant \omega_2(L(t,u_0))^{1-s}\omega_3(L(t,u_0))^s\\ &\leqslant \exp((k_2+\delta)t)^{1-s}\exp\left(-\left(\sigma-\frac{c}{r}+b+1\right)t\right)^s\\ &= \exp\left[(1-s)(k_2+\delta)t - s\left(\sigma-\frac{c}{r}+b+1\right)t\right] = \exp(k(\delta)t).\end{aligned}$$

若 $k(\delta) < 0$, 得

$$\omega_d(t) = \sup_{u_0\in X} \omega_d(L(t,u_0)) \leqslant \exp(k(\delta)t) < 1.$$

设 $d_H = 2+s, 0<s<1, t \geqslant t_1(\delta)$, 则

$$d_H = 2+s \leqslant 2 + \frac{k_2+\delta}{\sigma+b+1-\dfrac{c}{r}+k_2+\delta}.$$

至此, 得出系统 (6.3.8) 吸引子的 Hausdorff 维数估计. 证毕.

3. 数值仿真

取 $\sigma = 9,\ a = 3,\ b = 8/3,\ c = 0.02$, 我们对系统 (6.3.8) 的动力学行为进行数值仿真.

(1) 当 $r < 7.95\cdots$ 时, 非零平衡点 $S_+,\ S_-$ 是稳定的, 数值计算表明它们是全局吸引子 (图 6.4).

(2) 当 $r \geqslant 7.95\cdots$ 时, 非零平衡点 $S_+,\ S_-$ 开始不稳定, 此时生成两个不稳定的极限环 (见图 6.5(a) 为其中一个极限环附近的解轨线图), 随着 r 的增大产生双环解轨线, 并且轨线条数随 r 的增大而逐渐增多 (图 6.5(b)~ 图 6.7(a)), 最终 $(r = 14.5841\cdots)$ 生成了奇怪吸引子 (图 6.7(b)~ 图 6.8), 这是一种阵发性混沌.

(3) 当 $39.21\cdots \leqslant r < 42.36\cdots$ 时, 吸引子开始逐渐收缩形成极限环, 这是一个倒分岔过程, 并且数值结果表明分岔点满足费根鲍姆常数 (图 6.9~ 图 6.11(a)).

(4) 当 $42.36\cdots \leqslant r < 48.14\cdots$ 时, 系统发生滞后现象, 极限环、拟周期轨道和奇怪吸引子并存 (图 6.11(b)~ 图 6.14).

(5) 当 $58.27\cdots \leqslant r < 69.64\cdots$ 时, 奇怪吸引子又开始逐渐收缩形成环面, 仍然是一个倒分岔过程, 并且也满足费根鲍姆常数 (图 6.15, 图 6.16).

(6) 图 6.17(a) 给出了系统 (6.3.8) 的 x 分歧图, 图 6.17(b) 为对应的最大 Lyapunov 指数图像, 图 6.18(a) 是分岔图 6.17(a) 的局部放大 $(45 < r < 55)$. 图 6.18(b)~

图 6.19 为系统 (6.3.8) 的 Poincaré截面、功率谱和返回映射 ($r = 32$), 从中均显示了系统的混沌特征.

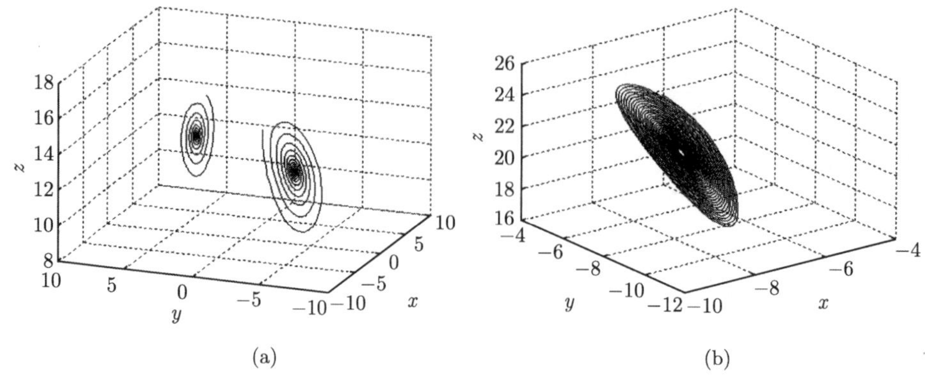

图 6.4　平衡点 S_+, S_- 稳定

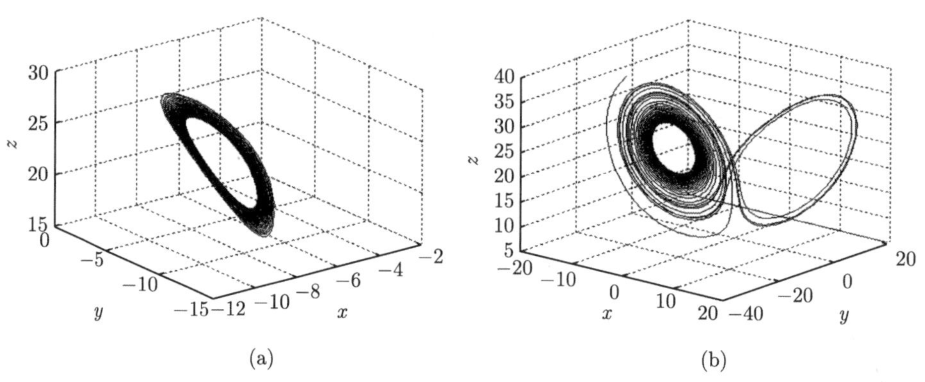

图 6.5　不稳定的极限环

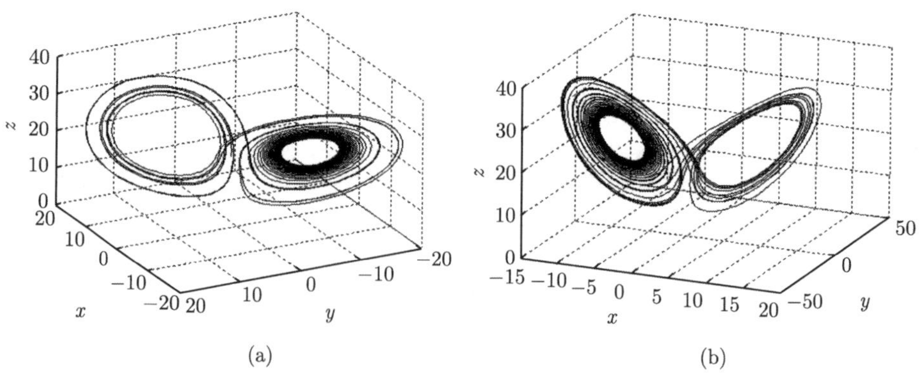

图 6.6　双环轨线

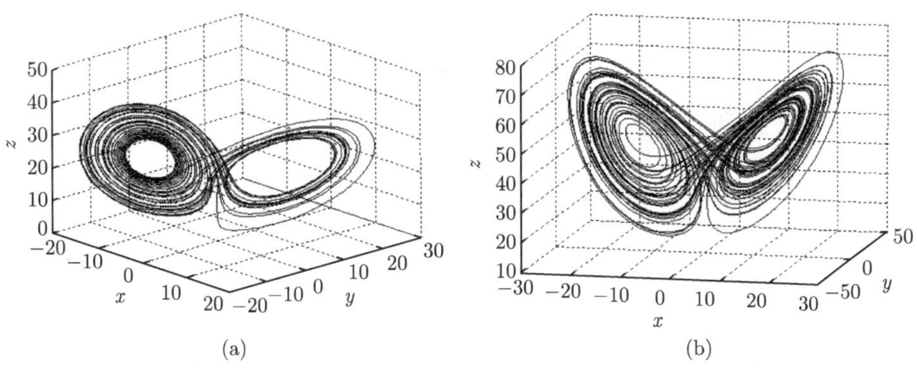

图 6.7　双环演变轨线

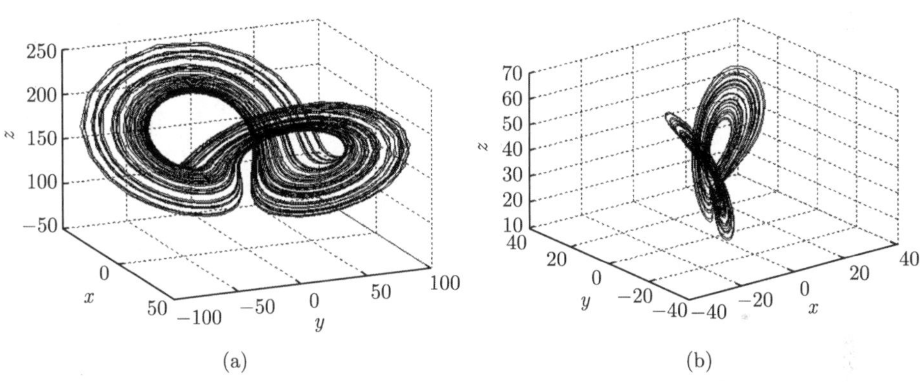

图 6.8　奇怪吸引子

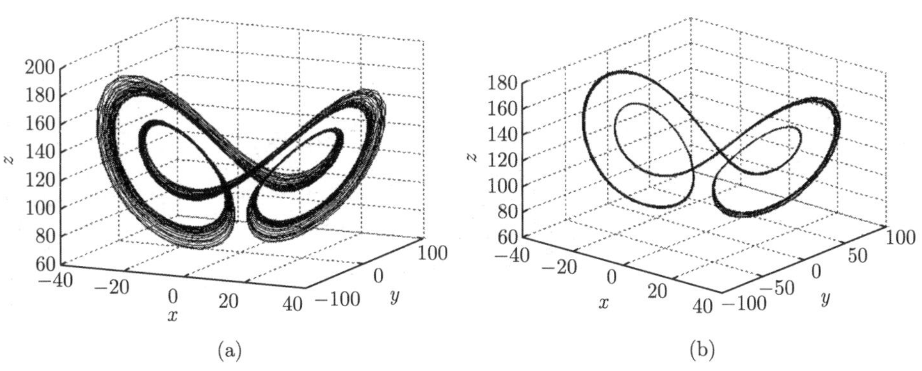

图 6.9　拟周期轨线

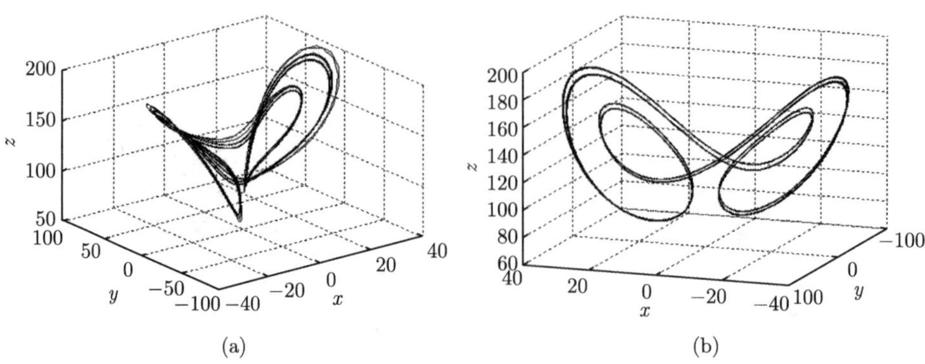

图 6.10　倒分岔

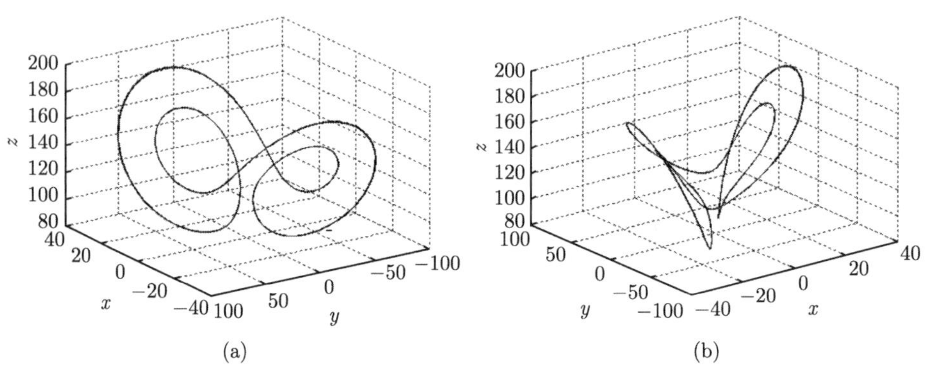

图 6.11　极限环

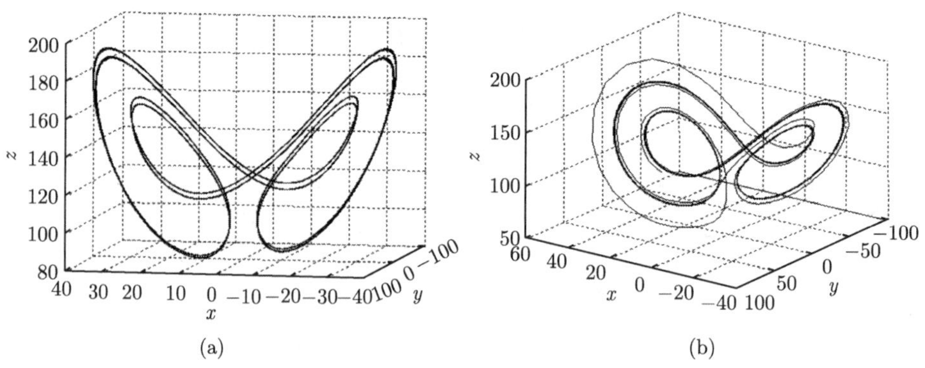

图 6.12　滞后 (二周期)

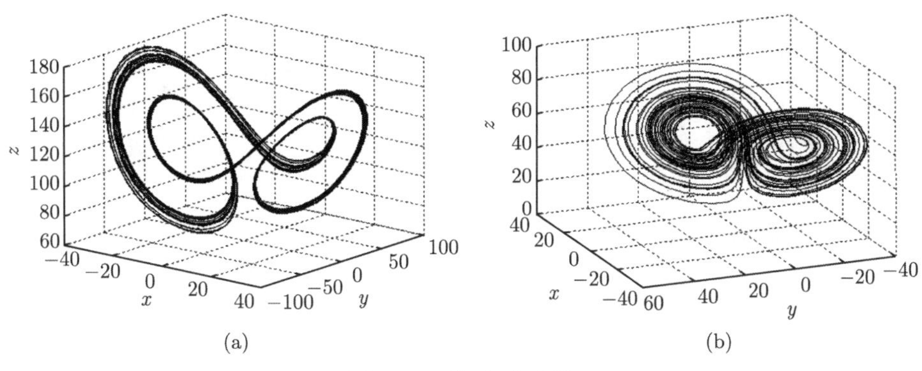

(a)　(b)

图 6.13　滞后 (拟周期)

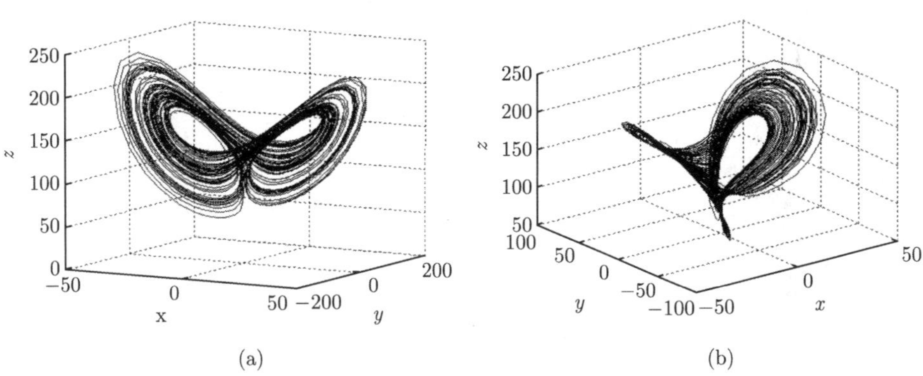

(a)　(b)

图 6.14　滞后 (拟周期)

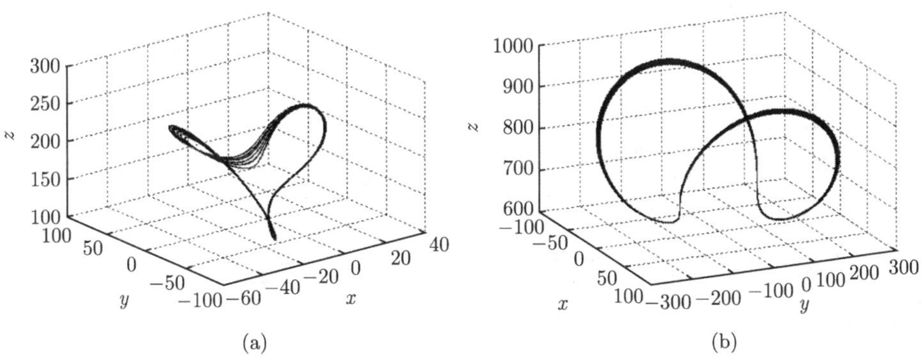

(a)　(b)

图 6.15　环面

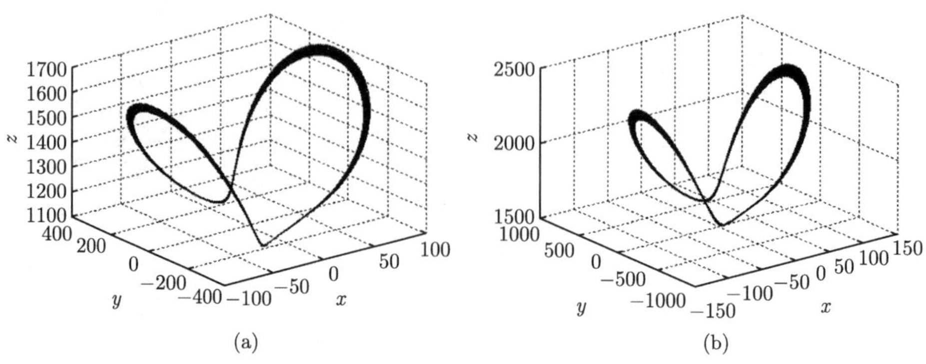

图 6.16　环面

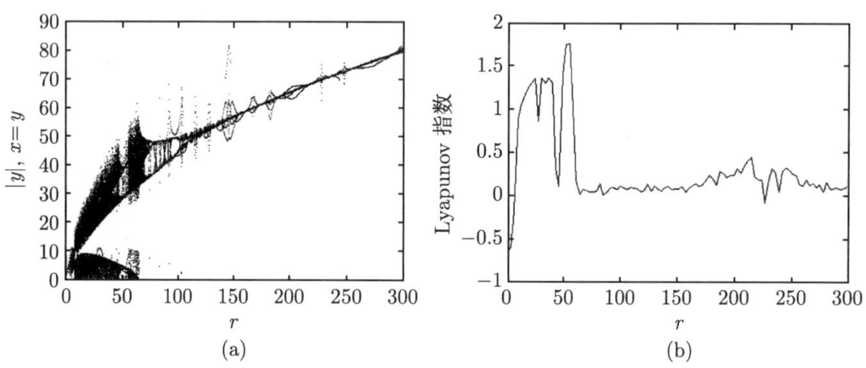

图 6.17　分岔图和对应的最大 Lyapunov 指数

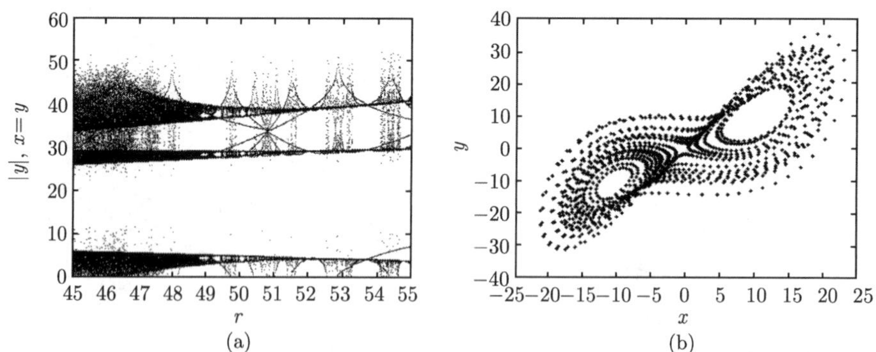

图 6.18　局部分岔图和 Poincaré截面

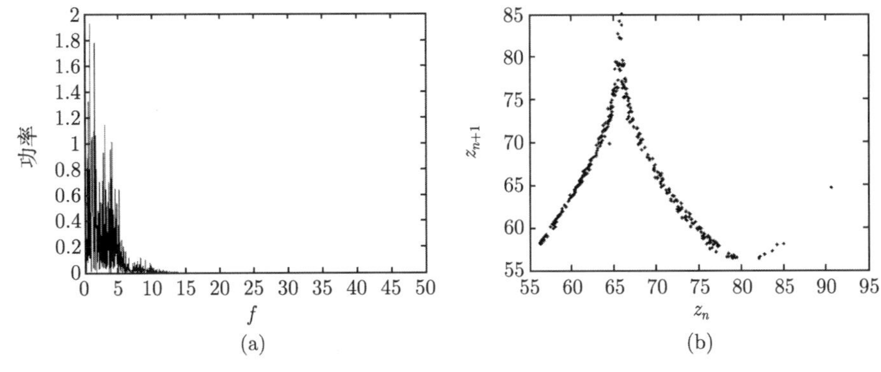

图 6.19　功率谱和返回映射

4. 总结

本小节探讨了同轴圆柱间旋转流动的 Couette-Taylor 流三模系统的动力学行为和数值仿真问题, 首先对此三模方程组进行了稳定性分析, 然后讨论了此方程组全局吸引子的存在性, 给出了其吸引子 Hausdorff 维数上界的估计, 数值模拟了系统分歧和混沌等的动力学行为发生的全过程. 基于分岔图与最大 Lyapunov 指数谱和 Poincaré截面以及功率谱和返回映射等仿真结果揭示了此系统混沌行为的普适特征. Couette-Taylor 流的湍流行为是由于雷诺数 r 的增大, 系统稳定的不动点和周期轨道持续丧失稳定性而逐渐产生的, 本小节的数值结果从一个侧面反映了 Couette-Taylor 流湍流行为的某些特征, 此三模系统通向混沌的道路与著名的 Lorenz 方程基本类似, 但在高雷诺数下系统的状态与 Lorenz 方程截然不同, Lorenz 方程在高雷诺数下是稳定的周期状态, 而此三模系统最终状态是稳定的环面.

6.3.3　低模系统 III 吸引子的存在性及其 Hausdorff 维数上界的估计和数值仿真

1. 系统平衡点的稳定性及其吸引子的存在性

考虑如下三模态系统:

$$
\text{(III)}\quad \begin{cases} \dot{x}= -\sigma(x-y)+cxz/r, \\ \dot{y}= -xz+arx-y, \\ \dot{z}= xy-bz, \end{cases} \tag{6.3.12}
$$

其中, 状态变量 x,y,z 均为时间 t 的函数; a, b, c 为常系数; $r>0$ 为实参数, 这里省略了此系统的截取过程. 显然 $S_0=(0,0,0)$ 是其平衡点, 关于 S_0 的稳定性问题有下面的结论.

定理 6.3.9　当 $r<\dfrac{\sigma}{a\sigma}$ 时, 系统 (6.3.12) 的零平衡点 $S_0=(0,0,0)$ 稳定; 当

$r=\dfrac{\sigma}{a\sigma}$ 时, 此系统的零平衡点 S_0 为临界点; 当 $r>\dfrac{\sigma}{a\sigma}$ 时, 此系统的零平衡点 S_0 不稳定.

证明 系统 (6.3.12) 在零平衡点 $S_0=(0,0,0)$ 处的特征方程为

$$\begin{vmatrix} \lambda+\sigma & -\sigma & 0 \\ -ar & \lambda+1 & 0 \\ 0 & 0 & \lambda+b \end{vmatrix}=0. \tag{6.3.13}$$

设三个根分别为 $\lambda_1,\lambda_2,\lambda_3$, 则 $\lambda_1=-b$, λ_2,λ_3 满足:

$$\lambda^2+(1+\sigma)\lambda+(\sigma-a\sigma r)=0.$$

由韦达定理及常微分定性理论定理得证.

下面讨论系统 (6.3.12) 非零平衡点 S_+, S_- 的存在性. 通过计算得系统 (6.3.12) 的非零平衡点 $S_+=(x_+,y_+,z)$, $S_-=(x_-,y_-,z)$. 这里 $x_\pm=\pm\sqrt{\dfrac{b\sigma(1-ar)}{ac-\sigma}}$, $y_\pm=\dfrac{abrx_\pm}{x^2+b}$, $z=\dfrac{x_\pm y_\pm}{b}$, 其中 $x^2=\dfrac{b\sigma(1-ar)}{ac-\sigma}$, x_+,x_- 表示非零平衡点的 x 坐标. 因此只有 x_+^2 或 x_-^2 大于零时才有意义, 故 $\dfrac{b\sigma(1-ar)}{ac-\sigma}>0$ 是非零平衡点 S_+, S_- 存在的条件.

关于吸引子的存在性有下面的结论.

定理 6.3.10 若 $z<\dfrac{r}{c}(\sigma+b+1)$, 三模态系统 (6.3.12) 吸引子存在.

证明 对系统 (6.3.12) 作运算得

$$\frac{\partial\dot{x}}{\partial x}+\frac{\partial\dot{y}}{\partial y}+\frac{\partial\dot{z}}{\partial z}=-(\sigma+b+1)+\frac{c}{r}z.$$

当 $-(\sigma+b+1)+\dfrac{c}{r}z<0$ 时, 系统是耗散的, 故存在吸引子, 即 $z<\dfrac{r}{c}(\sigma+b+1)$ 是吸引子存在的条件.

2. 吸引子的 Hausdorff 维数估计

系统 (6.3.12) 吸引子的 Hausdorff 维数估计问题与文献 [94] 的结论类似, 但由于系统 (6.3.12) 比著名的 Lorenz 方程多一个非线性项 cxz/r, 所以讨论起来要相对复杂些, 具体有如下结论.

定理 6.3.11 三模态方程 (6.3.12) 吸引子的 Hausdorff 维数 $d_H\leqslant 2+s$, $s\in(0,1)$.

证明　(6.3.12) 式可以记为抽象形式:

$$u' = F(u) = F(x, y, z) = -\begin{pmatrix} \sigma x - \sigma y - \dfrac{c}{r}xz \\ -arx + y + xz \\ bz - xy \end{pmatrix}.$$

设 $U = \xi(t) \in H = R^3$, 则

$$\begin{cases} \dfrac{\mathrm{d}U}{\mathrm{d}t} = F'(u) \cdot U, \\ U(0) = \xi, \end{cases} \tag{6.3.14}$$

$$-F'(u) \cdot U = A_1 U + A_2 U + B(u)U.$$

$$A_1 = \begin{pmatrix} \sigma & 0 & 0 \\ 0 & 1 & 0 \\ 0 & 0 & b \end{pmatrix}, \quad A_2 = \begin{pmatrix} 0 & -\sigma & 0 \\ -ar & 0 & 0 \\ 0 & 0 & 0 \end{pmatrix},$$

$$B(u) = \begin{pmatrix} -\dfrac{c}{r}z & 0 & -\dfrac{c}{r}x \\ z & 0 & x \\ -y & -x & 0 \end{pmatrix}.$$

考虑初值问题 (6.3.14), 对于初值 ξ_1, ξ_2, $\xi_3 \in R^3$ 的解 $U = (U_1, U_2, U_3)$, 在任意时刻 $t > 0$, $U_i(t) = L(t, u_0)\xi_i, u_0$ 是系统 (6.3.12) 的初值. $L(t, u_0)$ 是 R^3 中的线性算子.

$$L(t, u_0) : U(0) = \xi(\in R^3) \to U(t)(\in R^3).$$

在 $\Lambda^m H(m = 2, 3)$ 中考虑.

$$\frac{\mathrm{d}}{\mathrm{d}t}|U_1 \Lambda U_2 \Lambda U_3| = |U_1 \Lambda U_2 \Lambda U_3| \mathrm{Tr} F'(u),$$
$$\frac{\mathrm{d}}{\mathrm{d}t}|U_1 \Lambda U_2| = |U_1 \Lambda U_2| \mathrm{Tr}(F'(u) \cdot Q).$$

这里 $Q = Q_2(t, u_0; \xi_1, \xi_2)$ 是 R^3 到 $\overline{\mathrm{span}\{U_1, U_2\}}$ 的正交投影. Tr 是 R.Teman 在文献 [94] 中引入的.

$$|U_1 \Lambda U_2 \Lambda U_3(t)| = |\xi_1 \Lambda \xi_2 \Lambda \xi_3| \exp\left[-\left(\sigma + b + 1 - \frac{c}{r}z\right)t\right],$$

$$\omega_3(L(t, u_0)) = \sup_{\xi_i \in H, |\xi_i| = 1, i = 1,2,3} |U_1 \Lambda U_2 \Lambda U_3(t)|.$$

记 $\sigma + b + 1 - \dfrac{c}{r}z = \varepsilon$, 由定理 6.3.10 得 $\varepsilon > 0$. 所以, $\omega_3(L(t, u_0)) \leqslant$

$$\exp\left[-\left(\sigma+b+1-\frac{c}{r}z\right)t\right]=\exp(-\varepsilon t).$$

这里以 Λ_i, $\mu_i(i=1,2,3)$ 分别记一致 Lyapunov 数和一致 Lyapunov 指数[94]. 则

$$\Lambda_1\Lambda_2\Lambda_3=\lim_{t\to\infty}\overline{\omega_3(t)}^{1/t}=\exp(-\varepsilon t),$$

$$\mu_1+\mu_2+\mu_3=-\varepsilon.$$

同理可得

$$|U_1\Lambda U_2|=|\xi_1\Lambda\xi_2|\exp\int_0^t\mathrm{Tr}(F'(u(\tau))\cdot Q(\tau))\mathrm{d}\tau.$$

如果 $|\xi_1\Lambda\xi_2|\neq 0$, 那么 $|U_1\Lambda U_2|\neq 0$, $\forall t>0$. 设 $\varphi_i=(x_i,y_i,z_i)$, $i=1,2,3$ 是 R^3 中的一组标准正交基, 则 $|\varphi_i|=\sqrt{x_i^2+y_i^2+z_i^2}=1, i=1,2,3$.

$$\begin{aligned}\mathrm{Tr}(A_1+A_2)\cdot Q&=\sum_{i=1}^{2}((A_1+A_2)\varphi_i,\varphi_i)\\&=\sigma x_1^2+y_1^2+bz_1^2+\sigma x_2^2+y_2^2+bz_2^2-(\sigma+ar)(x_1y_1+x_2y_2).\end{aligned}$$

令 $m=\max(1,b,\sigma)$, 则有 $\mathrm{Tr}(A_1+A_2)\cdot Q\leqslant 2m+\mid\sigma+ar\mid$, 所以

$$\mathrm{Tr}(A_1+A_2)\cdot Q\geqslant -2m-\mid\sigma+ar\mid.$$

由

$$\begin{aligned}\mathrm{Tr}(B(u)\cdot Q)&=\sum_{i=1}^{2}(B(u)\varphi_i)\varphi_i\\&=-\frac{c}{r}\sum_{i=1}^{2}x_i(zx_i+xz_i)+\sum_{i=1}^{2}y_i(zx_i+xz_i)-\sum_{i=1}^{2}z_i(yx_i+xy_i).\end{aligned}$$

则有

$$\begin{aligned}|\mathrm{Tr}(B(u)\cdot Q)|&\leqslant\frac{\mid c\mid}{r}\sum_{i=1}^{2}|x_i|(|zx_i|+|xz_i|)+\sum_{i=1}^{2}|y_i|(|zx_i|+|xz_i|)\\&\quad+\sum_{i=1}^{2}|z_i|(|yx_i|+|xy_i|)\\&\leqslant\frac{\mid c\mid}{r}|u(t)|^2+\frac{\mid c\mid}{r}\frac{1}{2}(|\varphi_1|^2+|\varphi_2|^2)+2|u(t)|^2+|\varphi_1|^2+|\varphi_2|^2\\&\leqslant\frac{\mid c\mid}{r}|u(t)|^2+\frac{\mid c\mid}{r}+2|u(t)|^2+2=\left(\frac{\mid c\mid}{r}+2\right)|u(t)|^2+\frac{\mid c\mid}{r}+2.\end{aligned}$$

所以有$\mathrm{Tr}(B(u)\cdot Q)\geqslant-\left(\frac{\mid c\mid}{r}+2\right)|u(t)|^2-\frac{\mid c\mid}{r}-2\geqslant-\left(\frac{\mid c\mid}{r}+2\right)\rho_0^2-\frac{\mid c\mid}{r}-2.$

其中, ρ_0 是系统的吸收半径. 所以

$$\mathrm{Tr}((A_1+A_2+B(u))\cdot Q)\geqslant -\left(\frac{|\,c\,|}{r}+2\right)\rho_0^2-\frac{|\,c\,|}{r}-2-2m-|\,\sigma+ar\,|.$$

令$k_2=\left(\frac{|\,c\,|}{r}+2\right)\rho_0^2+\frac{|\,c\,|}{r}+2+2m+|\,\sigma+ar\,|$, 则 $\mathrm{Tr}((A_1+A_2+B(u))\cdot Q)\geqslant -k_2\geqslant -k_2-\delta\ (0<\delta\ll 1)$.

所以 $|U_1\Lambda U_2|\leqslant|\xi_1\Lambda\xi_2|\exp((k_2+\delta)t)$. 故 $\omega_2(L(t,u_0))\leqslant\exp((k_2+\delta)t),\ t\geqslant t_1(\delta)$.

$$\overline{\omega_2(t)}\leqslant\exp((k_2+\delta)t),\quad \Lambda_1\Lambda_2\leqslant\exp(k_2),\quad \mu_1+\mu_2<k_2.$$

令 $k(\delta)=-s\varepsilon+(1-s)(k_2+\delta)$, 则有

$$\begin{aligned}\omega_d(L(t,u_0))&\leqslant\omega_2(L(t,u_0))^{1-s}\omega_3(L(t,u_0))^s\leqslant\exp((k_2+\delta)t)^{1-s}\exp(-\varepsilon t)^s\\&=\exp[(1-s)(k_2+\delta)t-s\varepsilon t]=\exp(k(\delta)t).\end{aligned}$$

若 $k(\delta)<0$, 得

$$\omega_d(t)=\sup_{u_0\in X}\omega_d(L(t,u_0))\leqslant\exp(k(\delta)t)<1.$$

设 $d_H=2+s,0<s<1,t\geqslant t_1(\delta)$, 则 $d_H=2+s$.

至此, 得出系统 (6.3.12) 吸引子的 Hausdorff 维数估计. 证毕.

3. 数值仿真

取 $\sigma=10,\ a=2,\ b=8/3,\ c=0.002$, 我们对系统 (6.3.12) 的动力学行为进行数值仿真.

(1) 当 $r<11.685\cdots$ 时, 非零平衡点 $S_+,\ S_-$ 是稳定的, 数值计算表明它们是全局吸引子 (图 6.20).

(2) 当 $r\geqslant 11.685\cdots$ 时, 非零平衡点 $S_+,\ S_-$ 开始不稳定, 此时生成两个不稳定的极限环 (图 6.21 为其中一个极限环及附近的解轨线图), 随着 r 的增大产生双环解轨线, 并且轨线条数随 r 的增大而逐渐增多 (图 6.22 和图 6.23), 最终 ($r=17.85\cdots$) 生成了奇怪吸引子 (图 6.24), 这是一种阵发性混沌.

(3) 当 $55.82\cdots\leqslant r<108.40\cdots$ 时, 系统发生了滞后现象, 各种拟周期吸引子和混沌吸引子交替出现 (图 6.25~ 图 6.31).

(4) 当 $67.213\cdots\leqslant r<77.279\cdots$ 时, 奇怪吸引子开始逐渐收缩形成极限环, 这是一个倒分岔过程, 并且数值结果表明分岔点满足费根鲍姆常数 (图 6.25~ 图 6.27).

(5) 当 $77.28\cdots\leqslant r<108.41\cdots$ 时, 系统发生滞后现象, 极限环、拟周期轨道和奇怪吸引子并存 (图 6.28~ 图 6.31).

(6) 当 $r \geqslant 108.42\cdots$ 时, 奇怪吸引子又开始逐渐收缩形成环面, 仍然是一个倒分岔过程, 并且也满足费根鲍姆常数 (图 6.32 和图 6.33).

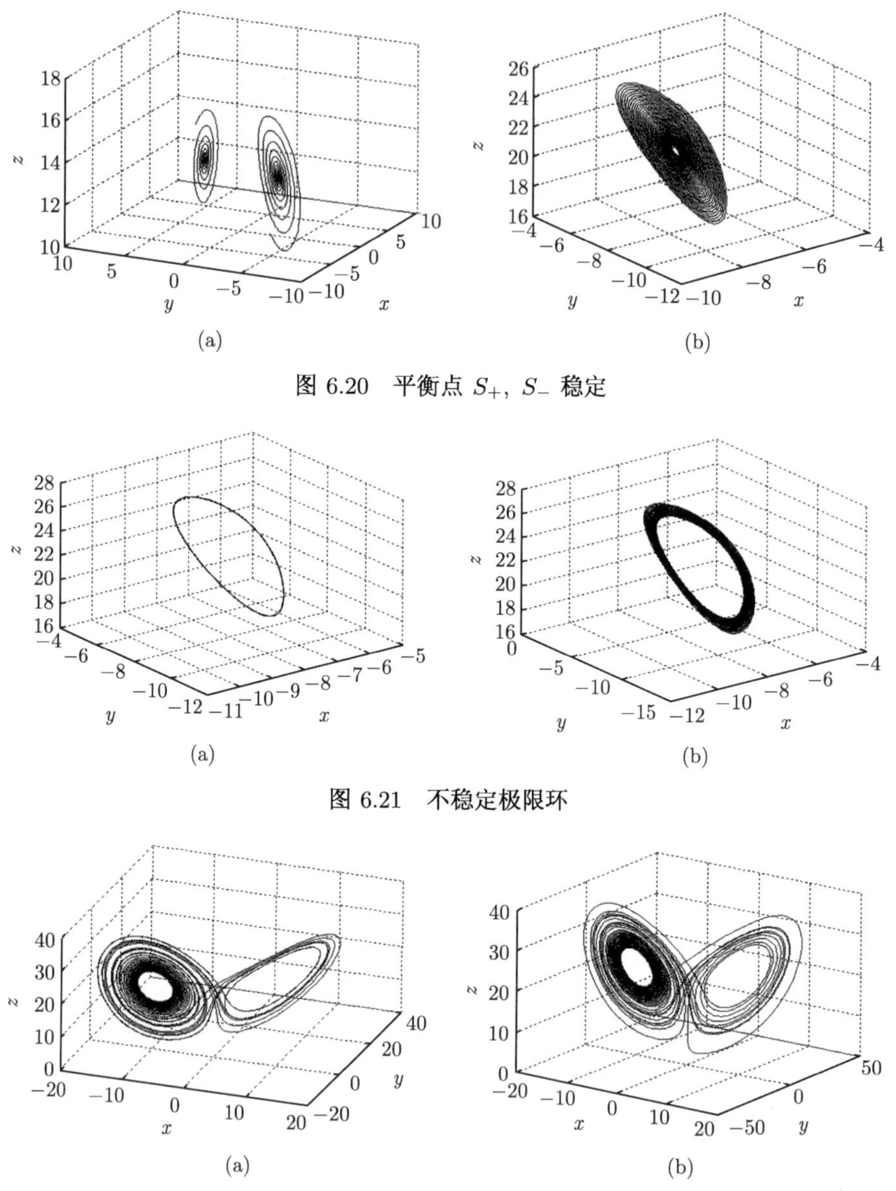

图 6.20　平衡点 S_+, S_- 稳定

图 6.21　不稳定极限环

图 6.22　双环轨线

(7) 图 6.34(a) 给出了系统 (6.3.12) 的 x 分岔图, 图 6.34(b) 为对应的最大 Lyapunov 指数图像和 ($r = 34$). 图 6.35 和图 6.36(a) 为系统 (6.3.12) 的 Poincaré截面、

功率谱和返回映射 ($r = 34$), 从中均显示了系统的混沌特征.

(8) 当 $r \geqslant 599.01\cdots$ 时, 双环面又开始逐渐演变成单环面, 此时两个定态应该是稳定的 (图 6.36(b)~ 图 6.39 是一个定态的相图).

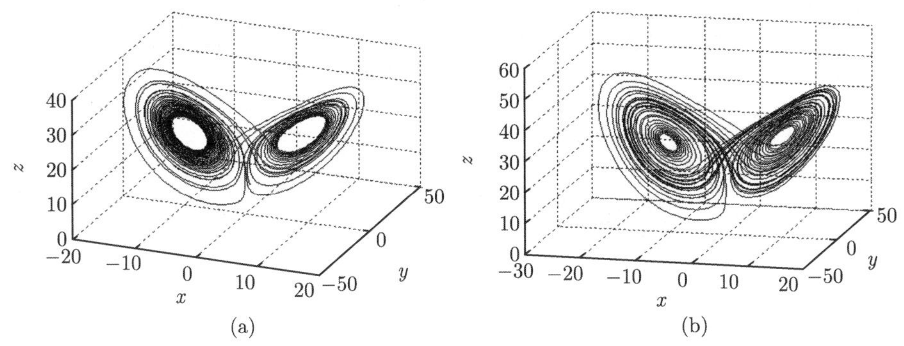

图 6.23　渐增的双环轨线

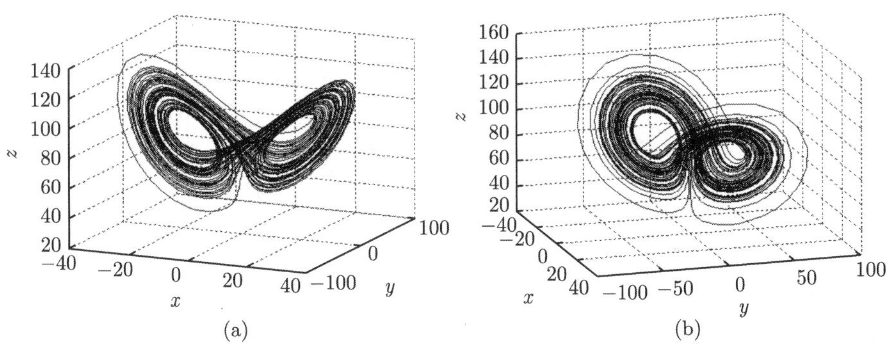

图 6.24　奇怪吸引子

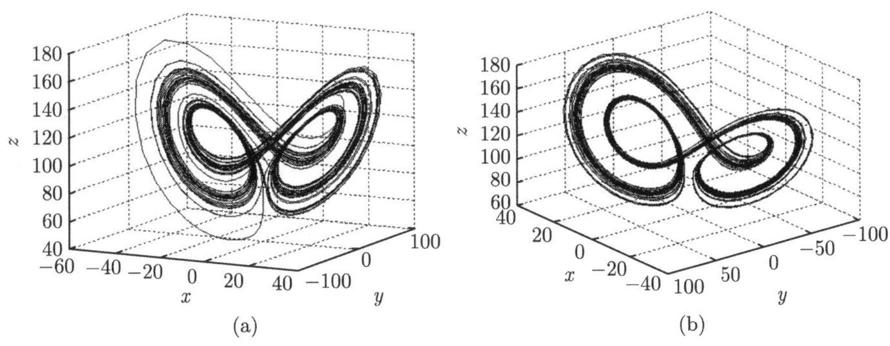

图 6.25　倒分岔

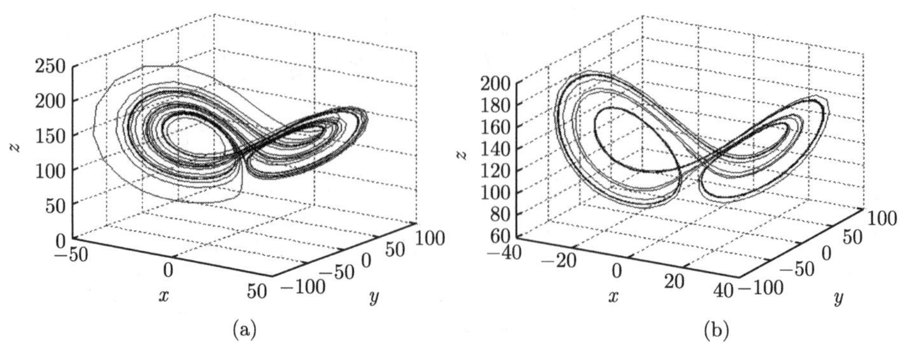

图 6.26　倒分岔

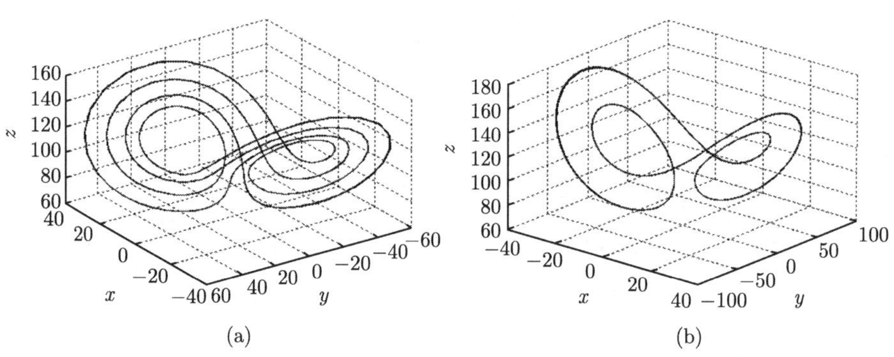

图 6.27　倒分岔

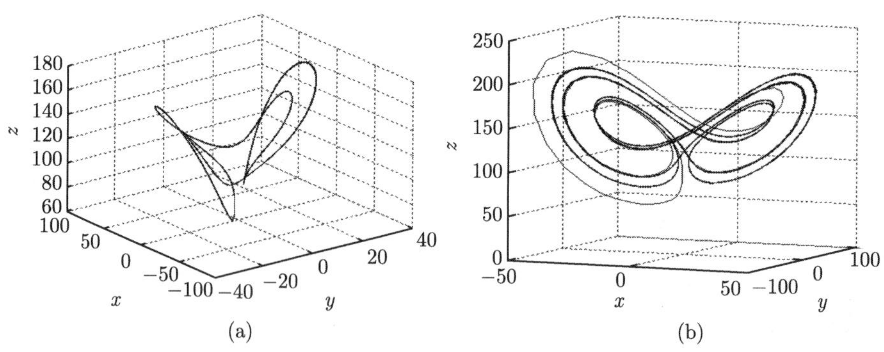

图 6.28　滞后

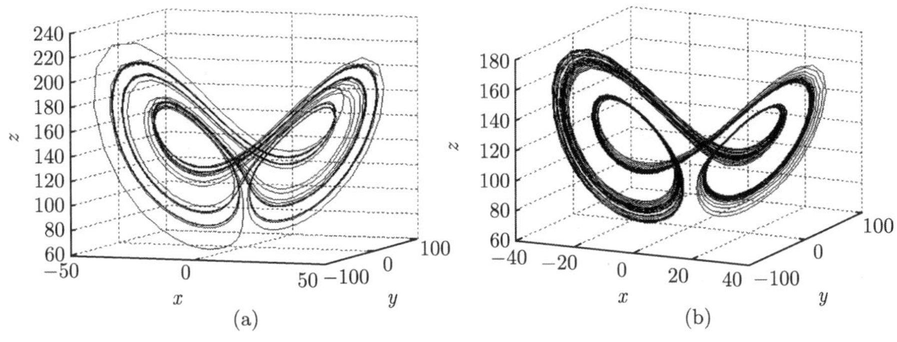

(a)　(b)

图 6.29　滞后

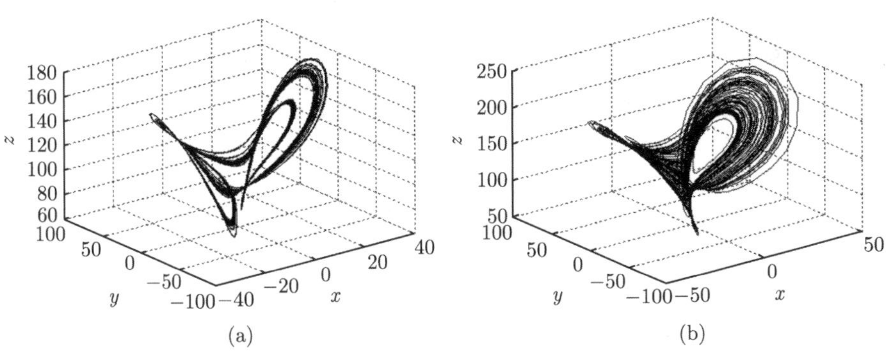

(a)　(b)

图 6.30　滞后

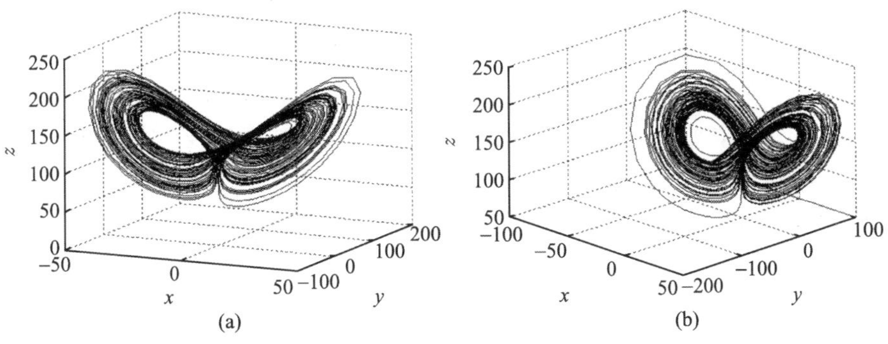

(a)　(b)

图 6.31　滞后

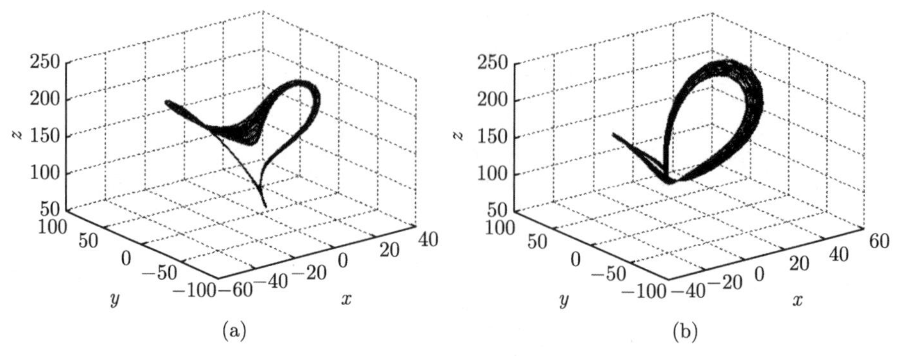

图 6.32　环面

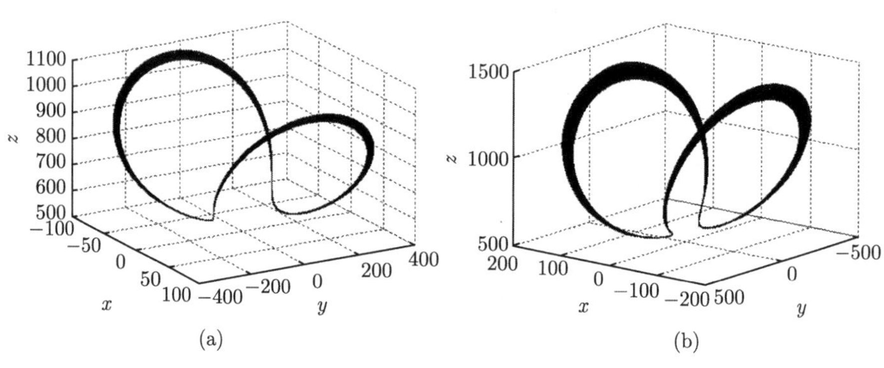

图 6.33　环面

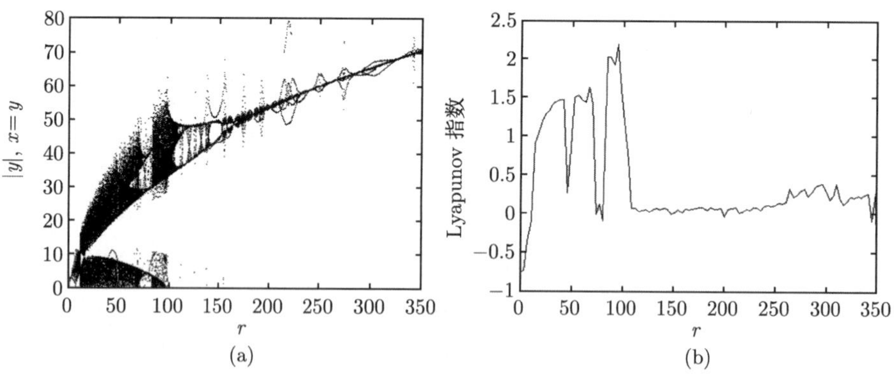

图 6.34　分岔图和对应的最大 Lyapunov 指数

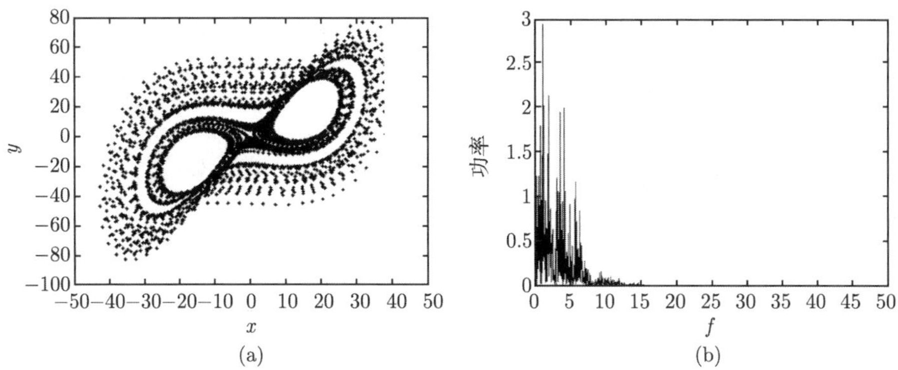

图 6.35　Poincaré截面和功率谱

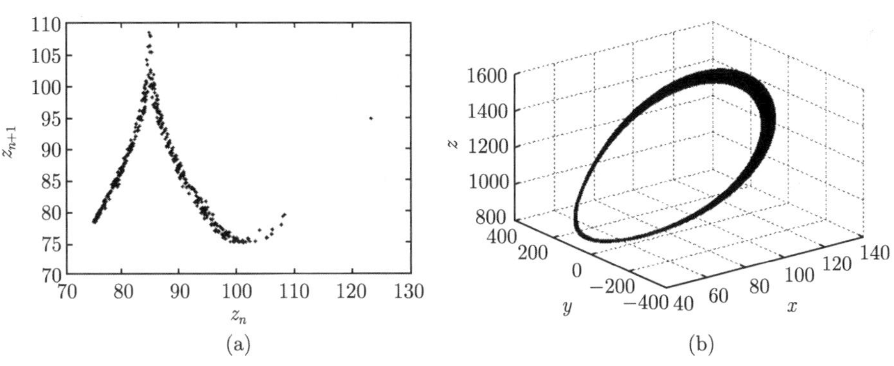

图 6.36　返回映射和单环面

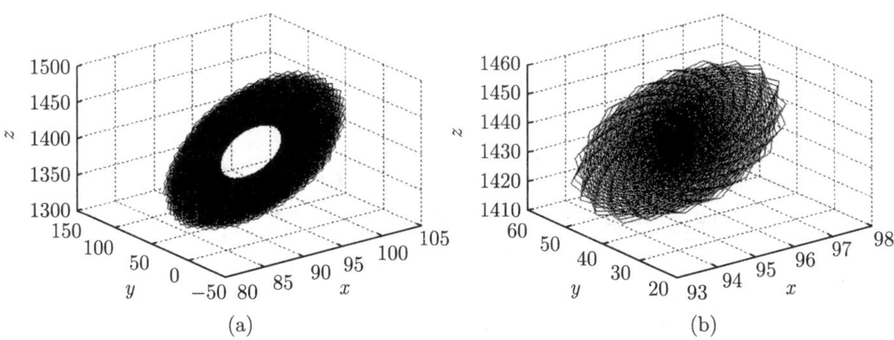

图 6.37　单环面

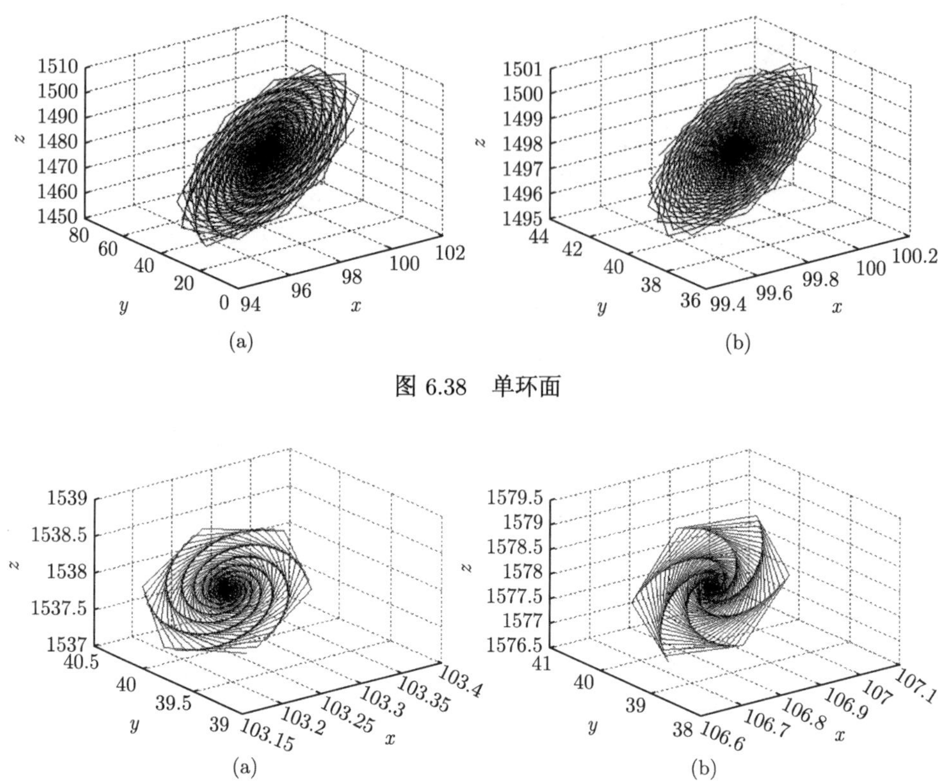

图 6.38　单环面

图 6.39　单环面

4. 总结

本小节探讨了同轴圆柱间旋转流动的 Couette-Taylor 流三模系统的动力学行为和数值仿真问题, 首先对此三模方程组进行了稳定性分析, 然后讨论了此方程组全局吸引子的存在性, 给出了其吸引子的 Hausdorff 维数上界的估计, 数值模拟了系统分歧和混沌等的动力学行为发生的全过程. 基于分岔图与最大 Lyapunov 指数谱和 Poincaré截面以及功率谱和返回映射等仿真结果揭示了此系统混沌行为的普适特征. Couette-Taylor 流的湍流行为是由于参数 r 的增大, 系统稳定的不动点和周期轨道持续丧失稳定性而逐渐产生的, 本小节的数值结果从一个侧面反映了 Couette-Taylor 流湍流行为的某些特征, 此三模系统通向混沌的道路与著名的 Lorenz 方程和系统 (II) 基本类似, 但在高雷诺数下系统的状态与 Lorenz 方程和系统 (II) 截然不同, Lorenz 方程在高雷诺数下是稳定的周期状态, 系统 (II) 是稳定的环面, 而此三模系统最终状态是稳定的定态.

6.4 同轴圆筒间旋转流动低模系统的动力学行为分析及其数值仿真

6.4.1 三模态系统及其全局指数吸引集

本小节研究 Couette-Taylor 流的一个三模系统的动力学行为, 并解释和仿真 Couette-Taylor 流实验中观察到的部分涡流的演化过程. 文献 [76] 利用同轴圆筒间隙区域 Stokes 算子的特征函数作为基函数对周期性边界条件 Navier-Stokes 方程进行傅里叶展开, 将原偏微分方程组化为常微分方程组, 取傅里叶级数的前三项, 得到下列方程组:

$$\begin{cases} \dot{x} = -\sigma x + cy, \\ \dot{y} = -xz + arx - y, \\ \dot{z} = xy - bz. \end{cases} \tag{6.4.1}$$

这里 x, y, z 是傅里叶系数, 它们是时间 t 的函数, σ, a, b, c 都是正的参数, r 为雷诺数. 如下定理给出系统 (6.4.1) 具有全局指数吸引集.

定理 6.4.1 对任意的 $\lambda_2 > 0, \lambda_1 = \lambda_2^2, \lambda_3 = \dfrac{c}{\lambda_2} + ar\lambda_2$, 令

$$V = \frac{1}{2}x^2 + \frac{1}{2}\lambda_1 y^2 + \frac{1}{2}(\lambda_2 z - \lambda_3)^2, \quad L = \frac{-b^2}{2(1-2b)}\lambda_3^2.$$

并且 $X(t) = (x, y, z) = X(t, t_0, X_0)$ 是系统满足初始条件的解, 当 $V(X_0) = V\left(0, 0, \dfrac{(1-b)\lambda_3}{(1-2b)\lambda_2}\right) \geqslant L, V(X(t)) \geqslant L, \sigma > \dfrac{1}{2}, b > \dfrac{1}{2}$ 时, 系统 (6.4.1) 的解轨线有全局指数吸引集和正向不变集的估计式: $V(X(t)) - L \leqslant (V(X_0) - L)\mathrm{e}^{-(t-t_0)}$, 从而 $\overline{\lim\limits_{t\to+\infty}} V(X(t)) \leqslant L$. 也就是说, $\Omega = \{X | V(X(t)) \leqslant L\}$ 是系统 (6.4.1) 的全局指数吸引集和正向不变集.

证明 构造广义的正定的径向无界的 Lyapunov 函数

$$V = \frac{1}{2}x^2 + \frac{1}{2}\lambda_1 y^2 + \frac{1}{2}(\lambda_2 z - \lambda_3)^2.$$

计算沿系统 (6.4.1) 的正半轨线关于时间的导数得

$$\begin{aligned} \dot{V} &= x\dot{x} + \lambda_1 y\dot{y} + \lambda_2(\lambda_2 z - \lambda_3)\dot{z} \\ &= x(-\sigma x + cy) + \lambda_1 y(-xz + arx - y) + \lambda_2(\lambda_2 z - \lambda_3)(xy - bz) \\ &= (-\lambda_1 + \lambda_2^2)xyz + (c + ar\lambda_1 - \lambda_2\lambda_3)xy - \sigma x^2 - \lambda_1 y^2 - b\lambda_2^2 z^2 + b\lambda_2\lambda_3 z \\ &= -\sigma x^2 - \lambda_1 y^2 - b\lambda_2^2 z^2 + b\lambda_2\lambda_3 z \end{aligned}$$

$$
\begin{aligned}
&= -V - \left(\sigma - \frac{1}{2}\right)x^2 - \frac{1}{2}\lambda_1 y^2 + \left(\frac{1}{2}\lambda_2^2 - b\lambda_2^2\right)z^2 - (\lambda_2\lambda_3 - b\lambda_2\lambda_3)z + \frac{1}{2}\lambda_3^2 \\
&= -V + F(X).
\end{aligned} \tag{6.4.2}
$$

定义函数:

$$
F(X) = -\left(\sigma - \frac{1}{2}\right)x^2 - \frac{1}{2}\lambda_1 y^2 + \left(\frac{1}{2} - b\right)\lambda_2^2 z^2 - (1-b)\lambda_2\lambda_3 z + \frac{1}{2}\lambda_3^2.
$$

计算 $F(x,y,z)$ 关于 x,y,z 的 Lagrange 极值.

因为 F 为二次函数, 其局部极大值为全局极大值, 因此令

$$
\begin{cases}
\dfrac{\partial F}{\partial x} = -2\left(\sigma - \dfrac{1}{2}\right)x = 0, \\
\dfrac{\partial F}{\partial y} = -\lambda_1 y = 0, \\
\dfrac{\partial F}{\partial z} = (1-2b)\lambda_2^2 z - (1-b)\lambda_2\lambda_3 = 0,
\end{cases}
$$

得

$$
x = 0, \quad y = 0, \quad z = \frac{(1-b)\lambda_3}{(1-2b)\lambda_2}.
$$

再求 $F(X)$ 的二阶导数:

$$
\begin{cases}
\dfrac{\partial^2 F}{\partial x^2} = -2\left(\sigma - \dfrac{1}{2}\right) < 0, \quad \sigma > \dfrac{1}{2}, \\
\dfrac{\partial^2 F}{\partial y^2} = -\lambda_1 < 0, \\
\dfrac{\partial^2 F}{\partial z^2} = (1-2b)\lambda_2^2 < 0, \quad b > \dfrac{1}{2}
\end{cases}
$$

且

$$
\frac{\partial^2 F}{\partial x \partial y} = \frac{\partial^2 F}{\partial y \partial z} = \frac{\partial^2 F}{\partial z \partial x} = 0.
$$

因此 $\sup\limits_{X \in R^3} F(X) = F(x,y,z)|_{\left(x=0,y=0,z=\frac{(1-b)\lambda_3}{(1-2b)\lambda_2}\right)} = \dfrac{-b^2}{2(1-2b)}\lambda_3^2 = L$.

于是, 从式 (6.4.2) 可知 $\dot{V} \leqslant -V + L$. 从而利用 Gronwall 不等式, 当 $V(X_0) \geqslant L, V(X(t)) \geqslant L$ 时, 有全局指数估计式

$$
V(X(t)) - L \leqslant (V(X_0) - L)\mathrm{e}^{-(t-t_0)},
$$

对上式两边取极限有

$$
\overline{\lim_{t \to +\infty}} V(X(t)) \leqslant L.
$$

因此, $\Omega = \{X | V(X(t)) \leqslant L\}$ 是系统 (6.4.1) 的全局指数吸引集和正向不变集.

6.4.2　系统的稳定性及其对应的 Couette-Taylor 流动

为了较深入地考察方程组 (6.4.1) 的动力学行为, 有必要分析此方程的某些性质, 特别是其定点 (定态) 的性态.

由方程 (6.4.1) 可知, 其定点 (x_0, y_0, z_0) 满足下列条件:

$$\begin{cases} y = \dfrac{\sigma}{c}x, \\ x\left(ar - \dfrac{\sigma}{c} - z\right) = 0, \\ x = \pm\sqrt{\dfrac{b}{\sigma}(acr - \sigma)}. \end{cases} \tag{6.4.3}$$

由 (6.4.3) 可知, 当 $acr < \sigma$ 时, 系统只有如下一个定态 $O(0,0,0)$, 此定态表示系统流体处于绕中心轴旋转的层流状态, 即 Couette 流动, 如图 6.40(a) 所示.

当 $acr \geqslant \sigma$ 时, 有以下三个定态: $O(0,0,0)$、$P^+(x_0, y_0, z_0)$、$P^-(-x_0, -y_0, z_0)$. 其中, $z_0 = ar - \dfrac{\sigma}{c}$; $x_0 = \pm\sqrt{\dfrac{b}{\sigma}(acr - \sigma)}$; $y_0 = \pm\sqrt{\dfrac{b\sigma}{c^2}(acr - \sigma)}$.

由于在点 P^+、P^- 处变量 x、y、z 之值都不为零, 因此定态 P^+、P^- 表示已出现稳定的 Taylor 涡流的状态 (图 6.40(b)). 当这种流动失稳时将产生 Taylor 行进波 (图 6.40(c)).

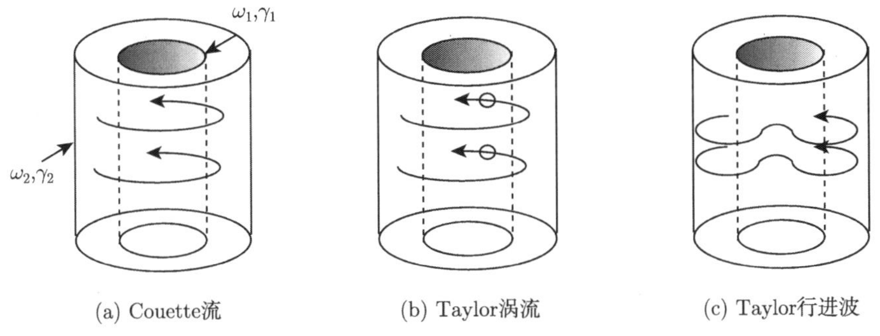

图 6.40　Couette-Taylor 流的三种流动

下面采用线性稳定性分析方法讨论定态的稳定性, 容易求得方程 (6.4.1) 的线性化方程在定点 $O(0,0,0)$ 处的雅可比矩阵为

$$A = \begin{pmatrix} -\sigma & c & 0 \\ ar & -1 & 0 \\ 0 & 0 & -b \end{pmatrix}, \tag{6.4.4}$$

于是得到关于定点 $O(0,0,0)$ 的特征方程

$$(\lambda+b)\left[\lambda^2+(\sigma+1)\lambda+(\sigma-acr)\right]=0, \tag{6.4.5}$$

特征值为

$$\lambda_1=-b,\quad \lambda_2=\lambda_\pm=\left[-(\sigma+1)\pm\sqrt{(\sigma+1)^2-4(\sigma-acr)}\right]/2, \tag{6.4.6}$$

相应的特征矢分别为

$$w=\begin{pmatrix}0\\0\\1\end{pmatrix},\quad u=\begin{pmatrix}-(1+\lambda_+)/ar\\-1\\0\end{pmatrix},\quad \nu=\begin{pmatrix}(1+\lambda_-)/ar\\1\\0\end{pmatrix}. \tag{6.4.7}$$

当 $\sigma<acr$ 时, 式 (6.4.6) 根式中的值大于 $(\sigma+1)^2$, $\lambda_\pm$ 中的 λ_+ 大于零, 而 λ_- 小于零. 因此 $O(0,0,0)$ 是一鞍结点 (saddle-node point): 三个特征矢中有两个方向 w 和 ν 稳定, 另一个方向 u 不稳定. 即 w 或 z 和 ν 组成不变子空间 E_s, u 方向不变子空间是 E_u, 而非线性系统 (6.4.1) 的稳定流形 W_s 和不稳定流形 W_u 在 O 点分别与 E_s 和 E_u 相切, 如图 6.41 所示.

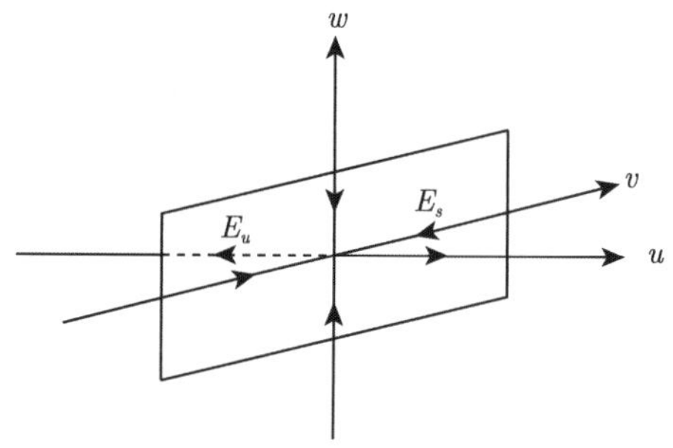

图 6.41　$\sigma<acr$ 时 O 点邻域的稳定流形 W_s 和不稳定流形 W_u 在 O 点分别与 E_s 和 E_u 相切

可见只要 $\sigma>acr$, 则 (6.4.6) 式中根号内的数总小于 $(\sigma+1)^2$, 从而 λ_+ 和 λ_- 都小于 $-(\sigma+1)/2$. 所以 $\sigma>acr$ 时, $O(0,0,0)$ 是渐近稳定的 (图 6.42(a)).

下面讨论定点 P^+ 和 P^- 的稳定性, 系统 (6.4.1) 具有反射对称性: 当 (x,y,z) 变为 $(-x,-y,z)$ 时, 方程不变. 因此若 (x_0,y_0,z_0) 是方程的解, 则 $(-x_0,-y_0,z_0)$ 自然也是方程的解, 而且此二解具有相同的性质, 即 $P^+(x_0,y_0,z_0)$ 和 $P^-(-x_0,-y_0,z_0)$ 性质完全相同, 故只需分析其中之一即可, 下面只分析 P^+.

在 P^+ 的邻域内, 系统 (6.4.1) 的线性化方程的雅可比矩阵为

$$A=\begin{pmatrix}-\sigma & c & 0\\ \dfrac{\sigma}{c} & -1 & -\sqrt{\dfrac{b}{\sigma}(acr-\sigma)}\\ \sqrt{\dfrac{b\sigma}{c^2}(acr-\sigma)} & \sqrt{\dfrac{b}{\sigma}(acr-\sigma)} & -b\end{pmatrix}. \tag{6.4.8}$$

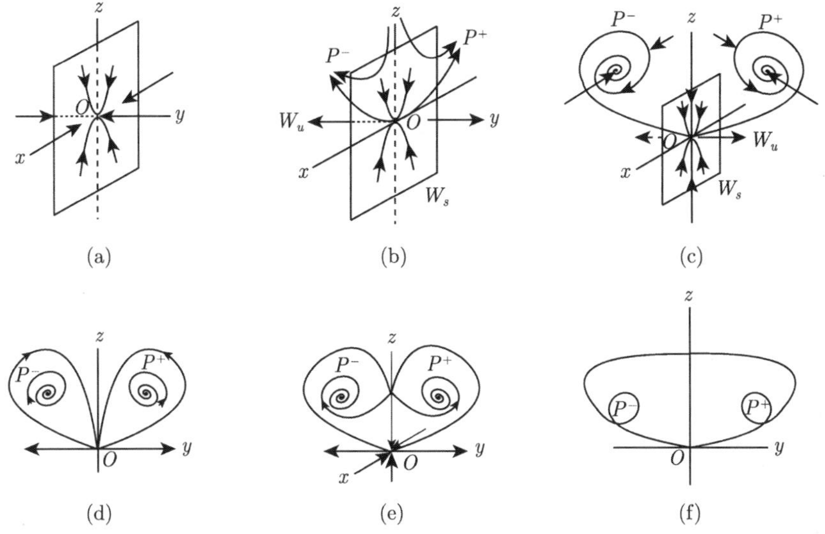

图 6.42　相空间中轨线图

其特征方程为

$$\lambda^3+(\sigma+b+1)\lambda^2+b\left(\sigma+\frac{ac}{\sigma}r\right)\lambda+2b(acr-\sigma)=0. \tag{6.4.9}$$

于是得到其罗斯-霍维兹判别行列式为

$$\begin{aligned}
\Delta_1&=\sigma+b+1>0,\\
\Delta_2&=\begin{vmatrix}\sigma+b+1 & 1\\ 2b(acr-\sigma) & b\left(\sigma+\dfrac{ac}{\sigma}r\right)\end{vmatrix}\\
&=b(\sigma+b+1)\left(\sigma+\frac{ac}{\sigma}r\right)-2b(acr-\sigma),\\
\Delta_3&=\begin{vmatrix}\sigma+b+1 & 1 & 0\\ 2b(acr-\sigma) & b\left(\sigma+\dfrac{ac}{\sigma}r\right) & \sigma+b+1\\ 0 & 0 & 2b(acr-\sigma)\end{vmatrix}\\
&=2b(acr-\sigma)\Delta_2.
\end{aligned} \tag{6.4.10}$$

令 $\Delta_2=b(\sigma+b+1)\left(\sigma+\frac{ac}{\sigma}r\right)-2b(acr-\sigma)=0$ 时的 r 为 r_{h}, 则

$$r_{\mathrm{h}}=\frac{\sigma^2}{ac}\frac{\sigma+b+3}{\sigma-b-1}. \tag{6.4.11}$$

当 $\sigma<b+1$ 时, $r_{\mathrm{h}}<0$, 但 r(表示无量纲雷诺数) 取负值是没有意义的, 因此这种情形应摒弃, 而只限于讨论 $\sigma>b+1$ 的情形. 由式 (6.4.10) 可知, 当 $r<r_{\mathrm{h}}$ 时,

$\Delta_2 > 0, \Delta_3 > 0$；反之, 当 $r > r_{\mathrm{h}}$ 时, $\Delta_2 < 0, \Delta_3 < 0$, 因此根据罗斯-霍维兹判据可知：当 $r < r_{\mathrm{h}}$ 时, P^+ 和 P^- 都是稳定的；当 $r > r_{\mathrm{h}}$ 时, P^+ 和 P^- 都是不稳定的.

按文献 [76] 取 $\sigma = 9.35, a = 0.758, b = 1.45, c = 8.4$ 代入方程 (6.4.11) 得

$$r_{\mathrm{h}} = 24.4602. \tag{6.4.12}$$

把 $\sigma = 9.35, a = 0.758, b = 1.45, c = 8.4$ 和 r 的不同值代入方程 (6.4.9) 并求解, 根据特征值情况分析 P^+ 和 P^- 的稳定性, 分析和结论如下：

当 $r < r_{\mathrm{e}} = 1.7532$ 时, 方程 (6.4.9) 有三个负的实根, P^+ 和 P^- 都是渐近稳定的结点 (图 6.42(b)).

当 $1.7532 = r_{\mathrm{e}} < r < r_{\mathrm{h}}$ 时, 方程 (6.4.9) 有一个负的实根和两个实部是负的共轭复根, 这表示 P^+ 和 P^- 在一个方向是渐近稳定的, 而在垂直于此方向的平面上是稳定焦点 (图 6.42(c)).

当 $r > r_{\mathrm{h}}$ 时, 三个特征根中仍有一个是负实根, 另两个是实部为正的共轭复根. 这表示此时在 P^+ 和 P^- 两点有一个方向是稳定的, 而在垂直于此稳定方向的平面上是不稳焦点 (图 6.42(f)).

根据以上分析可知, 三模系统的定态及其稳定性可由表 6.1 给出 (表中其他的结论见下面将要进行的分析).

表 6.1　$\sigma = 9.35, a = 0.758, b = 1.45, c = 8.4, r$ 取不同值时三模系统定态的性质及相应的 Couette-Taylor 流实际运动

r 值范围	$0 < acr < \sigma$ $0 \quad r_1$	当 $acr > \sigma$ 时 三个关键点 $r_{\mathrm{e}} \quad r_{\mathrm{g}} \quad r_{\mathrm{h}}$			
定点 O	稳定结点	鞍结点 (一个方向不稳, 另两个方向稳定)			
定点 P^+ 和 P^-	不存在	稳定结点	稳定焦点	稳定焦点	鞍点
系统 (6.4.1) 相空间中的运动情况	趋于稳定定态 O	趋于稳定定态 P^+ 或 P^-	运动最终按螺旋线趋于 P^+ 或 P^-	同左, 但越靠近 r_{h}, 轨线在 P^+ 和 P^- 之间来回跳动得越厉害, 出现暂态混沌, 最终趋于 P^+ 或 P^-	不稳定极限环 (亚临界 Hopf 分岔)
Couette-Talor 流的实际流动	Couette 流 图 6.40(a)	形成规则的 Talor 涡流及 Talor 行进波 图 6.40(b) 和图 6.40(c)		经过波状涡流等达到暂态混沌	不规则湍流 (混沌)

6.4.3　系统分岔及混沌分析与仿真

先看 $r = r_1 = \dfrac{\sigma}{ac} = 1.4685$ 的情形, 当 $r < r_1$ 时只有一个定点 $O(0,0,0)$, 它是稳定的. 当 $r > r_1$ 时, O 变为不稳定, 系统分岔出另两个稳定的定态 P^+ 和 P^-. 故

在 $r = r_1 = \dfrac{\sigma}{ac}$ 时出现音叉分岔 (图 6.43(a)) (具体分析请参考文献 [83]~[85]). 由式 (6.4.6) 和 (6.4.7) 可知, 在 $r = r_1$ 处的特征值和特征矢为

$$\begin{cases} \lambda = -b,\ -\sigma - 1, 0, \\ w = \begin{pmatrix} 0 \\ 0 \\ 1 \end{pmatrix}, \quad v = \begin{pmatrix} \dfrac{\sigma^2}{c} \\ -1 \\ 0 \end{pmatrix}, \quad u = \begin{pmatrix} \dfrac{\sigma}{c} \\ 1 \\ 0 \end{pmatrix}. \end{cases} \tag{6.4.13}$$

由于与特征矢 u 对应的特征值 $\lambda = 0$, 故系统的中心流形与 u 相切.

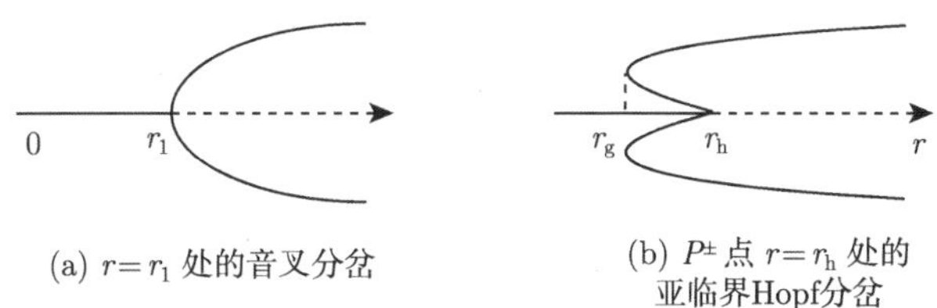

(a) $r = r_1$ 处的音叉分岔　(b) $P^{\pm}$ 点 $r = r_h$ 处的亚临界Hopf分岔

图 6.43　分岔图

再看 $r = r_h$ 时的情况. 这时特征方程可化为

$$(\lambda + \sigma + b + 1)\left[\lambda^2 + b\left(\frac{ac}{\sigma} r_h + \sigma\right)\right] = 0, \tag{6.4.14}$$

显然, 此方程有一负实根:

$$\lambda_r = -\sigma - b - 1 \tag{6.4.15}$$

和两个共轭虚根:

$$\lambda_i = \pm i\sqrt{b\left(\frac{ac}{\sigma} r_h + \sigma\right)}. \tag{6.4.16}$$

可见 $r = r_h$ 是 Hopf 分岔点, 为了确定此 Hopf 分岔的性质 (是亚临界分岔还是超临界分岔, 即分岔出现的极限环是不稳定的还是稳定的), 仅仅根据线性化方程的特征值问题所得到的结果是不够的, 必须根据中心流形定理考虑非线性项, 分析其在中心流形 W_c 上的稳定性. 通过求出 $P^{\pm}$ 处的中心流形, 经具体分析计算得知 (参考文献 [83]~[85]) 在 $r = r_h$ 处出现的分岔是亚临界 Hopf 分岔 (图 6.43(b)), 分岔形成的极限环是不稳定的, 即 $r > r_h$ 时, 围绕 P^+ 和 P^- 可能出现不稳定周期解. 这种不稳极限环在系统内禀的起伏作用下, 将转变为其他形式的运动, 这就是混沌.

根据以上分析及如下进一步分析可知, 当 r 值变化时系统 (6.4.1) 运动轨线的概貌如下:

(1) $r < r_1 = \dfrac{\sigma}{ac}$ 时, 系统只有一个稳定定态 $O(0,0,0)$, 故所有轨线最后都是趋

于此稳定定态 (图 6.42(a)) 的, 因此 $O(0,0,0)$ 是一稳定结点, 所有轨线最终都将趋于点 $O(0,0,0)$.

(2) 当 $r_1 < r < r_{\mathrm{e}} = 1.7532$ 时, $O(0,0,0)$ 变成不稳定鞍结点, 即一个方向不稳, 另两个方向稳定. P^+ 和 P^- 的三个特征根都是负数, 故它们都是稳定结点. 因此所有轨线最终都趋于 P^+ 或 P^-, 如图 6.42(b) 所示.

(3) 当 $1.7532 = r_{\mathrm{e}} < r < r_{\mathrm{g}} = 27.5452$ 时, 在 P^+ 和 P^- 处的雅可比矩阵的特征值 λ 有一个是负实根, 另两个是实部为负数的共轭复数, 这表示在 P^+ 和 P^- 处有一个方向是稳定的, 沿此方向的轨线将趋于这两点, 而垂直于此方向的 (稳定流形) 曲面上的轨线是以螺旋线形式收缩到这两点 (稳定焦点) 上的. 故相空间轨线如图 6.42(c) 所示. 其振荡曲线 $x-t$ 则如图 6.44(a) 和 (b) 所示. 图 6.44(a) 中两曲线的差别仅在于初始条件不同, 上面曲线的初始条件在收点 P^+ 的流域内 (稳定流形 W_s 的右侧); 下面曲线的初始条件则在收点 P^- 的流域内 (稳定流形 W_s 的左侧).

(4) 当 $r_{\mathrm{g}} \leqslant r < r_{\mathrm{h}}$ 时, 虽然三个定点 O、P^+ 和 P^- 的性质与 $1.7532 < r < r_{\mathrm{g}}$ 情形一样, 但是由于 r 的增大, 绕 P^+ 或 P^- 的螺旋线越来越扩张. 在 $r = r_{\mathrm{g}}$ 时由 O 发出的不稳定轨线 (不稳定流形 W_u) 绕过 P^+ 或 P^- 后又回到 O(图 6.42(d)), 此时 O 为同宿点. 当 r 继续增大 ($r > r_{\mathrm{g}}$), 由 O 发出的不稳轨线绕过 P^+ 或 P^- 后将穿过稳定的流形曲面 W_s 而到达其另一侧 (图 6.42(e)). 事实上, $r < r_{\mathrm{g}}$ 时通过 O 的稳定流形曲面 W_s 是相空间流域的分界面: 右侧是以 P^+ 为收点的流域, 左侧是以 P^- 为收点的流域. 但进一步分析计算表明, 当 r 由小于 r_{g} 变为大于 r_{g} 时, W_s 的拓扑结构发生了质的变化, 变为双螺旋面 (图 6.46(a)). 这时 ($r > r_{\mathrm{g}}$) 用 W_s 作为流域的分界面便失去意义, 于是其两侧的轨线便可互相渗透. 像这种在 r_{g} 处不引起局部 (如诸定点) 性质发生变化, 却引起相空间全局性质 (global property) 发生变化的分岔称为全局分岔 (global bifurcation). 因此当 $r > r_{\mathrm{g}}$ 时, 轨线很容易在 P^+ 和 P^- 之间来回跳动, 最后才可能落在 P^+ 或 P^- 上. 其 $x-t$ 曲线如图 6.44 所示. 当 r 比 r_{g} 大得不太多时, 轨线很快就只绕 P^+ 或 P^- 中一点旋转而衰减到此点, 如图 6.44(a) 所示. 图中两曲线是由两个不同初始条件得到的, 它们最后分别落在稳定定态 P^+ 或 P^- 上. 当 r 比 r_{g} 大许多时, 轨线在 P^+ 和 P^- 之间的来回跳动越来越频繁, 从而使得作为暂态过程的振荡延续时间越来越长, 也越来越不规则 (带有随机性). 当 r 很靠近 r_{h}(如 $26.3629 < r < 29.1706$) 时, 系统便以不规则振荡开始, 延续较长时间才趋于 P^+ 或 P^- 上, 如图 6.44(b) 所示. 其相空间轨线 (吸引子) 如图 6.45(a) 所示, 图中右侧中部黑色区域就是轨线绕 P^+ 旋转逐渐衰减最终落在 P^+ 上形成的 (与图 6.45(b) 比较). 人们把这种能延续较长时间的不规则振荡称为暂态混沌 (transientchaos). r 越趋近 29.1706, 暂态混沌延续的时间越长. 当然, 暂态持续时间也与初始状态偏离 P^+ 或 P^- 的距离有关.

(5) 当 $29.1706 < r < r_{\mathrm{h}}$ 时, 此时系统进入亚临界 Hopf 分岔区. 由于生成的极限环不稳定, 在系统内禀起伏作用或外界噪声微扰的作用下, 系统的轨道很易由这种不稳定周期变得带有随机性而十分复杂 (图 6.44(c)), 这就是混沌.

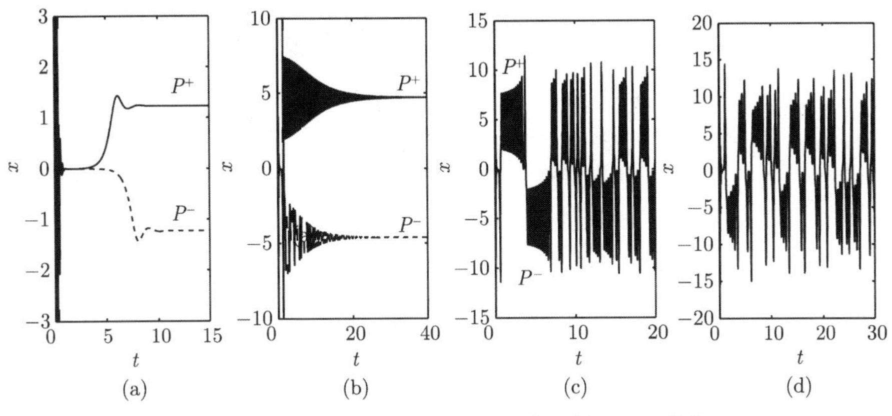

图 6.44 系统 (6.4.1) 在不同 r 值下的 $x-t$ 曲线

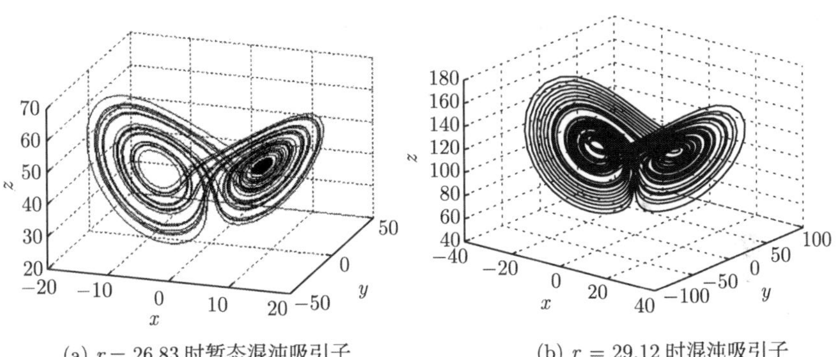

图 6.45 系统 (6.4.1) 不同 r 值下的暂态混沌吸引子

(6) 当 $r > r_{\mathrm{h}}$ 时, 此时三个定态都不稳定, 都不能成为收点, 流域之间的界线 (面) 早已不存在, 而系统又一定要限于相空间的某有限区域内 (系统的全局稳定性将在下面 6.4.5 节给出). 于是系统只能一会儿绕 P^+(或 P^-) 运动, 一会儿又转到绕 P^-(或 P^+) 运动. 在一般情形下, 这样就形成了复杂的非周期的运动, 也就是混沌. 在少数 (方程 (6.4.1) 中参数取某些特殊值) 情形下, 运动轨道正好是封闭的, 这时运动便是周期的 (图 6.42(f)), 即混沌运动区中可形成狭窄的周期窗口, 图 6.46 为系统 (6.4.1) 的一些周期状态的投影图, 从图中可以看出系统在相同周期下的吸引子具有不同的形态. 图 6.44(d) 是 $r = 31.6102$ 时系统的 $x-t$ 振荡曲线, 图 6.45(b) 就是其对应的相空间中的轨线, 此曲线清楚地显示, 振荡大致是交替地围绕纵轴 x 的上下两点进行的, 这两点就是 P^+ 和 P^-. 这种具有随机性的非周期混沌运动对应于 Couette-Taylor 流系统中规则的 Taylor 涡流等图案 (图 6.40) 的消失, 代之的是湍流. 旋转的圆筒 ($r>0$) 给流体提供能量, 不断增大的能量导致流体失稳, 从而产生 Taylor 涡流和混沌.

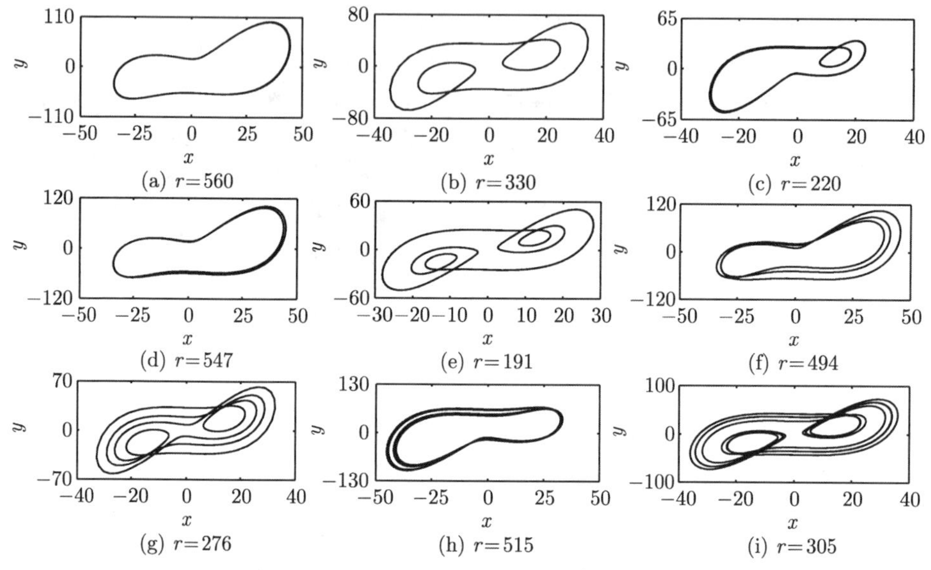

图 6.46 系统 (6.4.1) 的周期状态 (取状态变量 x, y)

图 6.47(a) 给出了系统 (6.4.1) 在 $r=32.16$ 时稳定流形曲面 $W_s(z>0)$ 的双螺旋面, 而当 $z<0$ 时 W_s 仍为稳定流形曲面. 图 6.47(b)~(d) 分别给出了系统 (6.4.1) 在 $r=45.38$ 时 Poincaré截面、功率谱、返回映射, 这些均揭示了系统的混沌特征.

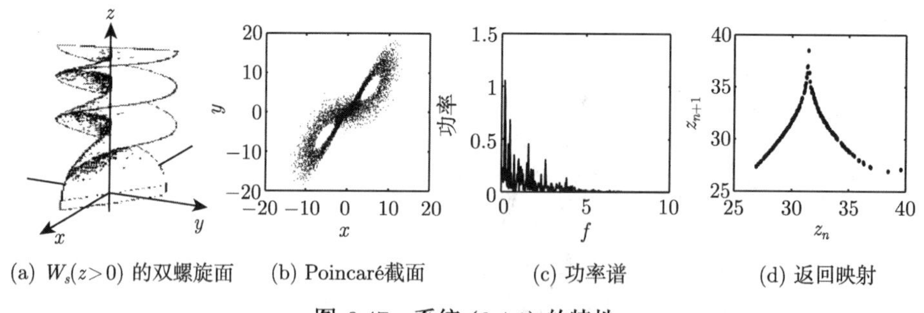

图 6.47 系统 (6.4.1) 的特性

6.4.4 分岔与混沌的数值仿真

从上面的分析可知, 随着雷诺数 r 的增大, 类 Lorenz 方程组 (6.4.1) 的动力学行为发生了一系列变化, 如出现了 Hopf 分岔和混沌等非线性现象. 下面就来详细叙述数值模拟系统 (6.4.1) 从分岔到混沌的全过程. 采用四阶龙格-库塔 (Runge-Kutta) 算法, 对系统方程 (6.4.1) 求数值解, 进而画出仿真图以揭示系统的混沌行为. 图 6.48 给出了状态变量 x 随 r 变化的全程分岔图, 它展示了系统分岔和混沌演变的全过程, 系统通过阵发途径发生混沌, 最终由倒周期倍分岔回归到周期状态. 在混沌带中镶嵌有较宽的周期轨道, 说明此系统的这些周期运动比较稳定, 而且出现了明显的倒分岔现象. 图 6.49 给出了系统随参数 r 变化的最大 Lyapunov 指数谱. 从图中可以看出最大 Lyapunov 指数大于零的区域与分岔图 6.48 显示的混沌区域是一致的, 这两幅图较好地展示了系统从阵发到混沌再到周期解的转化历程, 下面我们作进一步细致的观察与分析.

随着系统参数 r 从 0 开始增加, 在 $r = R_1 = 31.61$ 处系统 (6.4.1) 由暂态混沌直接进入混沌状态, 这种到达混沌的方式应该属于阵发性混沌. 当 $R_1 = 31.61 < r < R_2 = 478.34$ 时, 系统 (6.4.1) 处于混沌状态, 其中包含了五个明显的周期窗口; 当 $r \geqslant R_2$ 时, 系统经倒周期倍分岔最终归于周期状态.

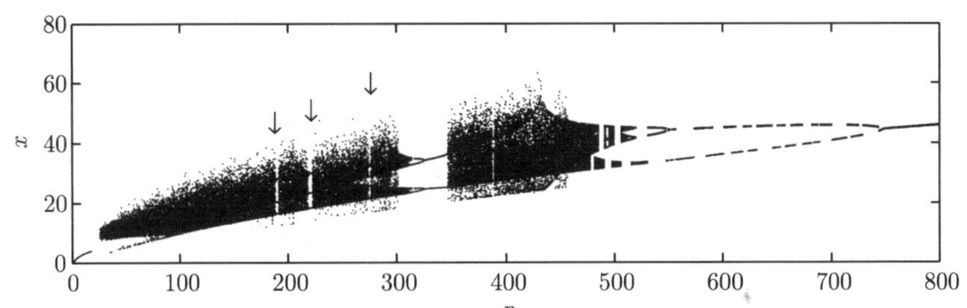

图 6.48　系统 (6.4.1) 雷诺数在 $0 \leqslant r \leqslant 800$ 范围内状态变量 x 的分岔图

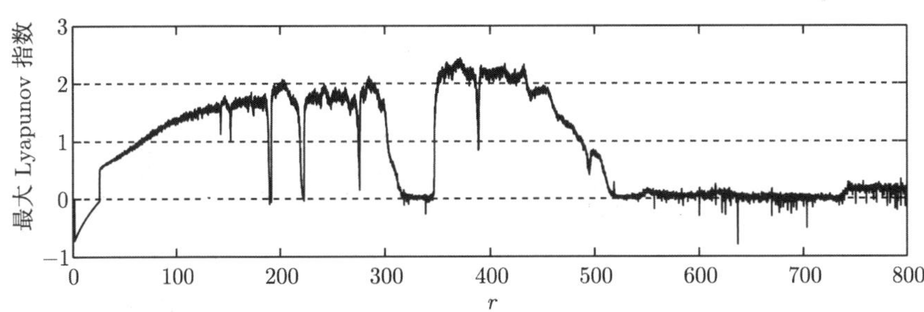

图 6.49　系统 (6.4.1) 雷诺数在 $0 \leqslant r \leqslant 800$ 范围内最大 Lyapunov 指数谱图

通过进一步的局部放大, 可以观察到系统在很小的参数范围内更细微的分岔结构, 把分岔图 6.48 中箭头所指的区域局部放大, 得到分岔图 6.50 和图 6.51, 从中观察到系统在混沌态、拟周期和周期状态的演化中都经历了倒周期倍分岔过程. 图 6.50(a) 和 (b) 是经倒周期倍分岔到达三周期状态, 又经阵发进入混沌; 而图 6.50(c) 是经倒周期倍分岔到达四周期状态, 又经阵发到达混沌; 而图 6.51 是经倒周期倍分岔到达二周期状态, 经阵发到达混沌. 同时我们发现图 6.51 中仍然包含更小的周期窗口, 与整体图十分相似, 而且这些分岔图中都具有这样的自相似结构. 这也验证了混沌无序中蕴含着十分复杂的有序, 从混沌的相空间任意取出一部分放大, 仍像整体那样极不规则、具有无穷精细结构和某种自相似.

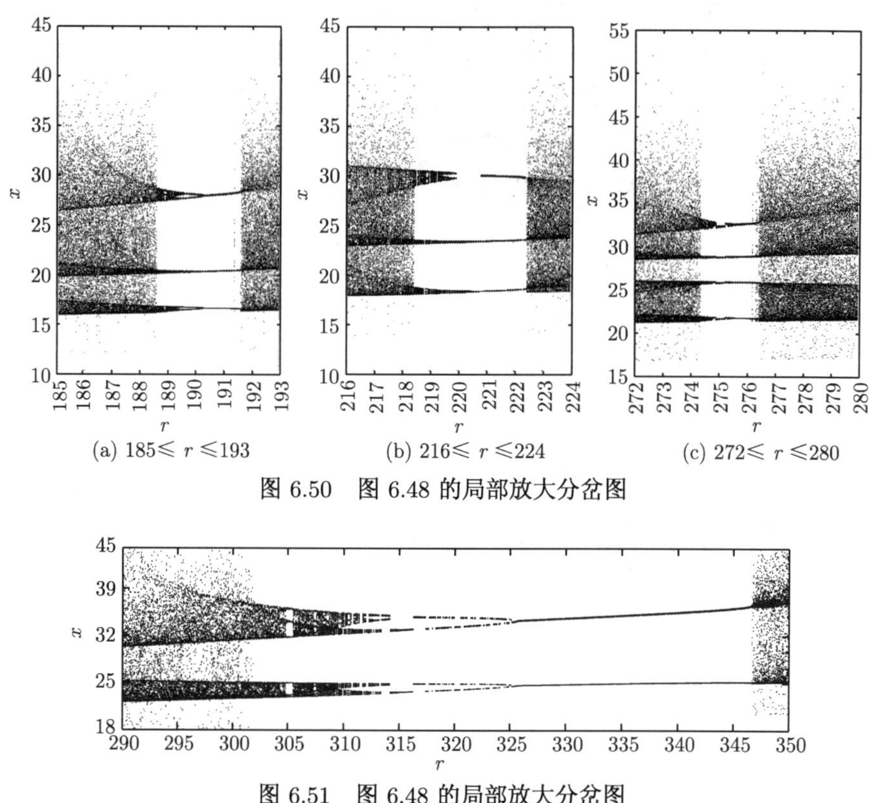

(a) $185 \leqslant r \leqslant 193$　　(b) $216 \leqslant r \leqslant 224$　　(c) $272 \leqslant r \leqslant 280$

图 6.50　图 6.48 的局部放大分岔图

图 6.51　图 6.48 的局部放大分岔图

系统 (6.4.1) 在相同周期下的吸引子具有不同的形态, 图 6.52 给出了不同雷诺数下类 Lorenz 系统 (6.4.1) 的几种吸引子.

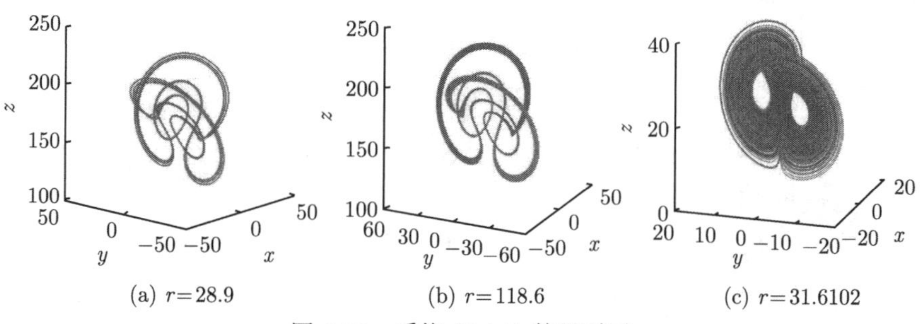

(a) $r=28.9$　　(b) $r=118.6$　　(c) $r=31.6102$

图 6.52　系统 (6.4.1) 的吸引子

6.4.5 全局稳定性和吸引子的捕捉区

一般而言, 非线性系统所遵循的复杂规律是无法通过简单的推导和初等计算得到的. 系统在经过一段时间后将会出现哪种“永久的状态”, 这样的实际问题所对应的数学问题就是研究动力系统的长期行为. 耗散动力系统的混沌行为是由于存在着一个复杂的吸引子, 而这个吸引子就是系统的所有轨道当时间趋于无穷时收敛到的集合, 它的复杂结构就是我们观察到的混沌现象的原因. 因此, 研究吸引子的存在性和数值模拟就成为一个重要的问题. 下面就来证明系统 (6.4.1) 的吸引子的存在性, 为讨论方便作如下变换: $x \mapsto x, y \mapsto y, z \mapsto z + ar + c$, 则系统 (6.4.1) 化为

$$\begin{cases} \dot{x} = -\sigma x + cy, & (1) \\ \dot{y} = -xz - cx - y, & (2) \\ \dot{z} = xy - bz - b(ar+c). & (3) \end{cases} \tag{6.4.17}$$

取 $H = R^3, u(t) = (x, y, z)$, 对类 Lorenz 方程组 (6.4.17) 作如下运算 $(1) \times x + (2) \times y + (3) \times z$, 得

$$\dot{x}x + \sigma x^2 + \dot{y}y + y^2 + \dot{z}z + bz^2 = -b(ar+c)z,$$

因此有

$$\frac{1}{2}\frac{\mathrm{d}}{\mathrm{d}t}(x^2 + y^2 + z^2) + (\sigma x^2 + y^2 + bz^2) = -b(ar+c)z.$$

令 $| u(t) |^2 = x^2 + y^2 + z^2$, 利用 Young 不等式[63] 得

$$\begin{aligned} &\frac{1}{2}\frac{\mathrm{d}}{\mathrm{d}t}(x^2 + y^2 + z^2) + (\sigma x^2 + y^2 + bz^2) = -b(ar+c)z \\ \leqslant\ & \frac{b^2}{4(b-1)}(ar+c)^2 + (b-1)z^2, \end{aligned}$$

所以 $\frac{1}{2}\frac{\mathrm{d}}{\mathrm{d}t} | u |^2 + (\sigma x^2 + y^2 + bz^2) \leqslant \frac{b^2}{4(b-1)}(ar+c)^2$. 令 $l = \min(1, \sigma)$, 则有

$$\frac{\mathrm{d}}{\mathrm{d}t} | u |^2 + 2l | u(t) |^2 \leqslant \frac{b^2}{2(b-1)}(ar+c)^2.$$

所以由 Gronwall 不等式[63] 得

$$| u |^2 \leqslant | u(0) |^2 \mathrm{e}^{-2lt} + \frac{b^2}{4l(b-1)}(ar+c)^2(1 - \mathrm{e}^{-2lt}),$$

因此有

$$\lim_{t \to \infty} \sup | u(t) |^2 \leqslant \frac{b^2}{4l(b-1)}(ar+c)^2,$$

故有

$$\lim_{t\to\infty}\sup \mid u(t) \mid \leqslant \frac{b}{2\sqrt{(b-1)}}(ar+c)=\rho_0.$$

记 $\sum = B(0,\rho)$, 其中 $\rho \geqslant \rho_0$ 充分大, 则 $\sum$ 是泛函不变集和吸引集[63], 因此系统 (6.4.17)(即 (6.4.1)) 存在全局吸引子[63].

当非线性系统具有全局稳定性时, 其轨线所收敛的单连通闭区域称为系统的捕捉区. 只要能证明捕捉区的存在, 不论其中的定常解是否稳定, 系统均具有全局稳定性. 而研究系统的全局稳定性主要借助于 Lyapunov 第二方法[86-90]. 其基本思想是构造一个函数, 然后利用它的性质和这个函数沿系统 (6.4.17) 轨线方向全导数的性质以确定 (6.4.17) 式平衡点的稳定性, 从而确定系统的捕捉区. 对类 Lorenz 系统 (6.4.17) 取 Lyapunov 函数为

$$V(x,y,z)=x^2+y^2+z^2>0.$$

令 $V(x,y,z)=k$, 显然当 k 是一正常数时, 上式表示 H 上的一球面, 记为 E. 求 V 的导数:

$$\begin{aligned}\frac{\mathrm{d}V}{\mathrm{d}t}&=2x\dot{x}+2y\dot{y}+2z\dot{z}=-2(\sigma x^2+y^2+b(z^2+(ar+c)z))\\&=-2\left[\sigma x^2+y^2+b\left(z+\frac{ar+c}{2}\right)^2-\frac{(ar+c)^2}{4}\right].\end{aligned}\tag{6.4.18}$$

显然 $\sigma x^2+y^2+b\left(z+\dfrac{ar+c}{2}\right)^2=\dfrac{(ar+c)^2}{4}$ 表示 H 中一椭球面, 记此椭球面为 C, 由 (6.4.18) 得: 在 C 域以外, $\dfrac{\mathrm{d}V}{\mathrm{d}t}<0$; 在 C 上, $\dfrac{\mathrm{d}V}{\mathrm{d}t}=0$; 在 C 域内, $\dfrac{\mathrm{d}V}{\mathrm{d}t}>0$. 于是, 若把 k 取得充分大, E 即可包围 C. 这样, 从式 (6.4.18) 可知, 在 C 外面, $\dfrac{\mathrm{d}V}{\mathrm{d}t}<0$, $V\dfrac{\mathrm{d}V}{\mathrm{d}t}<0$. 由 Lyapunov 定理[85] 的分析得知, E 外 (6.4.17)(即 (6.4.1)) 的解轨线都将进入 E 内. 可见, E 就是类 Lorenz 系统 (6.4.17)(即 (6.4.1)) 的捕捉区. 虽然这时类 Lorenz 系统 (6.4.1) 的平衡点 O 和 $P^{\pm}$ 都不稳定, 但系统仍具有全局稳定性, 系统最终要收缩到捕捉区内, 而区内又无收点, 因此系统只能在区内不停地振荡. 于是轨线最终要在捕捉区内形成一个不变集合, 这就是所谓的奇怪吸引子. 当系统做混沌运动时, 其相空间轨线往往受折叠作用, 这就使吸引子具有十分复杂而独特的性质和结构. 人们称混沌运动这种具有独特性质和结构的吸引子为奇怪吸引子, 它是整体稳定性和局部不稳定性这一对矛盾的统一体.

下面给出系统 (6.4.1) 的相图随着参数 r 增加的演变过程. 首先系统的定态 O 由稳定变得不稳定, 定态 $P^{\pm}$ 随之出现, 而且由稳定变得不稳定 (图 6.53 是其中的

一个定态 (如 P^+) 附近的解轨线图), 暂态混沌发生 (图 6.54 和图 6.55); 进而过渡到混沌 (图 6.56); 在混沌区由倒周期倍分岔出现了五个周期窗口区 ($187 < r < 395.5$, 见吸引子图 6.57 和图 6.58, 前面的局部分岔图 6.50 给出了其中的 3 个周期窗口); 在这些周期窗口区内, 周期状态又由阵发性直接过渡到混沌 (图 6.59); 混沌又经倒周期倍分岔最终过渡到拟周期状态 (不变环面)(图 6.60 和图 6.61).

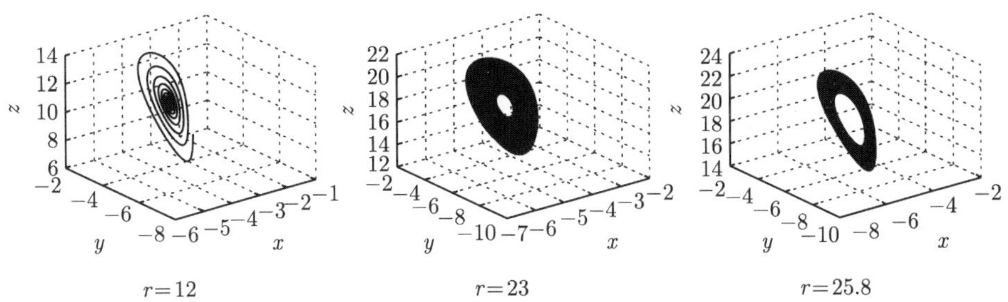

$r=12$　　$r=23$　　$r=25.8$

图 6.53　定态 P^+ 由稳定变得不稳定

$r=26.4$　　$r=26.9$　　$r=27.1$

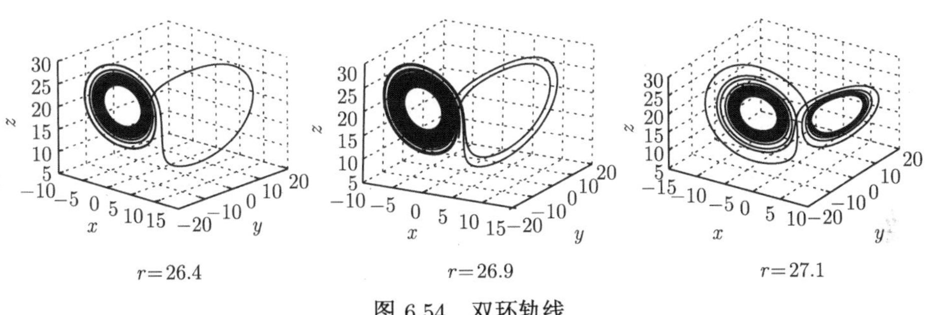

图 6.54　双环轨线

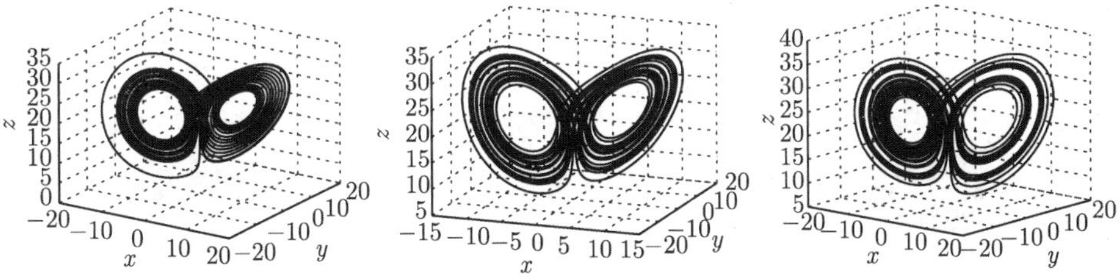

$r = 27.4$　　$r = 29.3$　　$r = 30.8$

图 6.55　暂态混沌

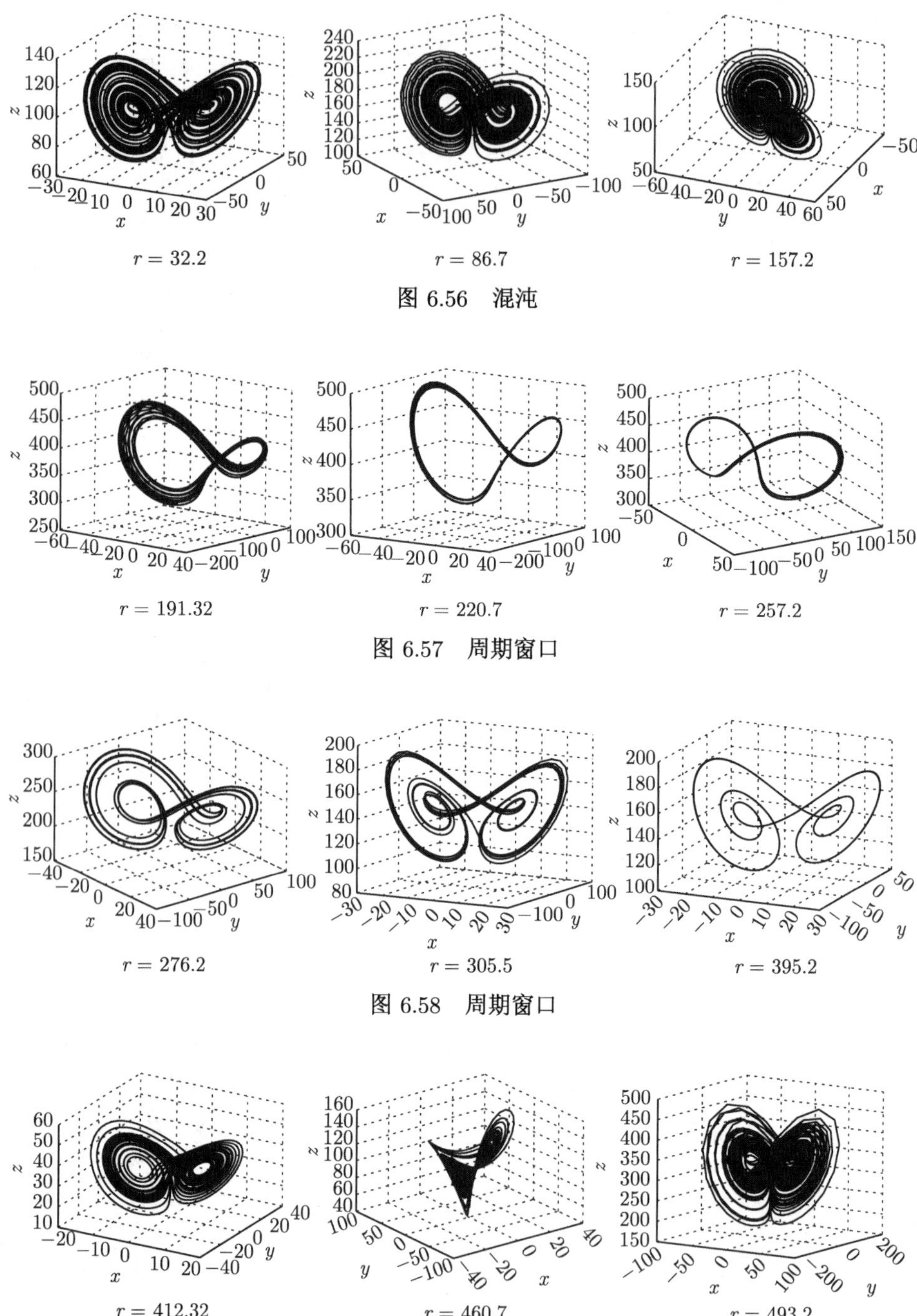

$r = 32.2$　　$r = 86.7$　　$r = 157.2$

图 6.56　混沌

$r = 191.32$　　$r = 220.7$　　$r = 257.2$

图 6.57　周期窗口

$r = 276.2$　　$r = 305.5$　　$r = 395.2$

图 6.58　周期窗口

$r = 412.32$　　$r = 460.7$　　$r = 493.2$

图 6.59　阵发性过渡到混沌

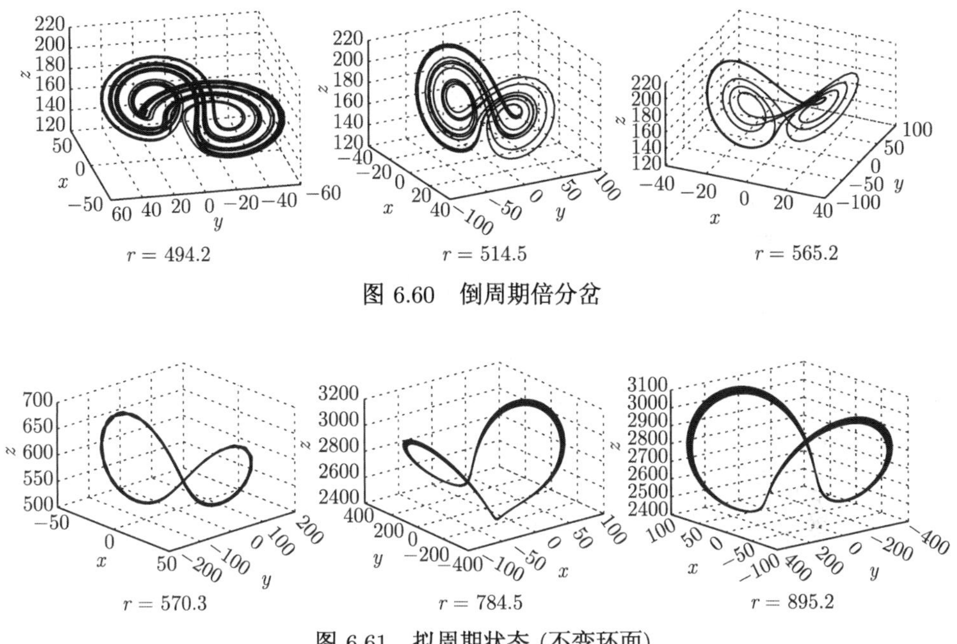

图 6.60 倒周期倍分岔

图 6.61 拟周期状态 (不变环面)

6.4.6 总结

本节研究了同轴圆筒间旋转流动的 Couette-Taylor 流三模态类 Lorenz 型方程组的部分动力学行为及仿真问题, 探讨了定态的失稳、不稳极限环的出现、分岔与混沌的演化和全局稳定性分析等, 通过线性稳定性分析和数值模拟等方法给出了此三维模型分岔与混沌等动力学行为及其演变过程, 并借此解释了 Couette-Taylor 流实验中观察到的部分涡流的演化过程. 基于系统的分岔图、Lyapunov 指数谱、功率谱、Poincaré截面和返回映射等指标揭示了系统混沌行为的普适特征. 仿真结果表明此系统随参数增加, 由不稳定的周期轨道经暂态混沌直接进入混沌状态, 这种到达混沌的方式应该属于阵发性混沌. 混沌区中包含了五个明显的周期窗口, 经局部放大后的仿真研究知, 都是经倒周期倍分岔进入周期状态, 进而由阵发性再到达混沌, 系统最终也是经倒周期倍分岔归于环面状态. Couette-Taylor 流的湍流行为是由参数 r 的增大, 系统稳定的不动点和周期轨道持续丧失稳定性而逐渐产生的, 本节的数值结果从一个侧面反映了 Couette-Taylor 流湍流行为的某些特征, 此三模系统通向混沌的道路与著名的 Lorenz 方程基本类似, 但在高雷诺数下系统的状态与 Lorenz 方程截然不同, Lorenz 方程在高雷诺数下是稳定的周期状态, 而此三模系统最终状态是稳定的环面.

6.5 旋转流动低模系统的混沌控制与同步及其数值仿真

6.5.1 关于混沌控制与同步

混沌运动的基本特征之一是运动轨道的不稳定性, 表现为对初始条件的敏感依赖性, 又称为“蝴蝶效应”. 20 世纪 90 年代之前, 人们虽然认识到了混沌存在的客观性, 但是由于它的不稳定性和长时间发展趋势的不可预报性, 人们又认为它是一种“有害”现象, 因此在实际应用中, 人们总是想尽办法来回避这类“有害”的现象. 如何利用混沌的研究成果来服务于人类已成为新的重要课题之一. 利用混沌的前提是驾驭它, 也就是控制混沌. 由于混沌系统自身的特点, 混沌控制也有其鲜明的特点: ①混沌控制的目标可以是不稳定的平衡点, 也可以是不稳定的周期轨道 (极限环). ②混沌系统的整个运行轨道镶嵌着无穷多个不稳定轨道, 系统对微小的初值扰动极为敏感. ③在混沌控制中, 跟踪的目标通常是给定系统的不稳定周期轨道. ④混沌控制和常规控制的性能度量指标是不同的. 混沌控制通常使用的标准是 Lyapunov 指数、Kolmogorov-Sinai 熵、功率谱、遍历性和分岔变化, 而常规的控制通常强调系统的稳定性或控制性能的鲁棒性、控制能量或时间的最优化、抗干扰的能力等. ⑤混沌控制中包含一种特殊的控制 —— 混沌化 (或称混沌反控制), 即产生混沌或者强化已有混沌以改善性能.

目前, 人们对混沌控制的广义认识是有效地影响混沌系统, 使之朝着人们实际需要的状态发展. 混沌控制一般包括以下三个方向. ①抑制混沌. 按控制的目的, 可将混沌控制分为两类. 第一类: 在许多实际问题中, 混沌是一种有害的运动, 因此, 根据实际需要, 将混沌吸引子中的某条不稳定周期轨道进行稳定化控制, 只对系统作小的扰动就能够得到某个预期的周期行为, 这类控制不改变系统原有的周期轨道. 第二类: 通过控制或驱动, 只求得到所需的周期轨道, 或将混沌抑制掉, 这类控制将改变系统的动力学行为. ②混沌系统同步化. 混沌系统同步化的目标是镇定所需的混沌态, 使两个或多个混沌系统达到同步. 目前, 驱动-响应同步法、耦合同步法、反馈控制法、状态观测器法、自适应同步法以及很多基于现代控制理论的新方法不断被提出. ③混沌反控制. 混沌反控制的目标是强化混沌系统的混沌状态或使非混沌系统产生需要的混沌态, 是混沌到混沌或有序到混沌的过程. 它是混沌系统稳定化问题的反问题, 实质是将原来负的 Lyapunov 指数变为正数或者把原来正的 Lyapunov 指数变为期望的正数. 混沌控制的方法如下几种: ①OGY 方法. OGY 方法是一种比较有效地控制混沌运动的方法. 对混沌系统的参数施加小的扰动, 把期望的那个不稳定周期轨道稳定住, 使系统处于不动点, 或者使其做有规律的周期运动, 即达到控制混沌的目的. ②线性和非线性反馈方法. 关于混沌系统反馈控制的文献有很多[101-103], 基于 Lyapunov 理论, 线性或非线性反馈控制都可以将系统稳定到不动点或周期轨道. 这种方法的不足是必须精确知道系统的模型和参数. ③自适应控制法. 自适应控制混沌运动是根据自适应控制原理发展而来的, 由赫伯曼 (B.A.Huberman) 等提出. 它是通过参量的调整来控制系统, 使其达到所需要的运动状态.

同步现象是自然界中常见的现象, 早在 17 世纪 C.Huygens 就实现了两个钟摆的完全同步振荡. 由于混沌系统对初值极其敏感, 人们一度认为混沌同步几乎是不可能的, 这一想法直到 1990 年发生了改变. Pecora 和 Carroll 在混沌同步方面的开创性工作, 极大地推动了混沌同步的理论研究, 拉开了混沌同步研究的序幕. 随着研究的深入, 各种混沌同步的方法不断涌现. 由于混沌同步在工程技术上的重要价值和较广阔的应用前景, 它一直是非线性科学领域的研究热点课题之一. 同步是自然界中的一种基本现象, 它通常指至少在两个振动系统相位间的协调一致现象. 所谓混沌同步, 就是对混沌系统施加控制, 使该系统的轨道与另一混沌系统 (或另一演化规律相同但初值不同的同类混沌系统) 的轨道逐渐地趋向一致, 并且这种同步是结构稳定的. 我们发现, 驱动-响应系统之间的同步可以从反馈控制的观点来理解, 已有的自适应控制方法仅仅能够指引一个混沌轨道趋于稳定的平衡点, 而不能够趋于不稳定的周期轨道. 也就是说, 这些方法一般说来不适于直接用于混沌同步. 然而, 将反馈方法和自适应控制技巧相结合, 则可以弥补自适应控制方法的不足, 使之能够实现不稳定周期轨道以及混沌轨道之间的同步. 因此, 混沌同步是混沌研究领域中的一个重要方向. 本节探讨旋转流动低模系统 (6.3.5) 的混沌控制与同步及其数值仿真问题. 采用的同步方法是 Pecora 和 Carroll 提出的驱动-响应同步法 (PC 同步法), 它的基本思想是: 用一个混沌系统的输出作为信号去驱动另一个混沌系统, 来实现这两个混沌系统的同步. 首先给出相关的定义:

定义 6.5.1　两个 n 维非线性动力系统:

$$\dot{X} = F(t, X), \tag{6.5.1a}$$

$$\dot{Y} = F(t, Y) + \mu(X, Y), \tag{6.5.1b}$$

其中, $X, Y \in R^n$; F 是一个 n 维的非线性函数; μ 是一个 n 维的控制输入函数. 我们称系统 (6.5.1a) 是驱动系统, 系统 (6.5.1b) 是响应系统. 如果

$$\lim_{t\to\infty} \| Y(t) - X(t) \| = 0,$$

那么我们称系统 (6.5.1a) 和系统 (6.5.1b) 是同步的.

定义 6.5.2　如果存在常数 $\alpha > 0$, 对任意的 $t > t_0$, 系统的 Lyapunov 函数都有 $V(t) \leqslant V(t_0)\mathrm{e}^{-\alpha(t-t_0)}$, 那么我们称系统的原点是指数稳定的.

6.5.2 旋转流动低模系统的混沌控制

在讨论混沌控制的过程中, 为了方便起见, 先做平移, 设

$$\begin{cases} w_1 = x - \overline{x}, \\ w_2 = y - \overline{y}, \\ w_3 = z - \overline{z}. \end{cases}$$

其中, $S = (\overline{x}, \overline{y}, \overline{z})$ 为系统 (6.3.5) 的平衡点, 则系统 (6.3.5) 转变为

$$\begin{cases} \dot{w}_1 = -\sigma(w_1 - w_2) + \dfrac{c}{r}w_2w_3 + \dfrac{c}{r}\overline{z}w_2 + \dfrac{c}{r}\overline{y}w_3, \\ \dot{w}_2 = -w_1w_3 + arw_1 - w_2 - \overline{z}w_1 - \overline{x}w_3, \\ \dot{w}_3 = w_1w_2 - bw_3 + \overline{y}w_1 + \overline{x}w_2. \end{cases} \tag{6.5.2}$$

设计控制律为 $U = (u_1, u_2, u_3)^{\mathrm{T}}$, 把它加到受控系统 (6.5.2) 上得

$$\begin{cases} \dot{w}_1 = -\sigma(w_1 - w_2) + \dfrac{c}{r}w_2w_3 + \dfrac{c}{r}\overline{z}w_2 + \dfrac{c}{r}\overline{y}w_3 + u_1, \\ \dot{w}_2 = -w_1w_3 + arw_1 - w_2 - \overline{z}w_1 - \overline{x}w_3 + u_2, \\ \dot{w}_3 = w_1w_2 - bw_3 + \overline{y}w_1 + \overline{x}w_2 + u_3. \end{cases} \tag{6.5.3}$$

1. 线性反馈控制

定理 6.5.1 当控制律为

$$\begin{cases} u_1 = -\sigma w_2 - \dfrac{c}{r}\overline{y}w_3, \\ u_2 = -kw_2 - arw_1, \\ u_3 = -\overline{y}w_1, \end{cases}$$

其中, $k > 0$ 为反馈增益. 当 $k > \max\{k_1, k_2\}$(k_1, k_2 将在证明中给出) 时, 系统 (6.5.2) 在零点是稳定的, 从而系统 (6.5.1) 在任一平衡点 $S = (\overline{x}, \overline{y}, \overline{z})$ 是稳定的.

证明 取正定的径向无界的 Lyapunov 函数

$$V = \frac{1}{2}\left[w_1^2 + \left(1 + \frac{c}{r}\right)w_2^2 + w_3^2\right].$$

计算 V 沿 (6.5.3) 式的正半轨线对时间的导数, 可得

$$\begin{aligned} \dot{V} &= w_1\dot{w}_1 + \left(1 + \frac{c}{r}\right)w_2\dot{w}_2 + w_3\dot{w}_3 \\ &= -\sigma w_1^2 - \overline{z}w_1w_2 - \frac{c}{r}\overline{x}w_2w_3 - \left(1 + \frac{c}{r}\right)(1 + k)w_2^2 - bw_3^2 \end{aligned}$$

$$= -(w_1, w_2, w_3)\begin{pmatrix} \sigma & \dfrac{\overline{z}}{2} & 0 \\ \dfrac{\overline{z}}{2} & \left(1+\dfrac{c}{r}\right)(1+k) & \dfrac{c}{2r}\overline{x} \\ 0 & \dfrac{c}{2r}\overline{x} & b \end{pmatrix}\begin{pmatrix} w_1 \\ w_2 \\ w_3 \end{pmatrix} = W^{\mathrm{T}}PW,$$

其中,

$$W = (w_1, w_2, w_3)^{\mathrm{T}}, \quad P = \begin{pmatrix} \sigma & \dfrac{\overline{z}}{2} & 0 \\ \dfrac{\overline{z}}{2} & \left(1+\dfrac{c}{r}\right)(1+k) & \dfrac{c}{2r}\overline{x} \\ 0 & \dfrac{c}{2r}\overline{x} & b \end{pmatrix}.$$

很显然, 为了保证系统 (6.5.2) 在零点是渐近稳定的, 那么矩阵 P 应该是正定的, 当且仅当下列不等式成立: ①$\sigma>0$, ②$\sigma\left(1+\dfrac{c}{r}\right)(1+k)-\dfrac{\overline{z}^2}{4}>0$, ③ $b\left[\sigma\left(1+\dfrac{c}{r}\right)(1+k)-\dfrac{\overline{z}^2}{4}\right]-\sigma\left(\dfrac{c}{2r}\overline{x}\right)^2>0$. 由②得 $k>\dfrac{\overline{z}^2}{\sigma\left(1+\dfrac{c}{r}\right)}-1=k_1$, 由③得 $k>\dfrac{\sigma c^2\overline{x}^2+br^2\overline{z}^2}{4b\sigma r^2\left(1+\dfrac{c}{r}\right)}-1=k_2$. 因此, 当 $k>\max\{k_1,k_2\}$ 时, 矩阵 P 是正定的, $\dot{V}$ 是负定的, 则系统 (6.5.2) 在零点是渐近稳定的, 从而系统 (6.5.1) 在任一平衡点 $S=(\overline{x},\overline{y},\overline{z})$ 是稳定的.

2. 非线性反馈控制

定理 6.5.2　当取控制律

$$\begin{cases} u_1 = -\dfrac{c}{r}w_2w_3 - \sigma w_2 - \dfrac{c}{r}\overline{y}w_3, \\ u_2 = w_1w_3 - kw_2 - arw_1 + \overline{z}w_1, \\ u_3 = -w_1w_3 - \overline{y}w_1. \end{cases}$$

其中, $k>0$ 为反馈增益. 当 $k>\dfrac{c^2\overline{z}^2}{4\sigma r^2}-1$ 时, 系统 (6.5.2) 在零点是稳定的, 从而系统 (6.5.1) 在任一平衡点 $S=(\overline{x},\overline{y},\overline{z})$ 是稳定的.

证明　取正定的径向无界的 Lyapunov 函数

$$V = \frac{1}{2}(w_1^2 + w_2^2 + w_3^2).$$

计算 V 沿 (6.5.3) 式的正半轨线对时间的导数, 可得

$$\dot{V} = w_1\dot{w}_1 + w_2\dot{w}_2 + w_3\dot{w}_3 = -\sigma w_1^2 - \frac{c}{r}\overline{z}w_1w_2 - (1+k)w_2^2 - bw_3^2$$

$$
= -(w_1, w_2, w_3)\begin{pmatrix} \sigma & -\dfrac{c\overline{z}}{2r} & 0 \\ -\dfrac{c\overline{z}}{2r} & (1+k) & 0 \\ 0 & 0 & b \end{pmatrix}\begin{pmatrix} w_1 \\ w_2 \\ w_3 \end{pmatrix} = W^{\mathrm{T}}QW.
$$

这里, $Q = \begin{pmatrix} \sigma & -\dfrac{c\overline{z}}{2r} & 0 \\ -\dfrac{c\overline{z}}{2r} & (1+k) & 0 \\ 0 & 0 & b \end{pmatrix}$.

很显然, 为了保证系统 (6.5.2) 在零点是渐近稳定的, 那么矩阵 Q 应该是正定的, 当且仅当下列不等式成立: ① $\sigma > 0$, ② $\sigma(1+k)-\left(\dfrac{c\overline{z}}{2r}\right)^2 > 0$, ③ $b\left[\sigma(1+k)-\left(\dfrac{c\overline{z}}{2r}\right)^2\right] > 0$. 解得 $k > \dfrac{c^2\overline{z}^2}{4\sigma r^2} - 1$. 因此, 当 $k > \dfrac{c^2\overline{z}^2}{4\sigma r^2} - 1$ 且 $k > 0$ 时, 矩阵 Q 是正定的, $\dot{V}$ 是负定的, 则系统 (6.5.2) 在零点是渐近稳定的, 从而系统 (6.5.1) 在任一平衡点 $S = (\overline{x}, \overline{y}, \overline{z})$ 是稳定的.

3. 自适应控制

定理 6.5.3 当取控制律:

$$
\begin{cases} u_1 = -kw_1, \\ u_2 = 0, \\ u_3 = \dfrac{c}{r}\overline{x}w_2, \end{cases}
$$

其中, k 为可调反馈增益. 当 $\dot{k} = \theta w_1^2, \theta > 0$ (为自适应增益) 时, 系统 (6.5.2) 在零点是渐近稳定的, 从而系统 (6.5.1) 在任一平衡点是稳定的.

证明 我们构造一个正定的径向无界的 Lyapunov 函数

$$
V = \frac{1}{2}\left[w_1^2 + \left(1+\frac{c}{r}\right)w_2^2 + w_3^2 + \frac{1}{\theta}(k-k^*)^2\right].
$$

计算 V 沿 (6.5.3) 式的正半轨线对时间的导数, 可得

$$
\begin{aligned}
\dot{V} &= w_1\dot{w}_1 + \left(1+\frac{c}{r}\right)w_2\dot{w}_2 + w_3\dot{w}_3 + \frac{1}{\theta}(k-k^*)\dot{k} \\
&= -(\sigma+k^*)w_1^2 - \left[\sigma + \left(1+\frac{c}{r}\right)ar - \overline{z}\right]w_1w_2 \\
&\quad - \left(1+\frac{c}{r}\right)\overline{y}w_1w_3 - \left(1+\frac{c}{r}\right)w_2^2 - bw_3^2
\end{aligned}
$$

$$
\begin{aligned}
&= -(w_1, w_2, w_3)\\
&\begin{pmatrix}
\sigma + k^* & -\dfrac{1}{2}\left[\sigma+\left(1+\dfrac{c}{r}\right)ar-\overline{z}\right] & -\dfrac{1}{2}\left(1+\dfrac{c}{r}\right)\overline{y}\\
-\dfrac{1}{2}\left[\sigma+\left(1+\dfrac{c}{r}\right)ar-\overline{z}\right] & \left(1+\dfrac{c}{r}\right) & 0\\
-\dfrac{1}{2}\left(1+\dfrac{c}{r}\right)\overline{y} & 0 & b
\end{pmatrix}
\begin{pmatrix} w_1\\ w_2\\ w_3 \end{pmatrix}\\
&= W^{\mathrm{T}}RW,
\end{aligned}
$$

其中,

$$
R = \begin{pmatrix}
\sigma + k^* & -\dfrac{1}{2}\left[\sigma+\left(1+\dfrac{c}{r}\right)ar-\overline{z}\right] & -\dfrac{1}{2}\left(1+\dfrac{c}{r}\right)\overline{y}\\
-\dfrac{1}{2}\left[\sigma+\left(1+\dfrac{c}{r}\right)ar-\overline{z}\right] & \left(1+\dfrac{c}{r}\right) & 0\\
-\dfrac{1}{2}\left(1+\dfrac{c}{r}\right)\overline{y} & 0 & b
\end{pmatrix}.
$$

很明显, 为了保证系统 (6.5.2) 在零点是渐近稳定的, 只要矩阵 R 是正定的即可, 这当且仅当下列三个不等式成立: ①$\sigma + k^* > 0$, ②$(\sigma + k^*)\left(1+\dfrac{c}{r}\right) - \dfrac{1}{4}\left[\sigma + \left(1+\dfrac{c}{r}\right)ar-\overline{z}\right]^2 > 0$, ③$b(\sigma+k^*)\left(1+\dfrac{c}{r}\right)-\dfrac{b}{4}\left[\sigma+\left(1+\dfrac{c}{r}\right)ar-\overline{z}\right]^2-\dfrac{1}{4}\left(1+\dfrac{c}{r}\right)^3\overline{y}^2 > 0$. 从上面的不等式, 可以推得 $k^* > \dfrac{1}{4\left(1+\dfrac{c}{r}\right)}\left[\sigma+\left(1+\dfrac{c}{r}\right)ar-\overline{z}\right]^2+\dfrac{1}{4b}\left(1+\dfrac{c}{r}\right)^2\overline{y}^2-\sigma$. 因此当 $k^* > \dfrac{1}{4\left(1+\dfrac{c}{r}\right)}\left[\sigma+\left(1+\dfrac{c}{r}\right)ar-\overline{z}\right]^2+\dfrac{1}{4b}\left(1+\dfrac{c}{r}\right)^2\overline{y}^2-\sigma$ 时, 矩阵 R 是正定的, $\dot{V}$ 是负定的, 当且仅当 $w_1 = w_2 = w_3 = 0$ 时, $\dot{V} = 0$.

由于 V 函数是径向无界的, 因此, 系统状态 (w_1, w_2, w_3) 从任何初始位置出发最终都要回到原点. 所以, 系统 (6.5.2) 关于变量 (w_1, w_2, w_3) 的零点是全局渐近稳定的, 从而系统 (6.5.1) 在平衡点 $S = (\overline{x}, \overline{y}, \overline{z})$ 是全局渐近稳定的.

6.5.3　旋转流动低模系统的混沌同步

考虑系统 (6.3.5) 的两个类似系统, 驱动系统的变量用下标 1 标注, 响应系统的变量用下标 2 标注. 假设驱动系统为

$$
\begin{cases}
\dot{x}_1 = -\sigma(x_1 - y_1) + \dfrac{c}{r}y_1 z_1,\\
\dot{y}_1 = -x_1 z_1 + arx_1 - y_1,\\
\dot{z}_1 = x_1 y_1 - bz_1,
\end{cases}
\tag{6.5.4}
$$

那么相应的响应系统可表示为

$$\begin{cases} \dot{x}_2 = -\sigma(x_2 - y_2) + \dfrac{c}{r}y_2 z_2 + u_1, \\ \dot{y}_2 = -x_2 z_2 + arx_2 - y_2 + u_2, \\ \dot{z}_2 = x_2 y_2 - bz_2 + u_3, \end{cases} \tag{6.5.5}$$

这里 u_1, u_2, u_3 为要设计的控制函数.

令 $e^{\mathrm{T}} = (e_x, e_y, e_z), e_x = x_2 - x_1, e_y = y_2 - y_1, e_z = z_2 - z_1$, 则由 (6.5.5) 减去 (6.5.4) 得, 受控的误差动力系统可表示为

$$\begin{cases} \dot{e}_x = -\sigma(e_x - e_y) + \dfrac{c}{r}z_2 e_y + \dfrac{c}{r}y_2 e_z + \dfrac{c}{r}e_y e_z + u_1(e_x, e_y, e_z), \\ \dot{e}_y = are_x - e_y - z_2 e_x - x_2 e_z + e_x e_z + u_2(e_x, e_y, e_z), \\ \dot{e}_z = -be_z + y_2 e_x + x_2 e_y - e_x e_y + u_3(e_x, e_y, e_z). \end{cases} \tag{6.5.6}$$

我们的目标是设计有效的控制器 $(u_1, u_2, u_3)^{\mathrm{T}}$, 使得系统 (6.5.6) 的零解是全局指数稳定的, 从而驱动系统 (6.5.4) 和响应系统 (6.5.5) 是全局指数同步的. 即

$$\lim_{t \to \infty} \|e(t)\| = 0,$$

因为混沌系统是有界的, 所以我们假设 $| x | \leqslant M_x, | y | \leqslant M_y, | z | \leqslant M_z$.

1. 线性反馈同步

定理 6.5.4　对于误差系统 (6.5.6), 当控制器设计为如下形式: $u_1 = -ke_x - \left(1 + \dfrac{c}{r}\right) y_2 e_z, u_2 = are_x - \dfrac{1}{1 + \dfrac{c}{r}}\sigma e_x, u_3 = \dfrac{c}{r}x_2 e_y$, 适当选择 $k > 0$, 使得矩阵

$$P = \begin{pmatrix} 2(\sigma + k) & 0 & 0 \\ 0 & 2\left(1 + \dfrac{c}{r}\right) & 0 \\ 0 & 0 & 2b \end{pmatrix}$$

是正定的, 则误差系统 (6.5.6) 的零解是全局指数稳定的, 从而驱动系统 (6.5.4) 和响应系统 (6.5.5) 是全局指数同步的.

证明　我们构造一个正定的径向无界的 Lyapunov 函数

$$V = e_x^2 + \left(1 + \frac{c}{r}\right) e_y^2 + e_z^2.$$

计算 V 沿 (6.5.6) 式的正半轨线对时间的导数, 可得

$$\frac{\mathrm{d}V}{\mathrm{d}t} = 2e_x\dot{e}_x + 2\left(1 + \frac{c}{r}\right) e_y\dot{e}_y + e_z\dot{e}_z = -2(\sigma + k)e_x^2 - 2\left(1 + \frac{c}{r}\right) e_y^2 - 2be_z^2$$

$$= -(e_x, e_y, e_z)\begin{pmatrix} 2(\sigma+k) & 0 & 0 \\ 0 & 2\left(1+\dfrac{c}{r}\right) & 0 \\ 0 & 0 & 2b \end{pmatrix}\begin{pmatrix} e_x \\ e_y \\ e_z \end{pmatrix} = e^{\mathrm{T}}Pe, \quad (6.5.7)$$

其中,

$$P = \begin{pmatrix} 2(\sigma+k) & 0 & 0 \\ 0 & 2\left(1+\dfrac{c}{r}\right) & 0 \\ 0 & 0 & 2b \end{pmatrix}.$$

很明显, 为了使误差系统 (6.5.6) 的零解是全局指数稳定的, 我们只需要矩阵 P 是正定的即可, 当且仅当下列三个不等式成立:

$$2(\sigma+k) > 0, \quad 4\left(1+\frac{c}{r}\right)(\sigma+k) > 0, \quad 8b\left(1+\frac{c}{r}\right)(\sigma+k) > 0,$$

从上面的不等式, 可以推得 k 满足 $k > -\sigma$. 从而, 当 $k > 0$ 时, 矩阵 P 是正定的, 而 $\dot{V}$ 是负定的, 从式 (6.5.7) 和高等代数的知识, 有 $\dfrac{\mathrm{d}V}{\mathrm{d}t} \leqslant -\lambda_{\min}(P)(e_x^2+e_y^2+e_z^2) \leqslant -\lambda_{\min}(P)V$, 因此有

$$e_x^2 + \left(1+\frac{c}{r}\right)e_y^2 + e_z^2 = V(X(t)) \leqslant V(X(t_0))\mathrm{e}^{\lambda_{\min}(P)(t-t_0)}, \quad t \geqslant t_0,$$

当 $t \longrightarrow +\infty$ 时, $V(X(t)) \longrightarrow 0$, 从而误差系统 (6.5.6) 的零解是全局指数稳定的, 因此驱动系统 (6.5.4) 和响应系统 (6.5.5) 是全局指数同步的.

2. 非线性反馈同步

定理 6.5.5　对于误差动力系统 (6.5.6), 当取控制器为 $u_1 = -\sigma e_y - \dfrac{c}{r}z_2 e_y + \dfrac{c}{r}e_y e_z, u_2 = -are_x + z_2 e_x - e_x e_z, u_3 = -ke_z + e_x e_y$, 适当选择 $k > 0$, 使得矩阵

$$Q = \begin{pmatrix} \sigma & 0 & -\dfrac{1}{2}\left(1+\dfrac{c}{r}\right)y_2 \\ 0 & 1 & 0 \\ -\dfrac{1}{2}\left(1+\dfrac{c}{r}\right)y_2 & 0 & b+k \end{pmatrix}$$

是正定的, 则误差系统 (6.5.6) 的零解是全局指数稳定的, 从而驱动系统 (6.5.4) 和响应系统 (6.5.5) 是全局指数同步的.

证明　我们构造一个正定的径向无界的 Lyapunov 函数

$$V = \frac{1}{2}(e_x^2 + e_y^2 + e_z^2).$$

计算 V 沿 (6.5.6) 式的正半轨线对时间的导数, 有

$$\begin{aligned}
\frac{\mathrm{d}V}{\mathrm{d}t} &= e_x\dot{e}_x + e_y\dot{e}_y + e_z\dot{e}_z = -\sigma e_x^2 + \left(1+\frac{c}{r}\right)y_2 e_x e_z - e_y^2 - (b+k)e_z^2 \\
&= (e_x, e_y, e_z)\begin{pmatrix} -\sigma & 0 & \frac{1}{2}\left(1+\frac{c}{r}\right)y_2 \\ 0 & -1 & 0 \\ \frac{1}{2}\left(1+\frac{c}{r}\right)y_2 & 0 & -(b+k) \end{pmatrix}\begin{pmatrix} e_x \\ e_y \\ e_z \end{pmatrix} \\
&= -(e_x, e_y, e_z)\begin{pmatrix} \sigma & 0 & \frac{1}{2}\left(1+\frac{c}{r}\right)y_2 \\ 0 & 1 & 0 \\ \frac{1}{2}\left(1+\frac{c}{r}\right)y_2 & 0 & (b+k) \end{pmatrix}\begin{pmatrix} e_x \\ e_y \\ e_z \end{pmatrix} = -e^{\mathrm{T}}Qe, \qquad (6.5.8)
\end{aligned}$$

其中,

$$Q = \begin{pmatrix} \sigma & 0 & -\frac{1}{2}\left(1+\frac{c}{r}\right)y_2 \\ 0 & 1 & 0 \\ -\frac{1}{2}\left(1+\frac{c}{r}\right)y_2 & 0 & (b+k) \end{pmatrix}.$$

很明显, 为了使误差系统 (6.5.6) 的零解是全局指数稳定的, 我们只需要矩阵 Q 是正定的即可, 当且仅当下列不等式成立:

$$\sigma(b+k) - \frac{1}{4}\left(1+\frac{c}{r}\right)^2 y_2^2 > 0.$$

从上面的不等式, 可以推得 k 满足 $k > \frac{1}{4\sigma}\left(1+\frac{c}{r}\right)^2 y_2^2 - b$. 从而, 可以得到, 当 $k > \frac{1}{4\sigma}\left(1+\frac{c}{r}\right)^2 y_2^2 - b$且 $k > 0$ 时, 矩阵 Q 是正定的, 而 $\dot{V}$ 是负定的, 从式 (6.5.8) 和高等代数的知识, 有 $\dot{V} \leqslant -\lambda_{\min}(Q)V$, 因此有

$$V(X(t)) \leqslant V(X(t_0))\mathrm{e}^{\lambda_{\min}(P)(t-t_0)}, \quad t \geqslant t_0.$$

当 $t \longrightarrow +\infty$ 时, $V(X(t)) \longrightarrow 0$, 从而误差系统 (6.5.6) 的零解是全局指数稳定的, 因此驱动系统 (6.5.4) 和响应系统 (6.5.5) 是全局指数同步的.

3. 自适应同步

定理 6.5.6 对于误差动力系统 (6.5.6), 当取控制器为 $u_1 = -k_\alpha e_x, u_2 = 0, u_3 = \frac{c}{r}x_2 e_y$ (其中 k_α 为可调反馈增益), 当 $\dot{k}_\alpha = \theta e_x^2$, $\theta > 0$(为自适应增益)

时, 适当选择 $k_\alpha^*>0$, 使得矩阵

$$W=\begin{pmatrix} \sigma+k_\alpha^* & -\dfrac{1}{2}\left[\sigma+\left(1+\dfrac{c}{r}\right)ar+M_z\right] & -\dfrac{1}{2}\left(1+\dfrac{c}{r}\right)M_y \\ -\dfrac{1}{2}\left[\sigma+\left(1+\dfrac{c}{r}\right)ar+M_z\right] & \left(1+\dfrac{c}{r}\right) & 0 \\ -\dfrac{1}{2}\left(1+\dfrac{c}{r}\right)M_y & 0 & b \end{pmatrix}$$

是正定的, 则误差系统 (6.5.6) 的零解是全局指数稳定的, 从而驱动系统 (6.5.4) 和响应系统 (6.5.5) 是全局指数同步的.

证明　我们构造一个正定的径向无界的 Lyapunov 函数

$$V=\frac{1}{2}\left[e_x^2+\left(1+\frac{c}{r}\right)e_y^2+e_z^2+\frac{1}{\theta}(k_\alpha-k_\alpha^*)^2\right].$$

计算 V 沿 (6.5.6) 式的正半轨线对时间的导数, 有

$$\begin{aligned}\frac{\mathrm{d}V}{\mathrm{d}t}&=e_x\dot{e}_x+\left(1+\frac{c}{r}\right)e_y\dot{e}_y+e_z\dot{e}_z+\frac{1}{\theta}(k_\alpha-k_\alpha^*)\dot{k}_\alpha\\ &=-(\sigma+k_\alpha^*)e_x^2+\left[\sigma+\left(1+\frac{c}{r}\right)ar-z_2\right]e_xe_y\\ &\quad+\left(1+\frac{c}{r}\right)y_2e_xe_z-\left(1+\frac{c}{r}\right)e_y^2-be_z^2\\ &\leqslant-(\sigma+k_\alpha^*)e_x^2+\left[\sigma+\left(1+\frac{c}{r}\right)ar+M_z\right]|e_x||e_y|\\ &\quad+\left(1+\frac{c}{r}\right)M_y|e_x||e_z|-\left(1+\frac{c}{r}\right)e_y^2-be_z^2\\ &=-(|e_x|,|e_y|,|e_z|)W\begin{pmatrix}|e_x|\\|e_y|\\|e_z|\end{pmatrix}=-e^{\mathrm{T}}We.\end{aligned}\tag{6.5.9}$$

很明显, 为了使误差系统 (6.5.6) 的零解是全局指数稳定的, 我们只需要矩阵 W 是正定的即可, 当且仅当下列三个不等式成立:

(1) $\sigma+k_\alpha^*>0$,

(2) $(\sigma+k_\alpha^*)\left(1+\dfrac{c}{r}\right)-\dfrac{1}{4}\left[\sigma+\left(1+\dfrac{c}{r}\right)ar+M_z\right]>0$,

(3) $b(\sigma+k_\alpha^*)\left(1+\dfrac{c}{r}\right)-\dfrac{b}{4}\left[\sigma+\left(1+\dfrac{c}{r}\right)ar+M_z\right]^2-\dfrac{1}{4}\left(1+\dfrac{c}{r}\right)^3M_y^2>0$,

从上面的不等式, 可以推得 k_α^* 满足

$$k_\alpha^*>\frac{1}{4\left(1+\dfrac{c}{r}\right)}\left[\sigma+\left(1+\frac{c}{r}\right)ar+M_z\right]^2+\frac{1}{4b}\left[\left(1+\frac{c}{r}\right)^2M_y^2-\sigma\right].$$

因此, 当 $k_\alpha^* > 0$ 且 $k_\alpha^* > \dfrac{1}{4\left(1+\dfrac{c}{r}\right)}\left[\sigma+\left(1+\dfrac{c}{r}\right)ar+M_z\right]^2+\dfrac{1}{4b}\left[\left(1+\dfrac{c}{r}\right)^2 M_y^2-\sigma\right]$ 时, 矩阵 W 是正定的, 而 $\dot{V}$ 是负定的, 从式 (6.5.9) 和高等代数的知识, 我们有 $\dot{V} \leqslant -\lambda_{\min}(W)V$, 因此有

$$V(X(t)) \leqslant V(X(t_0))\mathrm{e}^{\lambda_{\min}(W)(t-t_0)}, \quad t \geqslant t_0,$$

这个不等式意味着, $t \longrightarrow +\infty$ 时, $V(X(t)) \longrightarrow 0$, 从而误差系统 (6.5.6) 的零解是全局指数稳定的, 因此驱动系统 (6.5.4) 和响应系统 (6.5.5) 是全局指数同步的.

6.5.4 旋转流动低模系统的混沌控制与同步的数值仿真

针对以上的理论分析, 本节利用 Matlab 软件通过数值仿真来验证上面提出的控制和同步的方法的有效性. 取 $\sigma = 8, a = 2.5, b = 8/3, c = 0.5, r = 36$ 做数值仿真, 我们采用四阶的 Runge-Kutta 算法进行数值模拟, 时间步长定为 0.001.

1. 控制仿真

对于平衡点 $S_1 = (4.87, 4.79, 6.34)$, 通过上面的理论证明可以知道, 当控制参数满足一定的条件, 完全可以把轨线稳定到此平衡点. 下面就用数值仿真在实验上来加以验证. 对于线性反馈控制, 在定理 6.5.1 中, 当反馈增益分别取为 $k = 1$ 和 $k = 3$ 时, 系统在相空间的轨迹如图 6.62 和图 6.63 所示, 从图中可以看出, 系统的轨线被很好地控制到平衡点 S_1.

对于非线性反馈控制, 在定理 6.5.2 中, 当反馈增益分别取为 $k = 5$ 和 $k = 6$ 时, 系统在相空间的轨迹如图 6.64 和图 6.65 所示, 从图中可以看出, 系统的轨线被很好地控制到平衡点 S_1.

对于自适应控制, 在定理 6.5.3 中, 当自适应增益 $\theta = 0.05$ 时, 系统在相空间的轨迹如图 6.66 和图 6.67 所示, 从图中可以看出, 系统的轨线被很好地控制到平衡点 S_1.

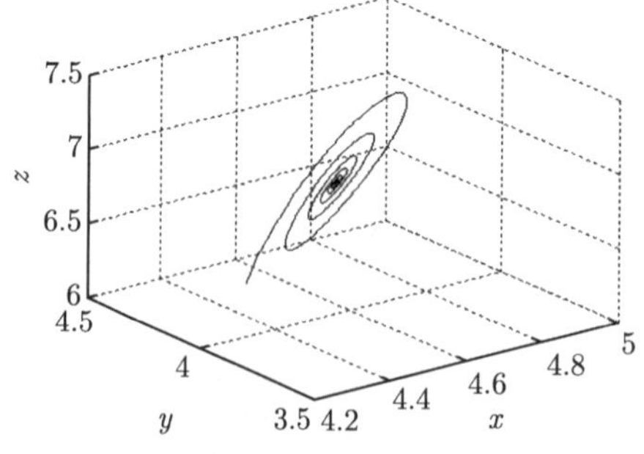

图 6.62 $k = 1$ 的线性反馈控制

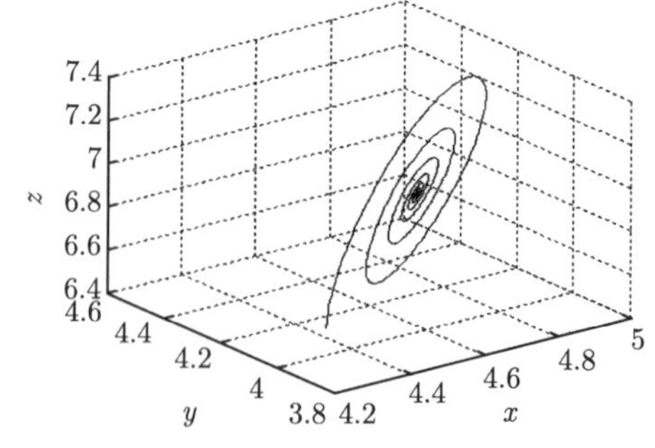

图 6.63 $k = 3$ 的线性反馈控制

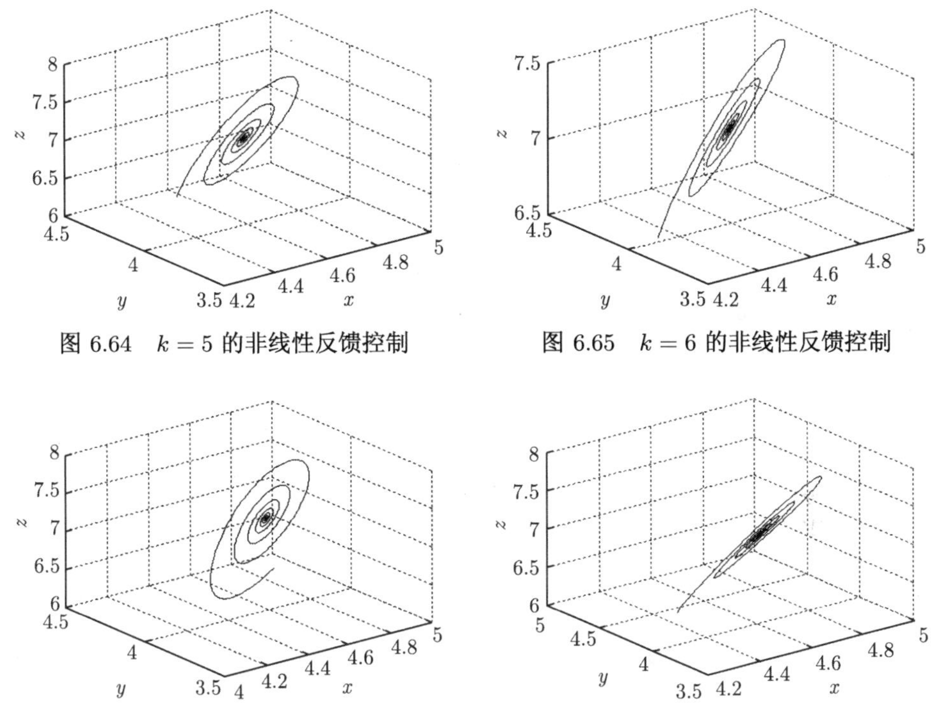

图 6.64　$k=5$ 的非线性反馈控制　　图 6.65　$k=6$ 的非线性反馈控制

图 6.66　自适应控制　　图 6.67　自适应控制

2. 同步仿真

不妨设驱动系统 (6.5.4) 和响应系统 (6.5.5) 的初始条件分别为 $(x_1(0), y_1(0), z_1(0)) = (17, 14, 89)$, $(x_2(0), y_2(0), z_2(0)) = (-25, 28, -37)$, 因此, 误差系统 (6.5.6) 的初始条件为 $(e_x(0), e_y(0), e_z(0)) = (-42, 14, -126)$, 且定义同步误差为 $e(t) = \sqrt{e_x^2(t), e_y^2(t), e_z^2(t)}$, 对于线性反馈同步, 考虑定理 6.5.4 中的控制器, 选取反馈增益 $k=1$ 作为系统 (6.5.5) 的控制律, 那么响应系统 (6.5.5) 和驱动系统 (6.5.4) 的同步如图 6.68 所示, 同步误差 $e(t)$ 随时间 t 的变化如图 6.69 所示.

对于非线性反馈同步, 考虑定理 6.5.5 中的控制器, 选取反馈增益 $k=600$ 作为系统 (6.5.5) 的控制律, 那么响应系统 (6.5.5) 和驱动系统 (6.5.4) 的同步如图 6.70 所示, 同步误差 $e(t)$ 随时间 t 的变化如图 6.71 所示.

对于自适应同步, 考虑定理 6.5.6 中的控制器, 取 $u_1 = -k_\alpha e_x, u_2 = 0, u_3 = \frac{c}{r}x_2 e_y$, 其中 $\dot{k}_\alpha = \theta e_x^2, \theta > 0$,取 $\theta = 0.05$, k_α 的初始值为 0, 那么响应系统 (6.5.5) 和驱动系统 (6.5.4) 的同步如图 6.72 所示, 同步误差 $e(t)$ 随时间 t 的变化如图 6.73 所示. 同时, 图 6.74 的曲线显示了参数 k_α 随时间 t 的变化趋势.

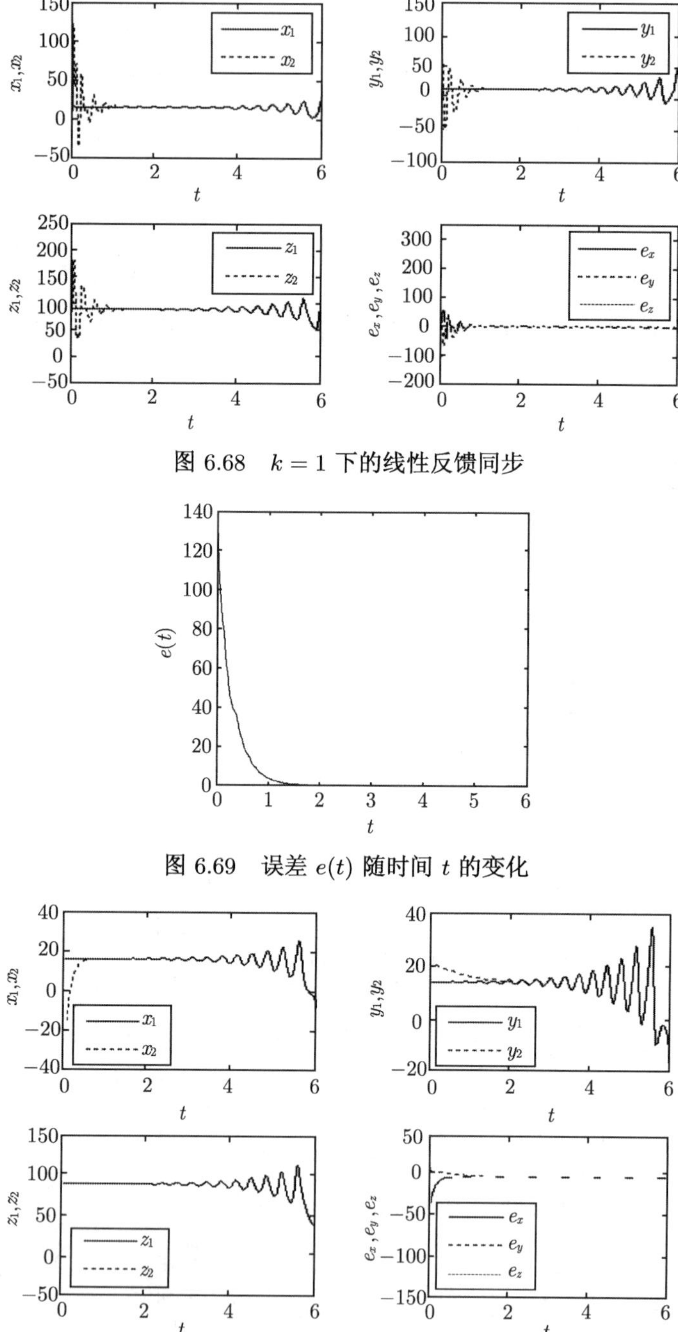

图 6.68　$k = 1$ 下的线性反馈同步

图 6.69　误差 $e(t)$ 随时间 t 的变化

图 6.70　$k = 600$ 下的非线性反馈同步

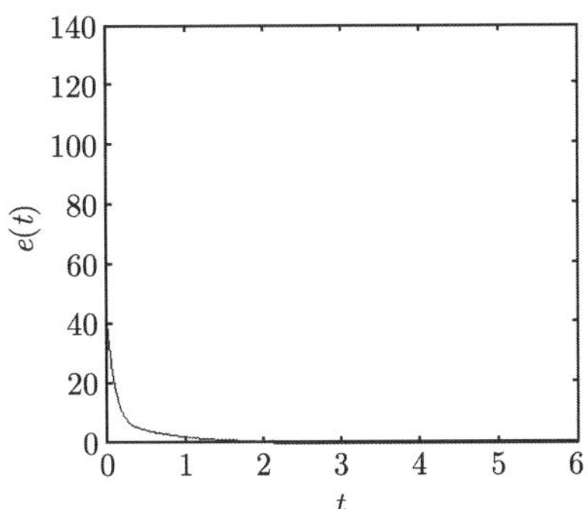

图 6.71　误差 $e(t)$ 随时间 t 的变化

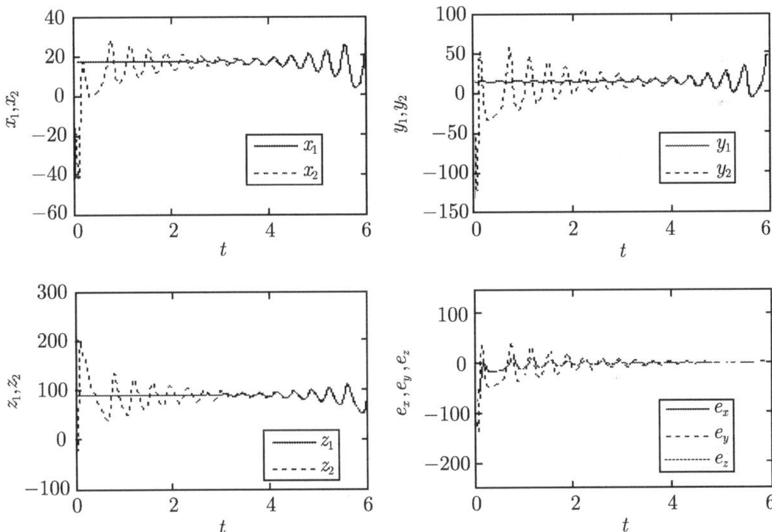

图 6.72　控制律 $u_1 = -k_\alpha e_x, u_2 = 0, u_3 = \dfrac{c}{r}x_2 e_y$ 下的自适应同步

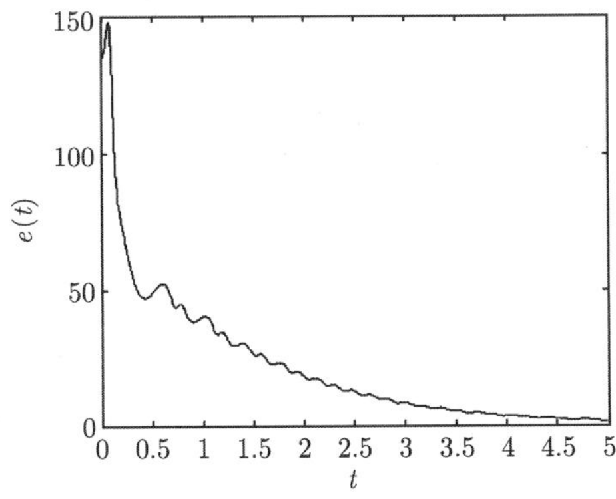

图 6.73　误差 $e(t)$ 随时间 t 的变化

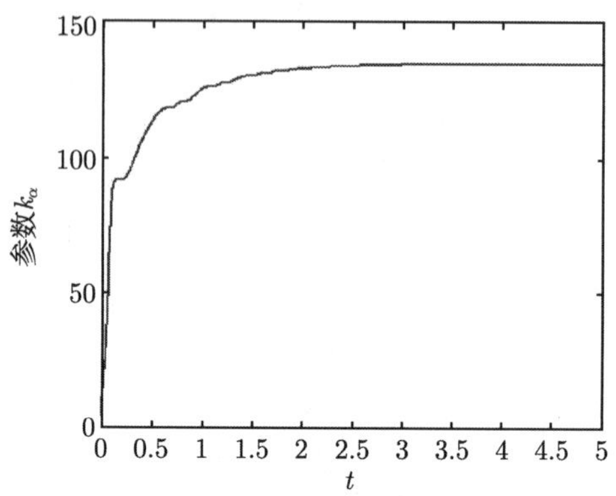

图 6.74　参数 k_α 随时间 t 的变化

参 考 文 献

[1] Girault V, Raviart P A. Finite Element Approximation of the Navier-Stokes Equations. Berlin: Springe-Verlag, 1981.

[2] Brezzi F, Rappaz J, Raviart P A. Finite-dimensional approximation of nonlinear problems, Part I: Branches of nonsingular solutions. Numer. Math., 1980, 36: 1-25.

[3] Brezzi F, Rappaz J, Raviart P A. Finite-dimensional approximation of nonlinear problems, Part II: Limit poit. Numer. Math. 1981, 37: 1-28.

[4] Brezzi F, Rappaz J, Raviart P A. Finite-dimensional approximation of nonlinear problems, Part III: Simple bifurcation point. Numer. Math., 1981, 38: 1-30.

[5] 雷晋干, 马亚南. 分歧问题的逼近理论与数值方法. 武汉: 武汉大学出版社, 1993.

[6] 王立周, 李开泰. Navier-Stokes 方程非退化转向点的谱 Galerkin 逼近. 西安交通大学学报, 2002, 35(4): 421-424.

[7] 王立周, 李开泰. Navier-Stokes 方程的非奇异解分支的谱 Galerkin 逼近. 计算数学, 2002, 24(1): 39-52.

[8] 何银年, 李开泰. 非线性算子方程的泰勒展式算法. 数学学报, 1984, 41: 1-6.

[9] Golubitsky M, Stewart I, Schaeffer D G. Singularities and Groups in Bifurcation Theory. Volume I. New York: Springer-Verlag, 1986.

[10] Haborman W L. Secondary flow about a sphere rotating in a viscous liquid inside a coaxially rotating spherical container. Phys. of Fluids, 1962, 5: 625-626.

[11] Munson B R, Joseph D D. Viscous incompressible flow beteen concentric rotating spheres, Part I: Basic flow. J. Fluid Mech., 1971, 49: 289-303.

[12] Khlebutin G N. Stability of fluid motion between a rotating and a stationary concentric sphere. Fluid Dyn., 1968, 3: 31-32.

[13] Yavorskaya I M, Belayev Y N, Monakhov A A. Experimental study of a spherical Couette flow. Sov. Phys. Dodkl., 1975, 20: 256-258.

[14] Yavorskaga I M, Belayev Y N, Monakhov A A. Stability investigation and secondary flows in rotating spherical layers at arbitrary Rossby numbers. Sov. Phy. Dokl., 1977, 22: 717-719.

[15] Munson B R, Menguturk M. Viscons incompressibce flow between concentric rotating spheres, Part 3: Linear stability and experiments. J. Fluid Mech., 1975, 69:, 705-719.

[16] Nakabayashi K. Frictional moment of flow between two concentric spheres, one of which rotates. J. Fluids Eng., 1978, 100: 97-106.

[17] Nakabayashi K. Transitions of Tayler-Couette vortex flow in spherical Couetle flow. J.

Fluid Mech., 1983, 132: 209-230.

[18] Schrauf G. The first instability in spherical Taylor-Couette flow. J. Fluid Mech., 1986, 166: 287-303.

[19] Zikanov O Y. Symmetric-breaking bifurcation in sphere Couette flow. J. Fluid Mech., 1996, 310: 293-324.

[20] Marmun C K, Tucherman L S. Asymmetry and Hopf bifurcation in spherical Couette flow. Phys. Fluid, 1995, 7: 80-91.

[21] Buhler K. Symmetric and asymmetric Taylor vortex flow in spherical gaps. Acta Mechniea, 1990, 81: 3-38.

[22] Bartels F. Taylor vortices between two concentric rotating spheres. J. Fluid Mech, 1982, 119: 1-25.

[23] Dennis S C R, Quartapelle L. Finite difference solution to the flow between two rotating spheres. Computers and Fluids, 1984, 12: 77-92.

[24] Marcus P S, Tucherman L S. Simulation of flow between concentric rotating spheres, Part I: Steady state. J. Fluid Mech., 1987, 185: 1-30.

[25] Marcus P S, Tuckerman L S. Simulation of flow between concentric rotating spheres, Part II: Trasitions. J. Fluid Mech., 1987, 185: 31-65.

[26] Nakabayashi K, Tsuchida Y. Spectral study of the laminar-turbulent trasition in spherical Couette flow. J. Fluid Mech., 1988, 194: 102-132.

[27] Dumas G, Leonard A. A divergence-free spectral expansions method for three-dimensional flows in spherical-gap geomitries. Computational Physics, 1994, 111: 205-219.

[28] Wimmer M. Experiments on a viscons fluid flow between concentric rototing spheres. J. Fluid Mech., 1976, 78: 317-335.

[29] Wimmer M. Viscons flows and instabilities near rotating bodies. Prog. Aerospace Sci., 1988, 25: 43-103.

[30] Wimmer M. Experiments on the stability of viscons flow between two concentric rotating spheres. J. Fluid Mech., 1981, 103: 117-131.

[31] 王立周, 李东升, 李开泰. 球间隙区域上的 Stokes 算子的特征值问题及应用. 高校应用数学学报 A 辑, 2001, 16(2): 213-222.

[32] Feng W B, Mei L Q, Li K T. Numerical simulation of flow between two concentric rotating spheres. 计算物理, 1998, 15(2), 218-224.

[33] 唐云. 对称性分岔理论基础. 北京：科学出版社, 1998.

[34] Li K T, Liu X Z. Bifurcation with Symmetry Breaking for the Flow Between Two Concentric Rotating Spheres. Tong C, Zhang C S, Eds//Proceedings of International Conference on Scientific Computation. Singapore, New Jersey, London, Hong Kong: World Scientific Pub. 1992: 86-108.

[35] 袁礼, 傅德薰, 马延文. 球形 Taylor-Couette 流分叉解的数值模拟研究. 中国科学 (A 辑), 1995, 25(9): 968-975.

[36] Wang H Y, Li K T. Spectral appoximation of Takens-Bogdanov point of the Navier-Stokes equations for the flow between two concentric rotating spheres. Applied Mathematical Modelling, 2007, 31: 2123-2135.

[37] Roose D, De Dier B. Numerical determination of an emanating branch of Hopf bifurcation points in a two-paramter problem. SIAM J. Sci. Stat. Comput., 1989, 10: 671-685.

[38] Swinney H L, Gollub J P. Hydrodynamic Instablilities and the Transition to Turbulence. Berlin: Heidelberg, New York: Springer-Verlag, 1981.

[39] Taylor G I. Stability of a Viscons Liquid Contained Between Two Rotating Cylinders. Phil. Trans.Roy. Soc., London, 1923, A223: 289-343.

[40] Chossat P, Stern C. Bifurcations in the Couette-Taylor Problem: Theory and experiments, Proceedings of The International Conference on Bifurcations Theory and Its Numerical Analysis. Xi'an(Li K T, Marsden J, Golabitky M, Iooss G), China, Xi'an Jiaotong University Press, 1988, 4-9.

[41] Chossat P, Looss G. The Couette-Taylor Problem. New York: Springer-Verlag, 1994, 102: 88-110.

[42] Anderreck C D, Liu S S, Swinney H L. Flow regimes in a circular Couette system with independent rotating cylinders. J. Fluid Mech., 1986, 164: 155-183.

[43] Takada Y. Quasi-Periodic state and trasition to turbulence in a rotating Couette sytem. J. Fluid Mech., 1999, 389: 81-99.

[44] Wang H Y. Dynamical behaviors and numerical simulation of Lorenz systems for the incompressible flow between two concentric rotating cylinders. International Journal of Bifurcation and Chaos, 2012, 22(5): 46-51.

[45] Zhang L H, Swinney H L. Nopropagating oscillatory modes in Couette-Taylor flow. Phys. Rev. A, 1985, 31: 1006-1009.

[46] Coughlin K T, Marcus P S, Tagg R P, et al. Distinct quasiperiodic modes with like symmetry in a rotating fluid. Phys. Rev. Lett., 1991, 66: 1161-1164.

[47] Gorman M, Swinney H L. Limits of stability and irregular flow patterns in wavy vortex flow. Phys. Rev. A, 1983, 27: 1240-1243.

[48] Fenstermacher P R, Swinney H L, Gollub J P. Dynamics instability and the trasition to chaotic Taylor vortex flow. J. Flow Mech., 1979, 94: 103-128.

[49] Walden R W, Donnelly R J. Reemergent order of chaotic circular Couette flow. Phys. Rev. Lett., 1979, 42: 301-304.

[50] Heslot F, Castaing B, Libchaber A. Trasition to turbulence in helium gas. Phys. Rev. A, 1987, 36: 5870-5873.

[51] Takeda Y, Fischer W E, Sakakibara J. Messurement of energy spectral density of a flow in a rotating Couette system. Phys. Rev. Lett., 1993, 70: 3569-3571.

[52] 陈予恕, 唐云. 非线性动力学中的现代分析方法. 北京: 科学出版社, 2000.

[53] 陆启超. 分岔与奇异性理论. 上海: 上海科学技术出版社, 1995.
[54] Lorenz E N. Deterministic nonperiodic flow. J. Atoms, Sci, 1963, 20: 130-141.
[55] 王立周. 两个同心旋转球之间流动的非线性 Galerkin 谱方法. 西安交通大学硕士论文, 1997.
[56] 蔡剑刚. 两个同心旋转球之间流动的谱方法. 西安交通大学硕士学位论文, 1997.
[57] 陈奉苏, 谢定裕. Couette 流稳定性的一个典型研究. Camm on Math and Compot, 1987, 2: 22-33.
[58] 陈琪, 马逸尘, 庄弘炜. Taylor-Couette 流稳定性的的谱方法研究. 数学物理学报 A 辑, 2001, 16(2): 235-244.
[59] Deimling K. Nonlinear Functional Analysis. New York, Heidelberg, Berlin, Tokyo: Springer-Verlag, 1985.
[60] Yosida K. Functional Analysis. Berlin: Springer-Verlag, 1980.
[61] 游兆永, 龚怀云, 徐宗本. 非线性分析. 西安: 西安交通大学出版社, 1991.
[62] Temam R. Navier-Stokes Equations, Theory and Numerical Analysis. Amsterdan: North-Holland, 1979.
[63] 李开泰, 马逸尘. 数理方程 Hilbert 空间方法, 西安: 西安交通大学出版社, 1992.
[64] 李开泰, 黄艾香. 有限元方法及其应用：发展及应用. 西安: 西安交通大学出版社, 1988.
[65] 李东升. 两同心旋转球之间的粘性不可压流动. 西安交通大学硕士学位论文, 1998.
[66] Iooss G, Joseph D D. Elementary Stability and Bifurcation Theory. 2nd edition. Berlin: Heideberg, New York: Springer-Verlag, 1989.
[67] 朱正佑, 程昌钧. 分支问题的数值计算方法. 兰州: 兰州大学出版社, 1989.
[68] Mei Z. Splitting itemation method for simple singular points and simple bifurcation points. Computing, 1989, 41: 87-96.
[69] Mei Z. Numerical Bifurcation Analysis for Reaction-Diffusion Equations. New York: Springer-Verlag, 2000.
[70] 吴微. 解非线性分枝问题的扩展方程方法. 北京: 科学出版社, 1993.
[71] Quateroni A, Valli A. Numerical approximation of partial differential equations. Berlin: Heidelberg, New York: Springer-Verlag, 1997.
[72] 刘式达, 刘式适. 特殊函数. 北京: 气象出版社, 1988.
[73] 杨应辰, 成如翼, 徐明聪. 数学物理方程特殊函数. 北京: 国防工业出版社, 1991.
[74] 萧树铁, 居余马, 李中海. 代数与几何. 北京: 高等教育出版社, 2000.
[75] 王立宁, 乐光新, 詹菲. MATLAB 与通信仿真. 北京：人民邮电出版社, 2000.
[76] Wang H Y. Lorenz systems for the incompressible flow between two concentric rotating, cylinders. Journal of Partial Differential Equations. 2010, 23(3): 209-221.
[77] 王贺元, 崔进. 旋转流动混沌行为的全局稳定性分析及数值仿真. 数学物理学报, 2017, 37(4)：783-792.
[78] Avila M, Belisle M J, Lopez J M, et al. Symmetric-breaking mode competition in modulated Taylor-Couette flow. J. Fluid Mech., 2008, 601: 381-406.

[79] Avila M, Grimes M, Lopez J M, et al. Global endwall effects on centrifugally stable flows. Physics of Fluids, 2008, 20(10): 104-121.

[80] Czarny O, Serre E. Identification of complex flows in Taylor-Couette counter-rotating cavities. C. R. Acad. Sci. Paris T, 2001, 329(10): 727-733.

[81] Thomas D G, Khomami B, Sureshkumar R. Nonlinear dynamics of viscoelastic Taylor-Couette flow, effect of elasticity on pattern selection, molecular conformation and drag. J. Fluid Mech., 2009, 620: 353-382.

[82] Meseguera A, Avilab M, Mellibovskyc F, et al. Solenoidal spectral formulations for the computation of secondary flows in cylindrical and annular geometries. European Physics Journal, 2007, 146: 249-259.

[83] Marsden J E, Mccracken M. The Hopf Bifurcation and Its Applications. New York: Springer-Verlag, 1976.

[84] 张琪昌, 王洪礼, 沈菲. 分岔与混沌理论及应用. 天津: 天津大学出版社, 2004.

[85] 高普云. 非线性动力学 —— 分叉、混沌与孤立子. 北京: 国防科技大学出版社, 1992.

[86] 刘秉正, 彭建华. 非线性动力学. 北京: 高等教育出版社, 2004.

[87] 谢应齐. 非线性动力学数学方法. 北京: 气象出版社, 2001.

[88] 王贺元. 旋转流动的低模分析及仿真研究. 应用数学与力学, 2017, 38(7): 794-806.

[89] 王贺元, 尹霞. 新超混沌系统的动力学行为及自适应控制与同步. 动力学与控制学报, 2017, 15(4): 335-341.

[90] 王贺元. 平面不可压缩磁流体动力学五模类 Lorenz 方程组的动力学行为及其数值仿真. 数学物理学报, 2017, 37(1): 199-216.

[91] 王贺元, 蒋海斌. 两同心球间旋转流动类 Lorenz 方程组的分歧分析. 高等学校计算数学学报, 2007, 29(3): 278-288.

[92] Chandrasckhar S. Hydrodynamic and Hydromagnetic Stability. London: Oxford Univ. Press, 1961.

[93] Velte W. Stabilitets and verzweigurg statronarer Losungen der Univer-Stokes Chen Gleichungen vein Taylor problem. Arch. Rat. Mech. Anal., 1966, 22: 1-14.

[94] Teman R. Infinite dimensional dynamic system in mechanics and physics. Appl. Math. Sci., New York: Springer-Verlog, 2000.

[95] Feugaing C M G, Crumeyrolle O. Destabilization of the Couette-Taylor flow by modulation of the inner cylinder rotatio. European Journal of Mechanics B-Fluid, 2014, 44: 82-87.

[96] Kim W S. Application of Taylor vortex to crystallizatio. Journal of Chemical Engineering of Japan, 2014, 47(2): 115-123.

[97] Poncet S, Da Soghe R, Bianchini C. Turbulent Couette-Taylor flows with endwall effects: A numerical benchmar. International Journal of Heat and Fluid Flow, 2013, 44: 229-238.

[98] Hubler A, Lüscher E. Resonant stimulation and control of nonlinear oscillators. Natuewissenschaft, 1989, 76(2): 67-69.

[99] Ott E, Grebogi C, Yorke J A. Controlling chaos. Phys. Rev. Lett., 1990, 64(11): 1196-1199.

[100] Pecora L M, Carroll T L. Synchronization in chaotic systems. Phys. Rev. Lett., 1990, 64(8): 821.

[101] 陈关荣, 吕金虎. Lorenz 系统族的动力学分析、控制与同步. 北京：科学出版社, 2003.

[102] 舒永录, 张勇, 胥红星. 一个广义 Lorenz 混沌系统的控制和同步. 重庆工学院学报, 2008, 22(8): 54-61.

[103] 欧阳克俭, 秦金旗, 唐驾时. Lorenz 系统的线性反馈控制. 动力学与控制学报, 2006, 4(3): 227-233.

后　　记

感谢我的导师李开泰教授, 他治学严谨的态度, 力求创新的风范, 深厚的学术功底和献身科学的精神, 特别是他对许多复杂问题的独创见解以及超凡的计算能力值得我永远学习, 本书的成果凝聚着导师的智慧和汗水, 在我攻读博士期间, 导师在学术上的精心指导和生活上无微不至的关怀照顾, 使得我顺利完成学业. 值此书完成之际, 谨向导师表达我最诚挚的谢意.

感谢我的母校西安交通大学以及我的老师黄艾香教授、马逸尘教授、何银年教授, 感谢我的师兄云南师范大学化存才教授和我在西安读书期间的同学以及师兄弟姐妹们, 我在学术上的进步与可亲可敬的老师和同学朋友的关心和支持是密不可分的.

感谢我的学生们, 已经毕业的研究生张晓丽、尹霞、邹艳虹、崔进等同学都参与了本书的相关工作. 感谢与我朝夕相处的同事朋友们, 特别感谢已经退休的朱振广老师, 本书的一些仿真工作是在朱老师的帮助下完成的. 感谢所有帮助过我的人们, 是他们无私的帮助才使本书顺利完成.

感谢编辑同志的辛勤工作.

最后, 特别感谢我的妻子、年迈的父亲、已故的母亲和岳父岳母对我的理解、支持与付出, 妻子吴宏宁在做好自己工作的同时, 默默承担了繁忙的家务, 解除了我的后顾之忧, 使我能够安心做学问, 再次表示深深的谢意!

“非线性动力学丛书”已出版书目

(按出版时间排序)

1 张伟，杨绍普，徐鉴，等. 非线性系统的周期振动和分岔. 2002
2 杨绍普，申永军. 滞后非线性系统的分岔与奇异性. 2003
3 金栋平，胡海岩. 碰撞振动与控制. 2005
4 陈树辉. 强非线性振动系统的定量分析方法. 2007
5 赵永辉. 气动弹性力学与控制. 2007
6 Liu Y, Li J, Huang W. Singular Point Values, Center Problem and Bifurcations of Limit Cycles of Two Dimensional Differential Autonomous Systems （二阶非线性系统的奇点量、中心问题与极限环分叉）. 2008
7 杨桂通. 弹塑性动力学基础. 2008
8 王青云，石霞，陆启韶. 神经元耦合系统的同步动力学. 2008
9 周天寿. 生物系统的随机动力学. 2009
10 张伟，胡海岩. 非线性动力学理论与应用的新进展. 2009
11 张锁春. 可激励系统分析的数学理论. 2010
12 韩清凯，于涛，王德友，曲涛. 故障转子系统的非线性振动分析与诊断方法. 2010
13 杨绍普，曹庆杰，张伟. 非线性动力学与控制的若干理论及应用. 2011
14 岳宝增. 液体大幅晃动动力学. 2011
15 刘增荣，王瑞琦，杨凌，等. 生物分子网络的构建和分析. 2012
16 杨绍普，陈立群，李韶华. 车辆-道路耦合系统动力学研究. 2012
17 徐伟. 非线性随机动力学的若干数值方法及应用. 2013
18 申永军，杨绍普. 齿轮系统的非线性动力学与故障诊断. 2014
19 李明，李自刚. 完整约束下转子-轴承系统非线性振动. 2014
20 杨桂通. 弹塑性动力学基础(第二版). 2014
21 徐鉴，王琳. 输液管动力学分析和控制. 2015
22 唐驾时，符文彬，钱长照，刘素华，蔡萍. 非线性系统的分岔控制. 2016
23 蔡国平，陈龙祥. 时滞反馈控制及其实验. 2017
24 李向红，毕勤胜. 非线性多尺度耦合系统的簇发行为及其分岔. 2017
25 Zhouchao Wei, Wei Zhang, Minghui Yao. Hidden Attractors in High Dimensional Nonlinear Systems（高维非线性系统的隐藏吸引子）. 2017
26 王贺元. 旋转流体动力学——混沌、仿真与控制. 2018